"十四五"职业教育国家规划教材

"十三五"职业教育国家规划教材

高等职业教育建筑类专业系列教材

建筑设备与识图

主　编　王东萍

副主编　武芳芳

参　编　郭正恩　兰琳琳　魏思源　康兰兰

谢红杰　宋丽娟　王海霞　符佩佩

主　审　焦志鹏

机械工业出版社

本书是“十三五”职业教育国家规划教材。

本书依据国家现行的建设工程规范、规程及相关文件进行编写。全书主要介绍了建筑设备各系统的基本知识、各系统施工图等，简要介绍了设备系统安装知识。在内容的编排顺序上，将建筑设备中的给水排水、电气两部分必讲内容放在前面，其他几个系统可根据南北方差异、学校课时的多少选用。内容上循序渐进、由浅入深（各系统的基本知识→系统施工图及识读→系统的施工安装→系统的验收），从理论到实践，逐步达到能看懂简单设备工程施工图、能做好工种间的协调配合、能依据国家现行规程进行工程验收的职业能力，实现职业教育技能型人才的培养目标。

本书适用于以培养技能型应用人才为目标的土建类高等职业院校非设备安装类的各个专业，也可作为有关工程技术人员的参考用书。

图书在版编目（CIP）数据

建筑设备与识图/王东萍主编. —北京：机械工业出版社，2018.12（2024.8 重印）

高等职业教育建筑类专业系列教材

ISBN 978-7-111-61541-5

Ⅰ.①建… Ⅱ.①王… Ⅲ.①房屋建筑设备-建筑安装-高等职业教育-教材②房屋建筑设备-建筑安装-建筑制图-识图-高等职业教育-教材 Ⅳ.①TU8

中国版本图书馆 CIP 数据核字（2018）第 284505 号

机械工业出版社（北京市百万庄大街 22 号 邮政编码 100037）

策划编辑：刘思海 责任编辑：陈紫青 于伟蓉

责任校对：李 杉 封面设计：鞠 杨

责任印制：常天培

河北京平诚乾印刷有限公司印刷

2024 年 8 月第 1 版第 18 次印刷

184mm×260mm · 13.5 印张 · 328 千字

标准书号：ISBN 978-7-111-61541-5

定价：45.00 元

电话服务 网络服务

客服电话：010-88361066 机 工 官 网：www.cmpbook.com

010-88379833 机 工 官 博：weibo.com/cmp1952

010-68326294 金 书 网：www.golden-book.com

封底无防伪标均为盗版 机工教育服务网：www.cmpedu.com

关于“十四五”职业教育
国家规划教材的出版说明

为贯彻落实《中共中央关于认真学习宣传贯彻党的二十大精神的决定》《习近平新时代中国特色社会主义思想进课程教材指南》《职业院校教材管理办法》等文件精神，机械工业出版社与教材编写团队一道，认真执行思政内容进教材、进课堂、进头脑要求，尊重教育规律，遵循学科特点，对教材内容进行了更新，着力落实以下要求：

1. 提升教材铸魂育人功能，培育、践行社会主义核心价值观，教育引导学生树立共产主义远大理想和中国特色社会主义共同理想，坚定“四个自信”，厚植爱国主义情怀，把爱国情、强国志、报国行自觉融入建设社会主义现代化强国、实现中华民族伟大复兴的奋斗之中。同时，弘扬中华优秀传统文化，深入开展宪法法治教育。

2. 注重科学思维方法训练和科学伦理教育，培养学生探索未知、追求真理、勇攀科学高峰的责任感和使命感；强化学生工程伦理教育，培养学生精益求精的大国工匠精神，激发学生科技报国的家国情怀和使命担当。加快构建中国特色哲学社会科学学科体系、学术体系、话语体系。帮助学生了解相关专业和行业领域的国家战略、法律法规和相关政策，引导学生深入社会实践、关注现实问题，培育学生经世济民、诚信服务、德法兼修的职业素养。

3. 教育引导学生深刻理解并自觉实践各行业的职业精神、职业规范，增强职业责任感，培养遵纪守法、爱岗敬业、无私奉献、诚实守信、公道办事、开拓创新的职业品格和行为习惯。

在此基础上，及时更新教材知识内容，体现产业发展的新技术、新工艺、新规范、新标准。加强教材数字化建设，丰富配套资源，形成可听、可视、可练、可互动的融媒体教材。

教材建设需要各方的共同努力，也欢迎相关教材使用院校的师生及时反馈意见和建议，我们将认真组织力量进行研究，在后续重印及再版时吸纳改进，不断推动高质量教材出版。

机械工业出版社

前 言

“建筑设备与识图”课程是全国高职高专院校土建类的主要专业基础课程之一，本书是根据教育部对高职高专教育的教学基本要求和课程本身的特点、规律进行编写的。

本书在内容上以施工现场技术和管理能力培养为主线，遵循“专业知识够用为度”的编写理念，考虑到地域差异和气候差异，积极调整教材内容和单元顺序，精简传统教材中各专业基础理论等内容，加大施工图的识读内容；将建筑电气系统由传统教材的最后一部分提到教材的第二部分，方便各学校根据课时的多少，灵活选用。在知识体系上，由传统的学科体系转变为以任务、目标为主线的复合型人才培养的知识构成。在编写过程中，本书以现行的规范、规程为依据，以目前应用广泛的材料、机具和施工工艺为主线，大量参考相关图书文献，全面描述建筑设备工程中给水排水、电气、采暖、通风空调与土建施工的协调配合关系。随着无线网络的全面覆盖和智能手机的广泛使用，本书采用二维码技术，将大量的知识点以网络资源的形式融入教材，搭建起现实与虚拟的有效连接，读者只需“扫一扫”就可以快捷查阅相关内容。这样既丰富了教材内容，又能调动学生的学习积极性，有效提升了教学效果。

考虑到各院校所处地域不同，施工条件、施工水平和施工方法都有所不同，在教学过程中，应结合当地的实际条件，按照各自的教学大纲和课程标准要求，调整教学内容。

本书由河南建筑职业技术学院王东萍（编写单元 1 课题 1 和课题 3、单元 2 课题 2、单元 6）担任主编，河南建筑职业技术学院武芳芳（编写单元 4 课题 3~课题 7）担任副主编。参加编写的有：河南建筑职业技术学院兰琳琳（单元 1 课题 2、课题 4），河南建筑职业技术学院宋丽娟（单元 1 课题 5~课题 7、课题 10），河南建筑职业技术学院魏思源（单元 1 课题 8、课题 9），郑州商业技师学院郭正恩（单元 2 课题 1、课题 5），河南建筑职业技术学院康兰兰（单元 2 课题 3、课题 4），河南建筑职业技术学院谢红杰（单元 3），河南建筑职业技术学院符佩佩（单元 4 课题 1、课题 2），河南建筑职业技术学院王海霞（单元 5）。全书由中国建筑东北设计研究院有限公司郑州分公司焦志鹏主审。值此本书成稿之际，笔者谨向有关专家学者、企业表示深深的谢意，特别是对参考文献的作者，表示万分感谢！

本书虽然多次审稿、修改，但由于水平有限，仍存在很多不足之处，恳请广大读者提出宝贵意见，以期不断改进。

编　者

二维码资源清单

页码	图　形	页码	图　形
2	室内给水系统及基本给水方式	35	阀门型号表示方法
3	高层建筑分区给水方式	46	卫生器具种类、图例及其标准图
8	室内排水系统和排水体制	77	用户负荷分级及供电要求
20	自动喷水灭火系统组件	86	电缆与设备连接
29	PPR 管道的热熔连接	93	常用控制与保护电器
30	镀锌钢管的沟槽连接	134	低温地板辐射热水采暖系统

（续）

页码	图　形	页码	图　形
142	采暖系统附件	166	通风系统的分类
145	管道的保温	172	防火分区与防烟分区
147	施工图常用图例	181	常用的空气处理设备
161	散热器的安装	186	空调冷、热水和冷却水参数

目　录

单元1

建筑给水排水系统

单元目标

知识目标

1. 掌握建筑给水排水系统的基本组成和工作原理。

2. 熟悉生活给水系统、消防给水系统常用的给水方式，熟悉管道布置与敷设要求。

3. 熟悉建筑给水排水系统常用管材特点及连接方式，熟悉建筑给水排水系统常用附件和常用设备。

4. 熟悉建筑给水排水系统安装的基本要求。

技能目标

1. 能合理地选择管材及对应的连接方式。

2. 熟悉建筑给水排水系统常用图例。

3. 能看懂简单工程的建筑给水排水系统施工图。

4. 能做好土建施工与安装工程施工的配合。

情感目标

1. 培养学生积极向上的生活态度。

2. 通过建筑给水排水系统基本知识的学习，培养学生科学严谨、细致认真的工作态度。

3. 通过学习，激发学生热爱本专业的热情。

单元概述

建筑内部给水排水系统包括室内给水系统、室内排水系统、室内消防给水系统、室内热水供应系统。本单元介绍各系统的分类、组成、工作原理、常用管材、常用附件和设备等基本知识，介绍建筑给水排水系统施工图及其识读知识，简要介绍建筑给水排水系统安装与试压冲洗等知识。通过学习，应能看懂简单工程的建筑给水排水系统施工图，能做好土建施工与安装工程施工的配合工作。

课题1　室内给水系统

学习目标

1. 了解室内给水系统的分类，掌握室内给水系统的组成和工作原理。

2. 熟悉常用的给水方式及管网布置形式。

3. 熟悉室内给水管道布置敷设的基本要求。

室内给水系统的任务，是根据各用户对水质、水量和水压的要求，经济合理地将小区给水管网中的水引至建筑物内，并送至各用水设备处，满足建筑内部生活、生产和消防用水的要求。

1.1.1 室内给水系统的分类与组成

1. 室内给水系统的分类

根据用途的不同，建筑内部给水系统一般可分为生活给水系统、生产给水系统和消防给水系统。在一幢建筑物内，可以单独设置以上三种给水系统，也可以按水质、水压、水量和安全方面的需要，结合室外给水系统的情况，组成不同的共用给水系统，如生活、生产共用给水系统，生产、消防共用给水系统等。当两种及两种以上用水的水质相近时，应尽量采用共用的给水系统。

根据具体情况，也可以把给水系统用过的废水，按水质有选择地收集起来，经一定处理使水质达到建筑中水水质标准，再经过一定的升压设备和输送系统，回用于建筑物用于冲洗厕所，或用于小区绿化、冲洗汽车等，这种系统被称为中水系统。采用中水系统从节约水资源方面考虑是可行的，但应对技术、经济进行比较后再决定是否选用。

2. 室内给水系统的组成

室内给水系统主要由引入管、计量仪表、室内给水管网、给水附件、给水设备、配水设施等组成。

对一幢建筑物来说，将室外给水管引入建筑物的管道称为引入管。

计量仪表是计量、显示给水系统中的水量、流量、压力、温度、水位的仪表，如水表、流量计、压力表、真空表、温度计、水位计等。

室内给水管网包括给水横干管、立管、横支管。水由引入管经给水横干管引至立管，再由立管分配到各层的横支管，最终送到各配水点。

给水附件是用以控制调节系统内水的流向、流量、压力，保证系统安全运行的，如各种阀门、调压孔板、报警阀组、水流指示器等。

给水设备是指给水系统用于升压、稳压、贮水和调节的设备，如水池、水箱、水泵、气压给水设备、吸水井等。

配水设施是将给水系统中的水放出以用于生活、生产、消防的设施，也可称为用水设施，如水龙头、与生产工艺有关的用水设备、室内消火栓、消防卷盘、自动喷水灭火系统的喷头等。

1.1.2 常用的给水方式

室内给水系统及基本给水方式

应依据用户对水质、水压和水量的要求，结合室外管网所能提供的水质、水量和水压情况、卫生器具及消防设备在建筑物内的分布、用户对供水安全可靠性的要求等因素，通过技术经济比较或综合评判来确定给水方式。常用的给水方式主要有直接给水方式、设升压设备的给水方式、分区给水方式。

1. 直接给水方式

室外管网水量和水压充足，能够全天保证室内用户用水要求的情况下，可采用直接给水方式，如图 1-1 所示。直接给水方式适用于低层建筑或高层建筑的下部楼层。

直接给水方式一般布置成下行上给式系统，即横干管设在底层地面以下，可以直接埋地敷设，也可以敷设在地沟内或地下室天棚下。

2. 设升压设备的给水方式

室外管网的水质和水量能满足室内给水系统的需要，但水压经常不足，需设置升压设备提升来满足室内用水要求。升压设备有水泵、气压给水装置、变频调速给水装置等，如图 1-2～图 1-4 所示。

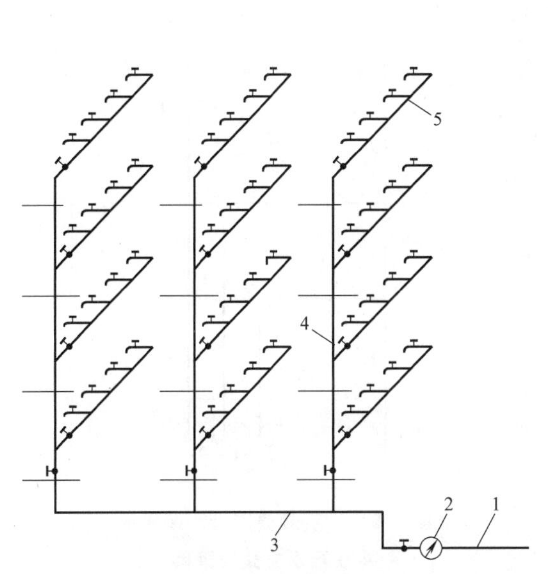

图 1-1 直接给水方式

1—引入管 2—水表 3—横干管 4—立管 5—横支管

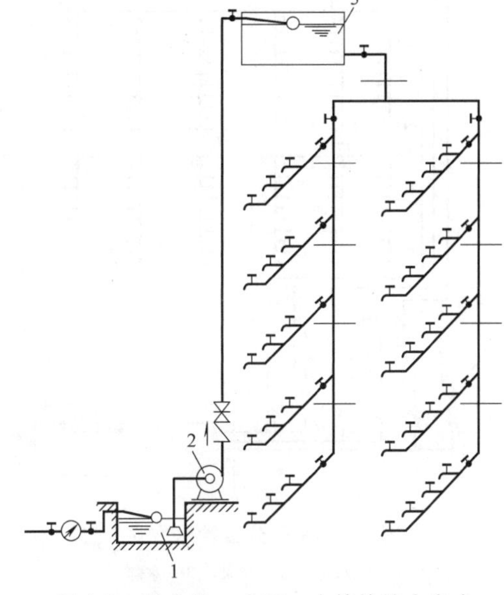

图 1-2 设水池、水泵、水箱的给水方式

1—贮水池 2—水泵 3—水箱

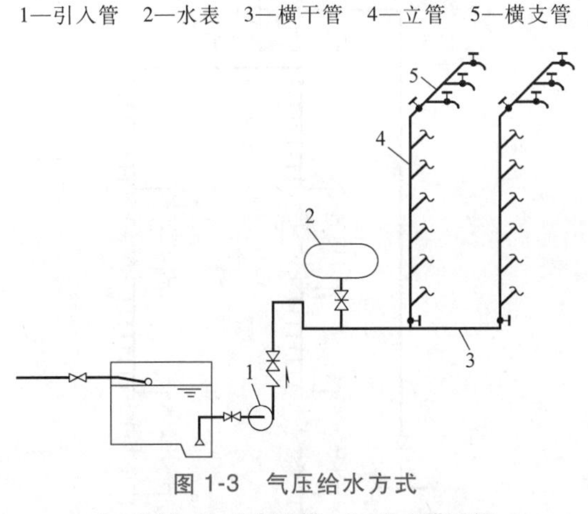

图 1-3 气压给水方式

1—水泵 2—气压水罐 3—给水横干管

4—给水立管 5—给水横支管

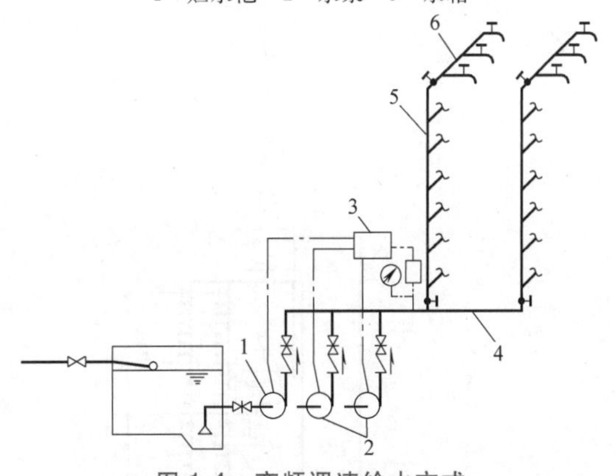

图 1-4 变频调速给水方式

1—变频泵 2—工频泵 3—电控柜 4—给水横干管

5—给水立管 6—给水横支管

3. 分区给水方式

高层建筑分区给水方式

在高层建筑中，室外管网的水压往往只能满足下部几个楼层的水压要求，大部分楼层需要设升压设备来满足用水要求，这需要采用分区的给水方式。根据现行规范要求，各分区最低卫生器具配水点处的静水压力不宜大于 0.45MPa，最大

不得大于 0.55 MPa；水压大于 0.35MPa 的入户管（或配水横管），宜设减压或调压设施；各分区最不利配水点的水压，应满足用水水压要求。常用的分区给水方式如图 1-5~图 1-9 所示。

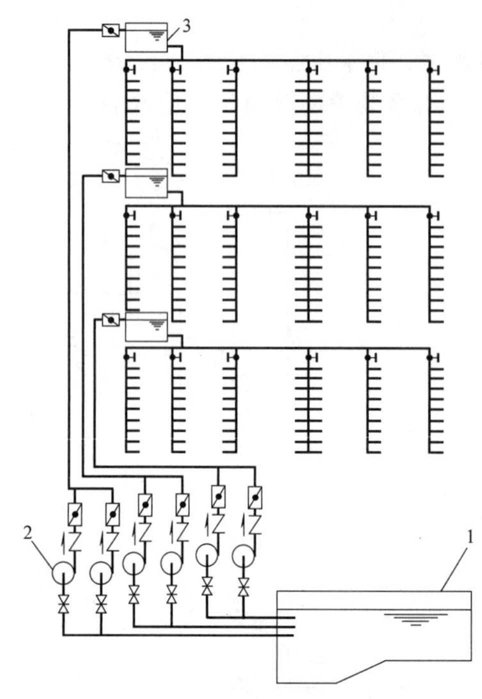

图 1-5 并联分区给水方式

1—贮水池 2—水泵 3—水箱

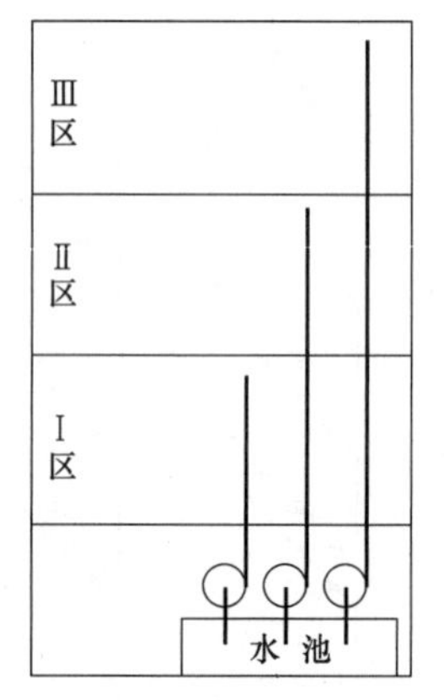

图 1-6 设变频调速给水装置的并联给水方式原理图

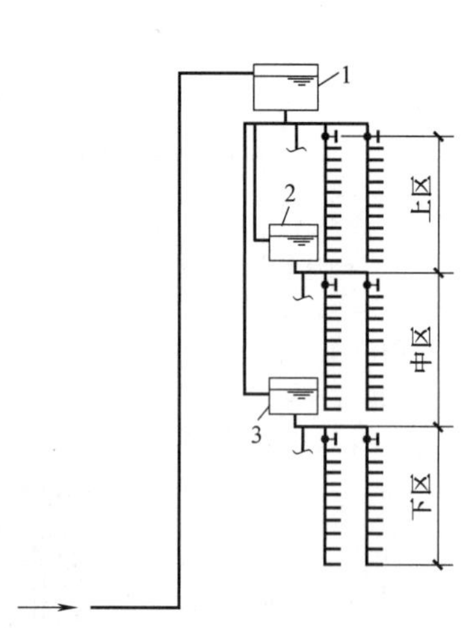

图 1-7 减压水箱减压分区给水方式

1—屋顶水箱 2—中区水箱 3—下区水箱

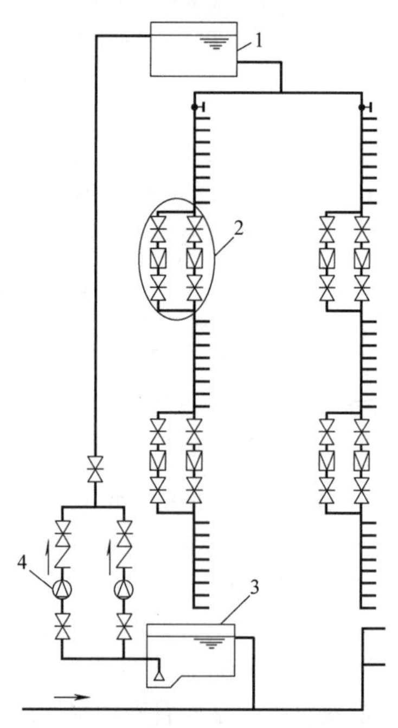

图 1-8 减压阀减压分区给水方式

1—屋顶水箱 2—减压阀组 3—贮水池 4—水泵

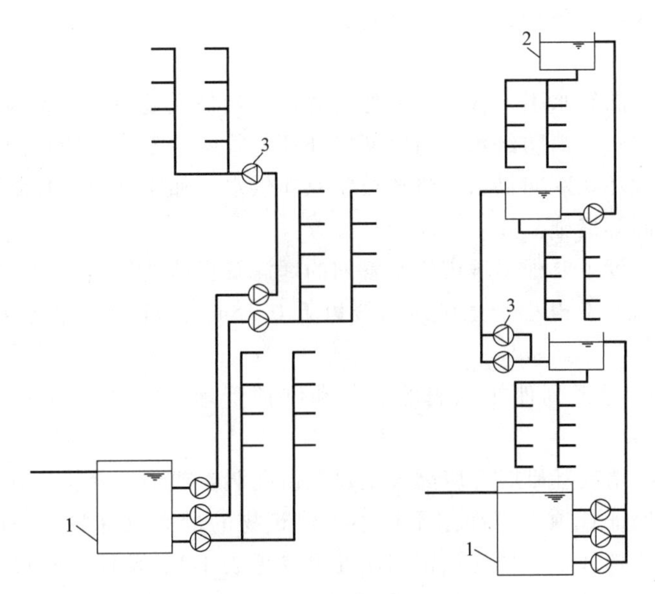

图 1-9　串联分区给水方式

1—水池　2—水箱　3—水泵

高层建筑的下部几个楼层通常采用直接给水方式，上面的楼层再进行竖向分区。通过分区减少下部楼层管道系统的静压力，避免产生水击而形成噪声和振动，延长管道和零配件的使用寿命，降低管理费用。分区并联的给水方式、分区无水箱的给水方式、分区水箱减压的给水方式、分区减压阀减压的给水方式适用于建筑高度 100m 以下的高层建筑的生活给水系统；分区串联的给水方式适用于建筑高度 100m 以上的高层建筑的生活给水系统。

中区和高区各采用一组调速泵供水，分区内再采用减压阀局部调压。此系统无高位水箱，少了一个水质可能受污染的环节，水压稳定，是目前建筑高度小于 100m 的高层建筑的主流供水方式。

1.1.3　室内给水管网的布置形式

根据给水横干管的布置位置，建筑给水管网常用的布置形式可分为以下几种：

（1）下行上给式　给水横干管布置在系统的下部，通过立管向上部各楼层供水。横干管可以敷设在地下室、地沟内或直接埋地。

（2）上行下给式　给水横干管布置在系统的上部，通过立管向下部各楼层供水。横干管可安装在设备层内、吊顶内、顶层天棚下或非冰冻地区的平屋顶上。

（3）环绕式　给水横干管或配水立管互相连接成环，组成横干管环状或立管环状。消防管网多采用环状布置。

1.1.4　室内给水管道的布置与敷设

室内给水管道布置的总原则是：力求管线最短，阀件最少，敷设容易，不妨碍生产操作、交通运输和建筑物的使用，不影响美观，便于安装和维修。

1. 引入管

一幢单独建筑物的给水引入管，宜从建筑物用水量最大处引入。室内生活给水管道宜采用枝状布置，单向供水。消防给水管道宜从室外环状管网的不同管段设两条或两条以上引入管，在建筑内部连成环状双向供水或贯通枝状双向供水；如室外没有环状管网，应采取设贮水池或增设第二水源等措施。

引入管的埋设深度主要根据城市给水管网的埋深及当地的气候、水文地质和地面荷载而定。管顶最小覆土深度不得小于土壤冰冻线以下 0.15m，车行道下的管线覆土深度不宜小于 0.7m。

引入管的位置应考虑到便于水表的安装和维护管理，同时要注意和其他地下管线的协调。

引入管穿越承重墙或基础时，应配合土建预留孔洞，或预埋套管。管道穿越承重墙或基础做预留洞时，应保证管顶上部净空不得小于建筑物的最大沉降量，一般不宜小于 0.1m。室内给水排水管道穿越基础、楼板预留洞尺寸可参见表 1-1。预埋套管尺寸一般采用引入管放大两级的管径。对于有不均匀沉降、胀缩或受振动的构筑物且防水要求严格时（如管道穿越水池等），应采用柔性防水套管。遇到湿陷性黄土，引入管可从防水地沟内引入 。

表 1-1　室内给水排水管道穿越基础、楼板预留洞尺寸　（单位：mm）

序号	管道名称	管径	明管	暗管
			长×宽	宽×深
1	给水立管	≤DN25 DN32～DN50 DN70～DN100	100×100 150×150 200×200	130×130 150×150 200×200
2	给水引入管	≤DN40 DN50～DN100	—	200×200 300×300
3	排水立管	≤DN50 DN70～DN100 DN125～DN150	150×150 200×200 300×300	200×130 250×200 300×300
4	排出管	≤DN80 DN100～DN200	—	300×300 （管径+300）×（管径+300）

2. 水表节点

需单独计量用水量的建筑物，应在引入管上设水表节点，图 1-10 所示为带旁通管和管道倒流防止器的水表节点示意图。

水表节点一般设在建筑物外专门的水表井内，寒冷地区可在建筑内部设水表井。水表井的位置应考虑查表方便，便于检修，不受污染。装设水表的地方气温应在 2℃以上，否则应采取保温措施。

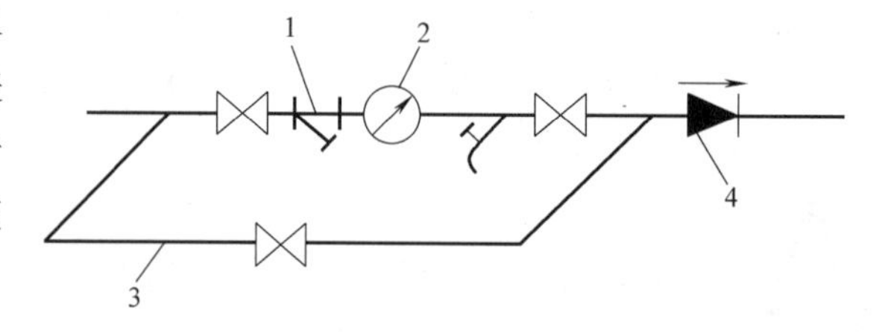

图 1-10　水表节点示意图

1—过滤器　2—水表　3—旁通管　4—管道倒流防止器

3. 室内给水管网

（1）室内给水管网的布置　室内给水

管网在布置时主要考虑采用的给水方式，在布置时应注意以下几方面：

1）室内给水管道不得布置在遇水会引起燃烧、爆炸的原料、产品和设备上方，并应避免在生产设备上面通过。

2）室内给水管道不应穿越变配电房、电梯机房、通信机房、大中型计算机房、计算机网络中心、音像库房等遇水会损坏设备和引发事故的房间。

3）给水管道不得敷设在烟道、风道、电梯井、排水沟内。给水管道不宜穿越橱窗、壁柜、木装修；不得穿过大便槽和小便槽，且立管距离大、小便槽端部不得小于0.5m。

4）给水管道不宜穿越建筑物的伸缩缝、沉降缝、变形缝。如必须穿越，则应设置补偿管道伸缩和剪切变形的装置。

5）室内冷、热水管上、下平行敷设时，冷水管应在热水管下方；卫生器具的冷水连接管应在热水连接管的右侧。生活给水管道不宜与输送易燃、可燃或有害的液体或气体的管道同管廊（沟）敷设。

6）塑料给水管道不得布置在灶台上边缘；明设的塑料给水立管距灶台边缘不得小于0.4m，距燃气热水器边缘不宜小于0.2m。达不到此要求时，应有保护措施。塑料给水管道不得与水加热器或热水炉直接连接，应有不小于0.4m的金属管段过渡。

（2）室内给水管网的敷设　根据建筑物的性质及对美观和卫生方面的要求，建筑给水管网的敷设有明装和暗装两种形式。

明装就是管道在建筑内部沿墙、梁、柱、顶棚、地板等处做暴露敷设。这种敷设方式安装维修方便，造价低，但容易产生凝结水而影响环境卫生，同时由于管道表面积灰，会影响建筑内部整洁和美观。明装适用于一般民用建筑和厂房。厂房内管道架空敷设时，应注意与其他管道协调配合，不得妨碍生产操作、交通运输和建筑物的使用，且一定要符合安全防火要求。

暗装就是把管道隐蔽起来安装，水平管可敷设在吊顶内、管道设备层内、地下室、地沟或直接埋地；立管和支管敷设在管道井或墙槽内。这种敷设方式不影响建筑内部的美观和整洁，但是安装复杂，维修不便，造价高。暗装适用于对装饰和卫生标准要求高以及生产工艺有特殊要求的建筑物，如宾馆、医院、高级住宅、精密仪表车间等。

管道暗装时，必须考虑安装和检修时的便利性。管沟内的管道应尽量做单层布置；当采取双层或多层布置时，一般将管径较小、阀门较多的管道放在上层；给水管宜敷设在热水管和蒸汽管的下方，排水管的上方。

给水管道在地沟内或沿墙、柱及管井内敷设时，应按施工技术规范和设计要求，每隔一定距离设管卡或支、吊架以固定；当地抗震设防烈度6度及以上地区，应设置抗震支吊架。

课题2　室内排水系统

1. 熟悉室内排水系统的分类，熟悉排水体制。
2. 掌握室内排水系统的组成。

3. 熟悉室内排水管道布置敷设的基本要求。

室内排水系统的任务是收集建筑内部卫生器具、生产设备受水器及屋面雨水和雪水，并根据需要对某些污水做局部处理，使之符合排放标准后排入室外管网中，并为室外污水的处理和综合利用提供便利条件。

1.2.1 室内排水系统的分类和排水体制

室内排水系统和排水体制

1. 室内排水系统的分类

按照所排除污水的性质，建筑内部排水系统可分为生活排水系统、生产排水系统、雨（雪）水系统。

（1）生活排水系统　生活排水系统是排除民用建筑、公共建筑及工厂生活间的污、废水的系统。根据污（废）水处理、卫生条件或杂用水水源的需要，生活排水系统又分为排除冲洗便器的生活污水排水系统和排除盥洗、洗涤废水的生活废水排水系统。生活废水经过处理后可作为杂用水，用来冲洗汽车和厕所、浇洒绿地和道路等。生活污水多含有机物和细菌。

（2）生产排水系统　生产排水系统是排除工艺生产过程中产生的污、废水的系统。因为生产工艺种类繁多，所以生产污、废水的成分非常复杂，根据其污染程度可分为生产废水和生产污水。生产废水是指生产排水中只有少量无机杂物、悬浮物，或只是水温升高，而不含有机物或有毒物质，只需简单处理后又能循环或重复使用，如空调冷却水。生产污水是指水的物理或化学性质发生变化，或含有对人体有害的物质，水质受到严重污染，如含酸、碱污水和含氰污水等。

（3）雨（雪）水系统　收集排除降落到屋面上的雨水和融化的雪水。

2. 排水系统的排水体制

排水体制有合流制和分流制两种。建筑内部分流制一般是指生活污水与生活废水分别用不同的管道系统排出的排水系统。当建筑物对卫生标准较高，或生活污水需局部处理才能排到市政排水管道，或生活废水需回收利用时，均应采用分流制排水系统。建筑外部分流制排水系统是指将生活排水系统与雨水排水系统分成两个系统排除。新建小区应采用分流制排水系统。

1.2.2 室内排水系统的组成

室内排水系统由卫生器具和生产设备受水器、室内排水管道、排出管、清通设备、通气管道、提升设备和污水局部处理构筑物组成，如图 1-11 所示。

1. 卫生器具和生产设备受水器

这类设备是室内排水系统的起点，是用来满足日常生活和生产过程中各类卫生要求，收集和排除污（废）水的设备。建筑内的卫生器具和生产设备受水器应具有内表面光滑、不渗水、耐腐蚀、耐冷热、便于清洁、经久耐用等特点。

2. 室内排水管道

室内排水管道由器具排水管、排水横支管、排水立管等组成。

3. 排出管

排出管是连接室内、室外排水管道的联系管道。排出管需要穿越建筑物的基础或承重墙，土建施工时应予以配合。

4. 清通设备

为保证排水管道发生堵塞时能清通，在排水管道设计安装时应设置清通设备。建筑内部排水系统常用的清通设备有清扫口、检查口和室内检查井。

（1）清扫口 清扫口一般设在排水横管上，是用于清扫排水横管的附件，其构造如图1-12所示。

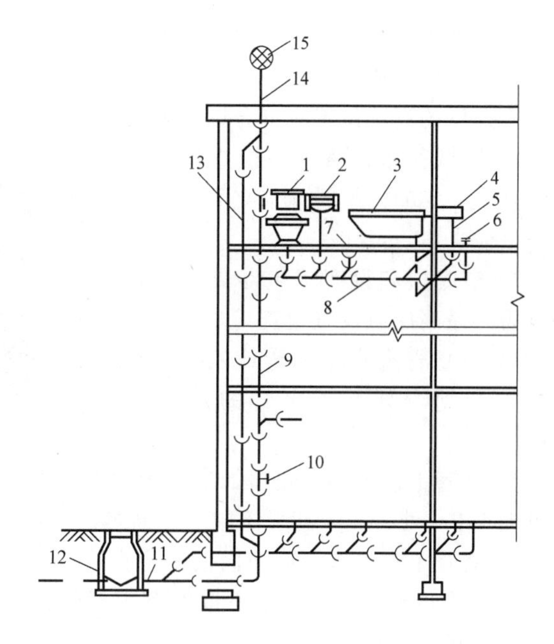

图1-11 排水系统图

1—坐便器冲洗水箱 2—洗脸盆 3—浴盆 4—厨房洗涤盆 5—器具排水管 6—清通设备 7—地漏 8—排水横支管 9—排水立管 10—检查口 11—排出管 12—排水检查井 13—专用通气管 14—伸顶通气管 15—通气帽

清扫口的设置应符合以下要求：

1）排水横管直线管段上，每隔一定距离设置一个清扫口。

2）在连接2个及2个以上大便器或3个及3个以上卫生器具的铸铁排水横管上，宜设置清扫口；在连接4个或4个以上大便器的塑料排水横管上，宜设置清扫口。

3）水流偏转角大于45°的污水横管上应设置清扫口。

4）清扫口不能高出地面，必须与地面相平。污水横管起端的清扫口与墙面的距离不得小于0.2m。当采用管堵代替清扫口时，为了便于清通和拆装，与墙面的净距不得小于0.4m。

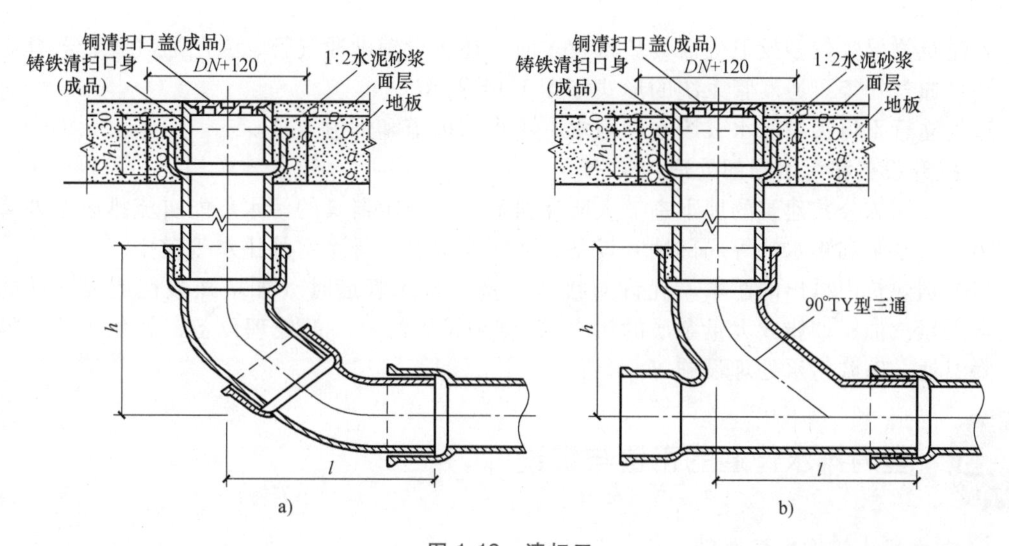

图1-12 清扫口

a）横管起端的清扫口 b）横管中段的清扫口（大于20m的横管道中间安装）

（2）检查口　检查口一般设在排水立管上，是一个带盖版的开口短管，清通时把盖板打开。检查口构造如图 1-13 所示。

检查口的设置位置应符合以下要求：

1）铸铁排水立管上，检查口之间的距离不宜大于 10m，塑料排水立管宜每 6 层设置一个检查口。

2）最底层和设有卫生器具的 2 层以上建筑物的最高层应设置检查口。

3）当立管有水平拐弯或乙字管时，在该层立管拐弯处和乙字管的上部应设检查口。

图 1-13　检查口

4）立管上设置的检查口，应在地（楼）面以上 1.0m 处，并应高于该层卫生器具上边缘 0.15m。

5）立管上的检查口应面向便于检查清扫的方位。

（3）室内检查井　对于不散发有害气体或大量蒸汽的工业废水的排水管道，在管道转弯变径处和坡度改变及连接支管处，可在建筑物内设检查井。

5. 通气管道

排水系统中需要设置一个与大气相通的通气系统，其作用是减小排水系统内部的气压变化，防止卫生器具水封被破坏，使水流畅通。同时将排水系统中的臭气和有害气体排到大气中去，减轻管道内废气对排水系统造成的锈蚀。

对于层数不高、卫生器具不多的建筑物，排水立管上部不过水的部分为伸顶通气管，其一般应伸出屋面面层至少 0.3m，并大于最大积雪厚度。为防止杂物进入排水管道，通气管顶端应装设风帽或网罩。在经常有人停留的平屋面上，通气管口应高出屋面 2.0m，如果采用金属管道还应考虑防雷装置。在通气管口周围 4.0m 以内有门窗时，通气管口应高出窗顶 0.6m 或引向无门窗一侧。通气管口不得与建筑物的风道和烟道连接，不宜设在屋檐檐口、阳台或雨篷下。

若建筑物层数较多或卫生器具数目较多时，还应设辅助通气管、专用通气管、器具通气管、环形通气管等。通气管系统的形式如图 1-14 所示。

通气立管不得接纳污水、废水和雨水，不得与风道和烟道连接。

6. 提升设备和污水局部处理构筑物

一些民用和公共建筑的地下室、人防建筑等，当卫生器具的污水不能自流排至室外管道时，须设污水泵和集水池等局部抽升设备，将污水提升后排至室外排水管道中。

当个别建筑内排出的污水不允许直接排入室外排水管道时（如呈强酸性或强碱性的污水，含大量汽油、油脂或大量杂质的污水），则须设置污水局部处理设备，如化粪池、隔油池、降温池、医院污水处理设施等。

1.2.3　室内排水管道的布置与敷设

1. 室内排水管道布置原则

1）排水管道布置应力求简短，少拐弯或不拐弯，避免堵塞。

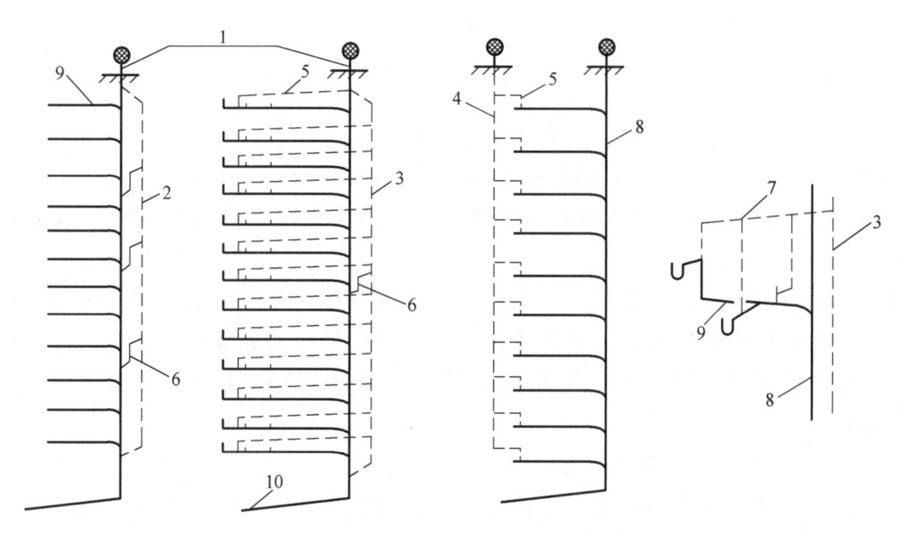

图 1-14 通气管系统的形式

1—伸顶通气管 2—专用通气管 3—主通气管 4—副通气管 5—环形通气管
6—结合通气管 7—器具通气管 8—排水立管 9—排水横支管 10—排出管

2）室内排水管道不得布置在遇水会引起爆炸、燃烧或损坏的原料、产品和设备的地方。

3）排水管不得穿越卧室、客厅、餐厅，不宜靠近与卧室相邻的内墙。

4）排水管道不得穿越沉降缝、伸缩缝、变形缝、烟道、风道。当排水管道必须穿越沉降缝、伸缩缝、变形缝时，应采取相应技术措施。

5）塑料排水管应避免布置在热源附近。塑料排水立管与家用灶具边的净距离不得小于0.4m。

6）塑料排水管道应根据其管道的伸缩量设置伸缩节。

7）建筑塑料排水管穿越楼层、防火墙、管道井井壁时，应按要求设置阻火装置。

2. 室内排水管道布置与敷设的要求

建筑内部排水管道的敷设有明装和暗装两种形式。

（1）器具排水管的布置与敷设　器具排水管是连接卫生器具和排水横支管的管段。器具排水管上应设水封装置，以防止排水管道中的有害气体进入室内。常用的水封装置有S型和P型存水弯，存水弯内的水封深度不得小于50mm。有的卫生器具本身有水封装置可以不另设存水弯，如坐式大便器。

（2）排水横支管的布置与敷设　排水横支管的作用是把各个器具排水管收集的污水汇合并排至立管。横支管应具有一定的坡度。横支管不宜过长，以免落差太大，并尽量减少转弯，以避免阻塞。横支管在建筑底层时可以埋设在地下，在楼层中时可以沿墙明装在地板上（同层排水）或悬吊在楼板下。当建筑有较高要求时，可采用将管道敷设在顶棚内的暗装方式，但必须考虑安装和检修方便。

靠近排水立管底部的排水横支管的连接应符合以下要求：

1）排水立管仅设置伸顶通气管时，最低排水横支管与立管连接处距排水立管管底的垂直距离不得小于表1-2的规定。

表 1-2　最低排水横支管与立管连接处至立管管底的最小垂直距离

立管连接卫生器具的层数	垂直距离/m	立管连接卫生器具的层数	垂直距离/m
≤4	0.45	13~19	3.0
5~6	0.75	≥20	3.0
7~12	1.20		

2）排水支管连接在排出管或排水横干管上时，连接点距立管底部下游的水平距离不宜小于 1.5m。

住宅卫生间的卫生器具排水管要求不穿越楼板进入他户，或不能穿越楼板时，应采用同层排水。同层排水目前的形式有：装饰墙敷设、外墙敷设、局部降板填充层敷设、全降板填充层敷设、全降板架空层敷设等。但采用同层排水时要有相应的技术措施保证排水管道畅通和卫生间的安全使用。

（3）排水立管的布置与敷设　排水立管应靠近最脏、杂质最多的排水点处。一般明装在墙角、柱角，美观要求高的可设在管道井内。为清通方便，排水立管上每隔一定距离应设检查口，检查口距地面 1.0m，检查口盖应朝外。

立管穿越楼板时，应预留洞或预埋套管，预留孔洞尺寸具体可参照表 1-1 确定。

（4）排出管的布置与敷设　排出管汇集了多条立管的污水，布置与敷设时应力求排出管能以最短距离通至室外。

排出管与立管的连接宜采用 45°弯头，排出管与室外排水管道连接处应设置检查井。分流制系统的生活污水先进入化粪池，局部处理后经检查井排入室外排水管道。检查井的中心或化粪池的外边缘距建筑物的基础不应小于 3m，以防止漏水、渗水影响建筑物基础，但不宜超过 10m，以免由于管道坡降太大而增大埋深。

排出管穿越承重墙时要预留孔洞或预埋穿墙套管，且管顶上部净空不得小于建筑物的最大沉降量，一般不宜小于 0.15m。穿越地下室或地下构筑物的墙壁时，应注意做防水处理。排出管穿越基础预留孔洞尺寸见表 1-1。

车行道下的排出管覆土深度不宜小于 0.7m，生活排水或与生活排水水温相近的其他污水排出管的管底可在冰冻线以上 0.15m。水温高于生活污水的排出管的埋深还可有所提高。

3. 室内排水管道的连接

为尽量避免管道堵塞，器具排水管与排水横支管连接处宜采用 90°斜三通；排水横支管与立管连接处宜采用 45°斜三通或 45°斜四通和顺水三通或顺水四通；立管与排出管连接时，宜采用两个 45°弯头、弯曲半径不小于 4 倍管径的 90°弯头或 90°变径弯头。

排水管道敷设时，需设吊环或卡箍以固定管道，且卡箍或吊环应固定在承重结构上。卡箍或吊环间距为：横支管不得大于 2m，立管不得大于 3m。层高小于或等于 4m 的，立管可设 1 个卡箍，立管底部的弯管处应设支墩。

课题 3　室内消防给水系统

1. 了解建筑高度的计算规则，掌握高层建筑的定义。

2. 了解民用建筑消火栓给水系统、自动喷水灭火系统的设置原则。

3. 掌握消火栓给水系统的工作原理，熟悉常用的消火栓给水方式。

4. 掌握自动喷水灭火系统的工作原理，熟悉湿式自动喷水灭火系统，了解自动喷水灭火系统的组件。

随着经济的发展，城市人口的快速增多，高层建筑群大量出现，在解决人们居住需求的同时也增加了大量的消防隐患，为防止和减少火灾的危害，我国制定了《建筑设计防火规范》等，对需要设置消防系统的建筑物做了若干规定。

1.3.1 建筑高度分界线

1. 高层建筑与单、多层建筑的划分

建筑高度大于27m的住宅建筑和建筑高度大于24m的非单层厂房、仓库和其他民用建筑为高层建筑，低于或等于的建筑为单、多层建筑。

建筑高度大于100m的建筑可称为超高层建筑，其耐火极限、避难层设置等都有更高的要求。

建筑高度大于250m的建筑，其消防设计不仅要遵守现行的《建筑设计防火规范》，还应提交国家消防主管部门组织专题研究、论证。

2. 建筑高度的计算规则

建筑屋面为坡屋面时，建筑高度为建筑室外设计地面至其檐口与屋脊的平均高度；建筑屋面为平屋面（包括有女儿墙时的平屋面）时，建筑高度为建筑室外设计地面至其屋面面层的高度。建筑物上局部突出的冷却塔、水箱间、瞭望塔、电梯机房等不计入建筑高度。

1.3.2 消防给水系统的设置

消防给水系统是指用水作为灭火剂的消防系统，其灭火机理主要是冷却降温，可用于可燃固体（一般为有机物，如棉、麻、木材等）的火灾。消防给水系统种类繁多，如消火栓系统、自动喷水灭火系统、水幕系统、雨淋系统、消防炮系统等。工程中最常见的消防给水系统是消火栓系统和自动喷水灭火系统，下面主要介绍这两类系统。

1. 室内消火栓给水系统的设置原则

下列建筑或场所应设置室内消火栓系统：

1）建筑占地面积大于300m^{2}的厂房和仓库。

2）高层公共建筑和建筑高度大于21m的住宅建筑（建筑高度不大于27m的住宅建筑，设置室内消火栓系统确有困难时，可只设置干式消防竖管和不带消火栓箱的*DN*65的室内消火栓）。

3）体积大于5000m^{3}的车站、码头、机场的候车（船、机）建筑、展览建筑、商店建筑、旅馆建筑、医疗建筑和图书馆建筑等单、多层建筑。

4）特等、甲等剧场，超过800个座位的其他等级的剧场和电影院等以及超过1200个座位的礼堂、体育馆等单、多层建筑。

5）建筑高度大于 15m 或体积大于 10000m^3的办公建筑、教学建筑和其他单、多层建筑。

2. 自动喷水灭火系统的设置原则

自动喷水灭火系统设置在火灾危险性大、火势蔓延快、人员疏散困难的工业建筑和民用建筑中，下面主要介绍在民用建筑中的设置原则。

1）下列单、多层民用建筑或场所应设置自动灭火系统，并宜采用自动喷水灭火系统：

① 特等、甲等剧场，超过 1500 个座位的其他等级的剧场，超过 2000 个座位的会堂或礼堂，超过 3000 个座位的体育馆，超过 5000 人的体育场的室内人员休息室与器材间等。

② 任一层建筑面积大于 1500m^2或总建筑面积大于 3000m^2的展览、商店、餐饮和旅馆建筑以及医院中同样建筑规模的病房楼、门诊楼和手术部。

③ 设置送回风道（管）的集中空气调节系统且总建筑面积大于 3000m^2的办公建筑等。

④ 藏书量超过 50 万册的图书馆。

⑤ 大、中型幼儿园，总建筑面积大于 500m^2的老年人建筑。

⑥ 总建筑面积大于 500m^2的地下或半地下商店。

⑦ 设置在地下或半地下或地上四层及以上楼层的歌舞娱乐放映游艺场所（除游泳场所外），设置在首层、二层和三层且任一层建筑面积大于 300m^2的地上歌舞娱乐放映游艺场所（除游泳场所外）。

2）下列高层民用建筑或场所应设置自动灭火系统，并宜采用自动喷水灭火系统：

① 一类高层公共建筑（除游泳池、溜冰场外）及其地下、半地下室。

② 二类高层公共建筑及其地下、半地下室的公共活动用房、走道、办公室和旅馆的客房、可燃物品库房、自动扶梯底部。

③ 高层民用建筑的歌舞娱乐放映游艺场所。

④ 建筑高度大于 100m 的住宅建筑。

1.3.3 消火栓消防给水系统

1. 常用的消火栓给水方式

（1）设高位消防水箱的消火栓消防给水系统　设高位消防水箱的消火栓消防给水系统如图 1-15 所示，一般用于多层建筑。消防水箱应储存 10min 的消防用水量，当和其他系统合用时，应采取消防用水不作他用的技术措施。

（2）高层不分区的消火栓消防给水系统　在高层建筑中，当建筑物内消火栓栓口的静水压力不超过 1.0MPa 时，可采用不分区的给水方式，如图 1-16 所示。当消火栓栓口压力超过 0.5MPa 时，应设减压设施。

（3）高层分区的消火栓消防给水系统　当建筑物内消火栓栓口的静水压力超过 1.0MPa 时，应采用分区的给水方式，以保证消防管道和设备的正常使用。分区给水方式同样有并联分区、串联分区、减压阀减压分区和减压水箱减压分区几种，图 1-17 为高层并联分区室内消火栓消防给水系统示意图。

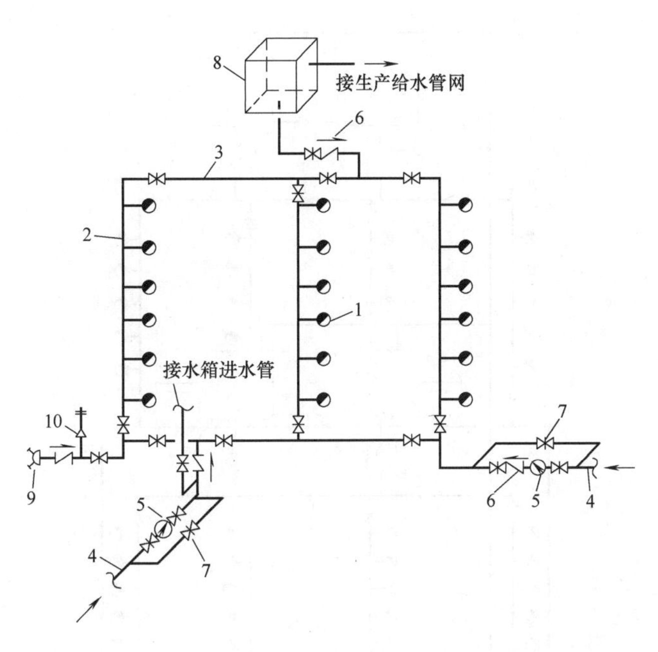

图 1-15 设高位消防水箱的消火栓消防给水系统

1—室内消火栓 2—消防立管 3—消防干管 4—引入管 5—水表 6—止回阀 7—旁通管及阀门 8—水箱 9—水泵接合器 10—安全阀

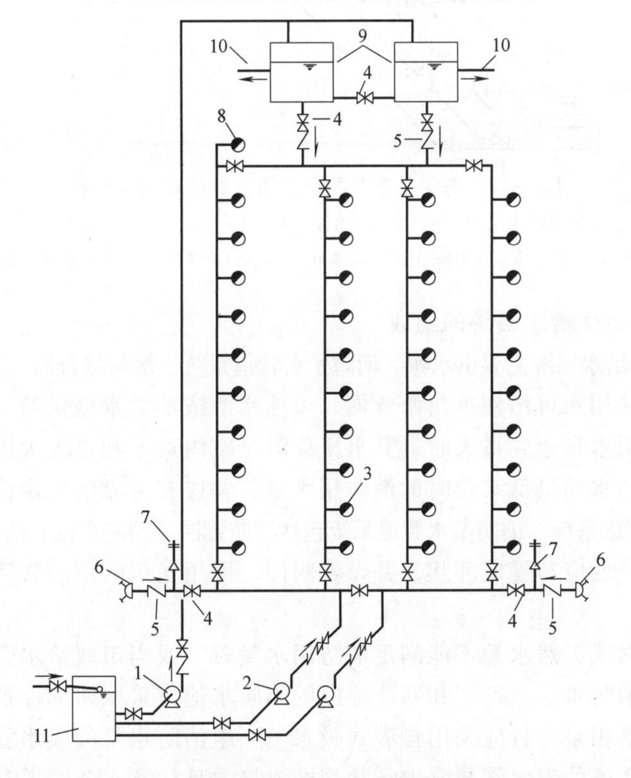

图 1-16 高层不分区室内消火栓消防给水系统

1—生活、生产水泵 2—消防水泵 3—消火栓设备 4—阀门 5—止回阀 6—水泵接合器 7—安全阀 8—检验消火栓 9—高位水箱 10—至生产管网 11—水池

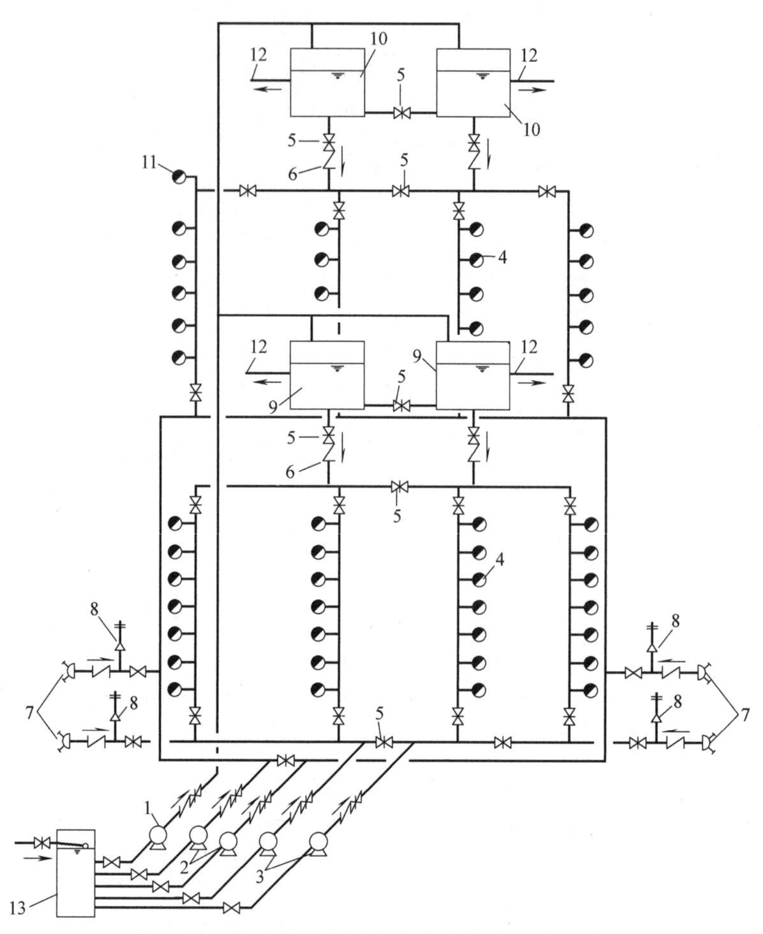

图 1-17　高层并联分区室内消火栓消防给水系统

1—生活、生产水泵　2—上区消防水泵　3—下区消防水泵　4—消火栓设备　5—阀门　6—止回阀　7—水泵接合器　8—安全阀　9—下区消防水箱　10—上区消防水箱　11—检验消火栓　12—至生产管网　13—水池

2. 室内消火栓消防给水系统的组成

室内消火栓消防给水系统主要由水源、消防给水管道系统、水泵接合器、消火栓设备等组成。

(1) 水源　消防用水可由室外给水管网、天然水源或消防水池供给。当采用室外给水管网直接供水，消防用水量达到最大时，其水压应满足室内最不利点灭火设备的要求。利用天然水源时，应保证枯水期最低水位时的消防用水量，并应有可靠的取水设施。

(2) 消防给水管道系统　消防给水管道系统包括消防管网、消防水池、消防水泵和消防水箱。

室内消防管网一般应布置成环状，并设置阀门。民用建筑的消防管网应与生活给水系统分开设置。

当室外给水管网或天然水源不能满足消防用水量时，或当市政给水管道为枝状或只有一条进水管时，应设消防水池。严寒和寒冷地区的消防水池应采取防冻保护设施。

消防水泵应设备用泵，且应采用自灌式吸水。一组消防水泵的吸水管不应少于 2 条，消防泵房应有不少于 2 条的出水管与室内环状管网连接，且任意一条管道都能通过全部的消防水量。消防水泵启动后，严禁向消防水箱充水。

消防水箱贮存初期灭火水量，其最低水位应满足灭火设施的压力要求。一类高层公共建筑，最不利点消火栓的静水压力不应低于0.10MPa，建筑高度超过100m时，不应低于0.15MPa；高层住宅、二类高层公共建筑、多层公共建筑，最不利点消火栓的静水压力不应低于0.07MPa，多层住宅不宜低于0.07MPa。

（3）水泵接合器　下列场所的室内消火栓消防给水系统应设置消防水泵接合器：高层民用建筑；设有消防给水的住宅、超过五层的其他民用建筑；超过两层或建筑面积大于10000m²的地下或半地下建筑（室），室内消火栓设计流量大于10L/s的平战结合的人防工程；高层工业建筑和超过四层的多层工业建筑；城市交通隧道。

水泵接合器的给水流量宜按10~15L/s计算。水泵接合器应设置在室外便于消防车使用的地点，距水泵接合器15~40m内，应设室外消火栓或消防水池。水泵接合器的外形如图1-18所示。

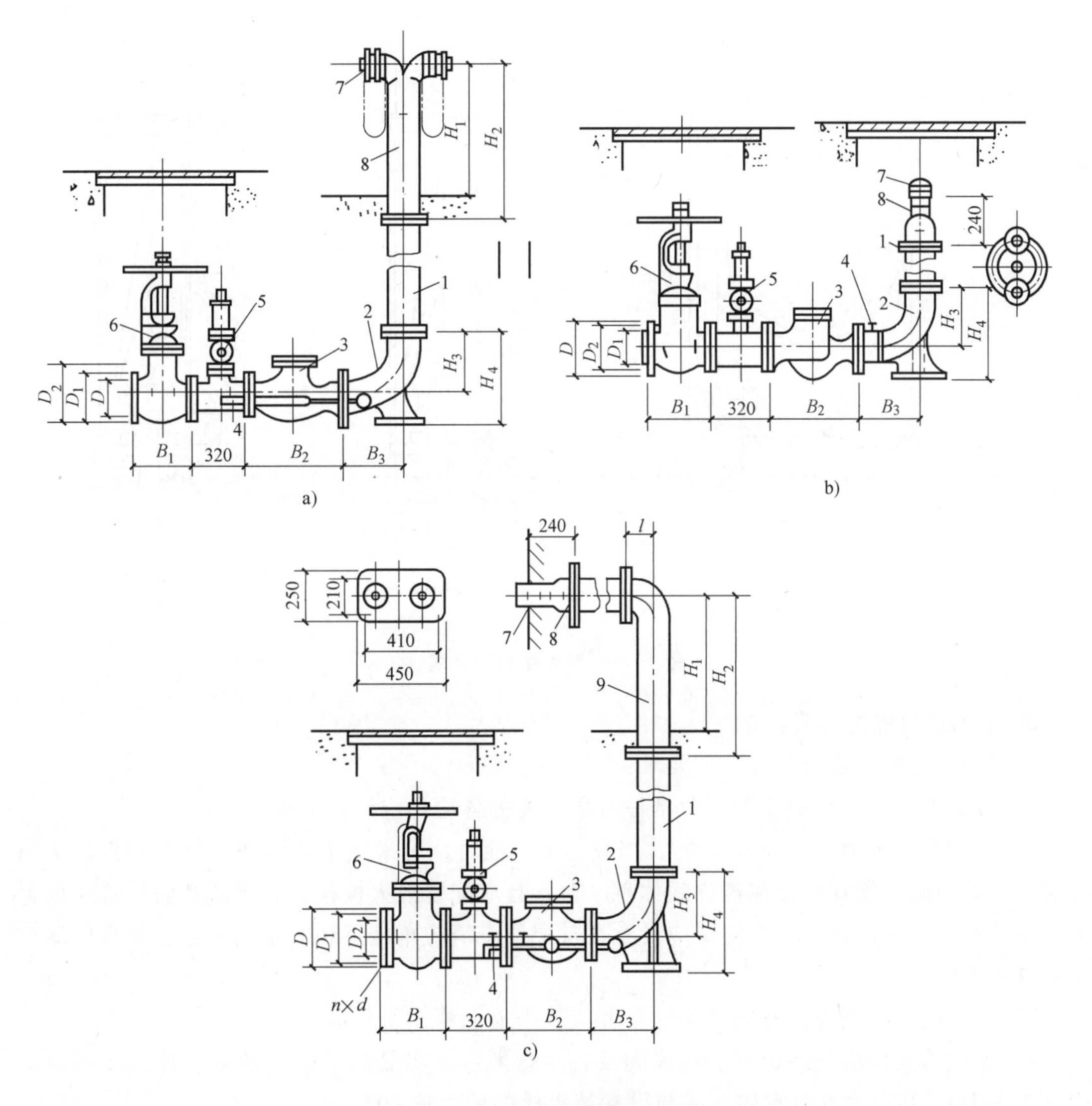

图1-18　水泵接合器外形图

a）SQ型地上式　b）SQ型地下式　c）SQ型墙壁式

1—法兰接管　2—弯管　3—止回阀　4—放水阀　5—安全阀　6—闸阀　7—进水用消防接口　8—接合器本体　9—法兰弯管

（4）消火栓设备　消火栓设备包括消火栓、水龙带和水枪。

室内消火栓是一个带内扣接头的阀门，一端接消防立管，一端接水龙带，规格为 *DN*65。

水龙带的口径与消火栓一致，应采用带衬里的水龙带。水龙带常用的长度有 15m、20m 和 25m 几种，不宜超过 25m。

水枪是一个渐缩管，喷口口径有 11mm、13mm、16mm、19mm 几种，一般宜配置 16mm 或 19mm 的水枪。当消火栓的设计流量为 2.5L/s 时，宜配置 11mm 或 13mm 的水枪。

消火栓、水龙带、水枪放在消火栓箱内，消火栓箱内还设有直接启动消防水泵的按钮。消火栓箱可明装或暗装在建筑物内，对于暗装的消火栓箱，在施工时注意预留洞。消火栓箱的安装如图 1-19 所示。

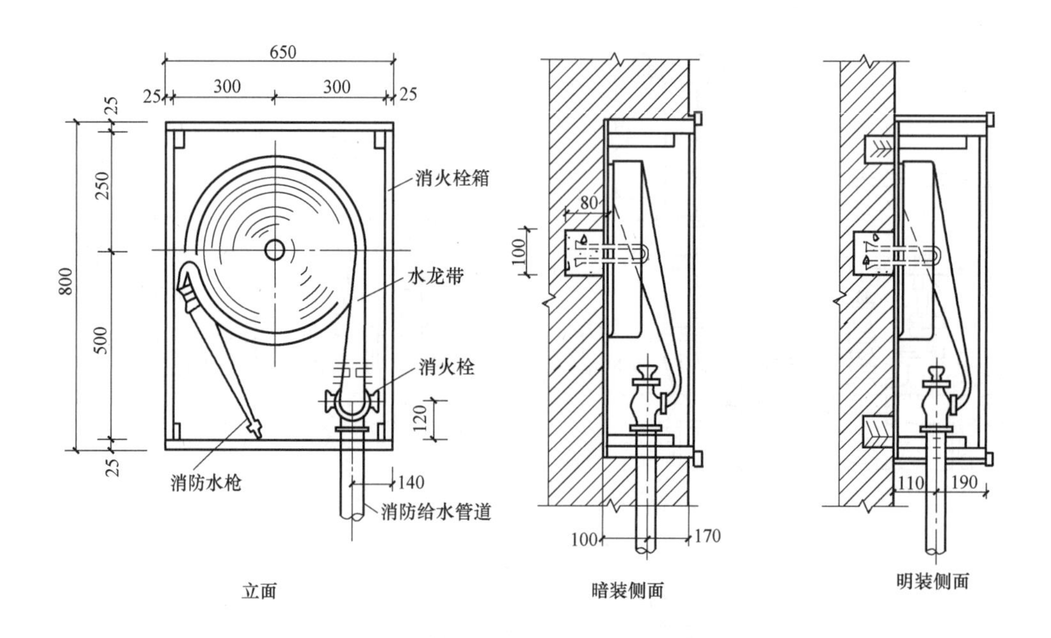

图 1-19　消火栓箱的安装

3. 室内消火栓的布置要求

室内消火栓的布置应符合下列要求：

1）设有室内消火栓的建筑，包括设备层在内的各层均应设置消火栓。

2）建筑高度不大于 27m 的住宅，当设置消火栓时，可采用干式消防竖管，并满足下列要求：干式消防竖管宜设置在楼梯间休息平台，且应配置消火栓栓口；干式消防竖管应设置消防车供水接口；消防车供水接口应设置在首层便于消防车接近和安全的地点；竖管顶端应设置自动排气阀。

3）消防电梯前室应设室内消火栓，并应计入消火栓使用数量。

4）室内消火栓应设在走道、楼梯间及其休息平台等明显易于取用地点。栓口离地面高度宜为 1.1m，其出水方向宜向下或与设置消火栓的墙面呈 90°。

5）冷库内的消火栓应设在常温穿堂或楼梯间内。

6）室内消火栓的间距应由计算确定。要求 2 支水枪的 2 股充实水柱到达室内任何部位的建筑物，室内消火栓的间距不应大于30m；要求1支水枪的1股充实水柱到达室内任何部位的建筑物，室内消火栓的间距不应大于50m。

7）室内消火栓的布置应满足同一平面有2支水枪的2股充实水柱同时到达任何部位。建筑高度小于或等于24m且体积小于或等于5000m^{3}的多层仓库，建筑高度小于或等于54m且每单元设置一部疏散楼梯的住宅，以及规范规定可设1支水枪的场所，可采用1支水枪的1股充实水柱到达室内任何部位。

8）室内消火栓栓口处的动压力不应大于0.5MPa，当大于0.7MPa时必须设置减压设施。高层建筑、厂房、库房和室内净空高度超过8m的民用建筑，消火栓栓口动压不应小于0.35MPa，且消防水枪充实水柱应按13m计算；其他场所，消火栓栓口动压不应小于0.25MPa，消防水枪充实水柱应按10m计算。

1.3.4 自动喷水灭火系统

自动喷水灭火系统是指由洒水喷头、报警阀组、水流报警装置（水流指示器或压力开关）等组件，以及管道、供水设施组成，并能在发生火灾时喷水的自动灭火系统。自动喷水灭火系统应设置在人员密集、不易疏散、外部增援灭火与救生困难的性质重要或火灾危险性大的场所。自动喷水灭火系统，是当今世界上公认的最为有效的自救灭火设施，是应用广泛、用量最大的自动灭火系统。国内外应用实践证明：自动喷水灭火系统具有安全可靠、经济实用、灭火成功率高等优点。

自动喷水灭火系统按喷头的开启形式可分为闭式系统和开式系统；按报警阀的形式可分为湿式系统、干式系统、干湿两用系统、预作用系统、雨淋系统等；按喷头形式可分为普通喷头、快速响应喷头、大水滴型喷头和快速响应早期抑制喷头等。

采用闭式喷头的系统称为闭式自动喷水灭火系统，在实际工程中，应用广泛。下面重点介绍闭式系统。

1. 自动喷水灭火系统组成和工作原理

自动喷水灭火系统分为湿式系统、干式系统、干湿两用系统、预作用系统、重复启闭预作用系统等。下面重点介绍湿式自动喷水灭火系统。

（1）湿式系统　湿式系统由闭式洒水喷头、水流指示器、湿式报警阀组、管道和供水设施组成，准工作状态下，管道中充满用于启动系统的有压水。

与其他系统相比，湿式系统结构相对简单，处于警戒状态时，由消防水箱或稳压泵、气压给水装置等稳压设施维持管道内充水的压力。发生火灾时，环境温度达到启动喷头温度时，喷头喷水灭火，水流指示器发出电信号报告起火区域，报警阀组或稳压泵的压力开关输出启动消防泵的信号，完成系统的启动。系统启动后，由供水泵向开放的喷头供水，开放的喷头按不低于设计规定的喷水强度均匀喷洒，达到灭火的目的。为保证扑救初期火灾的效果，喷头开放后，要求在持续喷水时间内连续喷水。

湿式系统适合在环境温度不低于4℃且不高于70℃的环境中使用。在实际工程中，这种系统是最常用的一种自动喷水灭火系统。湿式自动喷水灭火系统如图1-20所示。

（2）干式系统　干式系统与湿式系统的区别是采用了干式报警阀组，在准工作状态时，配水管道中充满用于启动系统的有压气体。为保持气压，需要配套设置补气系统。闭式喷头开放后，配水管道有一个排气充水的过程。系统开始喷水的时间，会因排气充水过程而产生滞后，因此削弱了系统的灭火能力。但因配水管道内在准工作状态下没有水，所以不会由于系统误喷或管道泄漏而造成的水渍损失，同时对环境温度没有要求。

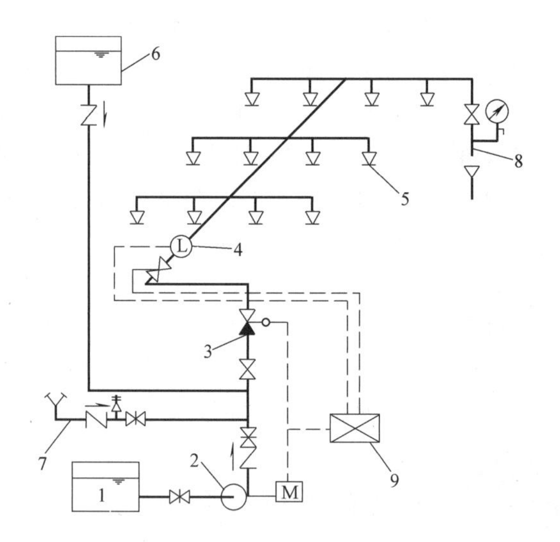

图 1-20　湿式自动喷水灭火系统

1—水池　2—水泵　3—湿式报警阀组　4—水流指示器　5—闭式喷头　6—高位水箱　7—水泵接合器　8—末端试水装置　9—消防报警控制器　M—驱动电动机

（3）干湿两用系统　干湿两用系统采用干湿两用报警阀，当环境条件不能满足湿式系统设置要求时，报警阀后的配水管道内充满有压气体；环境条件满足湿式系统设置要求时，报警阀后的配水管道充满有压水。一般情况下，冬季为干式系统，其他季节为湿式系统。

（4）预作用系统　预作用系统采用预作用报警阀组，并由配套的火灾自动报警系统启动。准工作状态下，配水管道为不充水的空管，利用火灾探测器的热敏性能优于闭式喷头的特点，由火灾报警系统开启雨淋阀后为管道充水，使系统在闭式喷头动作前转换为湿式系统。准工作状态时，也可在配水管道内维持一定气压，这样有助于监测管道的严密性和寻找泄漏点。

（5）重复启闭预作用系统　重复启闭预作用系统能在扑灭火后自动关阀、复燃时再次开阀，用于灭火后必须及时停止喷水的场所。为防止误动作，该系统与常规预作用系统的不同之处是采用了一种既可以输出火警信号，又可在环境恢复常温时输出灭火信号的感温探测器。当其感应到环境温度超出预定值时，报警并启动水泵和打开具有复位功能的雨淋阀，为配水管道充水，在喷头动作后喷水灭火。喷水过程中，当火场温度恢复至常温时，探测器发出关停系统的信号，在按设定条件并延迟喷水一段时间后，关闭雨淋阀停止喷水。若火灾复燃、温度再次升高，系统则再次启动，直到彻底灭火。目前，这种系统有两种形式，一种是喷头具有自动重复启闭的功能，另一种是系统通过烟温感传感器控制系统的控制阀，从而实现系统的重复启闭功能。

2. 自动喷水灭火系统组件

自动喷水灭火系统组件

（1）闭式喷头　闭式洒水喷头是自动喷水灭火系统的关键。当在喷头的保护区域内失火时，热气流上升，使喷头周围空气温度上升，达到预定温度时，玻璃球内液体挥发，玻璃球破碎（或易熔合金锁片上的焊料熔化），喷头打开，喷水灭火。根据热敏元件的不同可分为易熔合金喷头和玻璃球喷头两种；根据溅水盘的形式和安装位置的不同可分为直立型、下垂型、边墙型和吊顶型等。图 1-21 为几种常见的喷头。

从火灾开始到喷头打开，一般需要几分钟的时间，它与喷头的类型、喷头动作温度、喷

a)

b)

c)

d)

图 1-21　几种常见喷头

a）下垂式喷头　b）直立式喷头　c）边墙式喷头　d）易熔合金式喷头

头到火源的距离及火势燃烧速度有关。我国生产的洒水喷头感温级别有普通温级、中温级和高温级三种，动作温度为 72℃、98℃、142℃左右。喷头的动作温度是根据环境温度确定的，闭式喷头的公称动作温度宜比环境温度高 30℃左右。

（2）报警阀　湿式和干式报警阀的作用是：接通或关断报警水流；喷头动作后报警水流将驱动水力警铃和压力开关报警；防止水倒流。准工作状态时，湿式报警阀阀板前后水压相等，干式报警阀阀板前的水压与阀板后的气压相等，由于阀芯的自重，其处于关闭状态。发生火灾时，闭式喷头喷水，报警阀后的压力下降，阀板开启，向管网供水，同时通过水力警铃和压力开关发出火警信号。

报警阀应设在安全且便于操作的地点，安装高度距地面宜为 1.2m，安装报警阀的部位应有排水设施。连接报警阀进出口的控制阀，宜采用信号阀。与报警阀连接的水力警铃应设在值班室附近，且两者之间的管道长度不宜大于 20m。

（3）水流指示器　水流指示器的作用是及时报告起火区域，因此每个防火分区、每个楼层均应设水流指示器。但当一个湿式报警阀组仅控制一个防火分区或一个层面的喷头时，由于报警阀组的水力警铃和压力开关已能发挥报告起火区域的作用，也可不设水流指示器。

（4）压力开关　水力警铃报警时，压力开关自动接通电动警铃报警，并把信号传至消防控制室或启动消防水泵。自动喷水系统中，应采用压力开关控制稳压泵，并应能调节稳压泵的启停压力。

（5）延迟器　安装在报警阀与水力警铃之间的信号管道上，用以防止管道中的水压波动引起误报警。报警阀开启后，需将延迟器充满后方可冲打水力警铃报警。

湿式报警阀组的外形如图 1-22 所示。

（6）末端试水装置　末端试水装置由试水阀、压力表和试水接头组成，用以检验系统的可靠性——测试系统在开放一只喷头的最不利条件下能否可靠报警并正常启动。因此每个报警阀组控制的最不利点处，均应设末端试水装置，其他防火分区、楼层的最不利点喷头处，均应设直径为 25mm 的试水阀。

末端试水装置测试的内容包括：水流指示器、报警阀、压力开关、水力警铃的动作是否正常，配水管道是否畅通，管道最不利点处的喷头工作压力等。测试时，为保证测试效果，试水装置的出水应采取孔口出流的方式排入排水管道。末端试水装置如图 1-23 所示。

图 1-22　湿式报警阀组

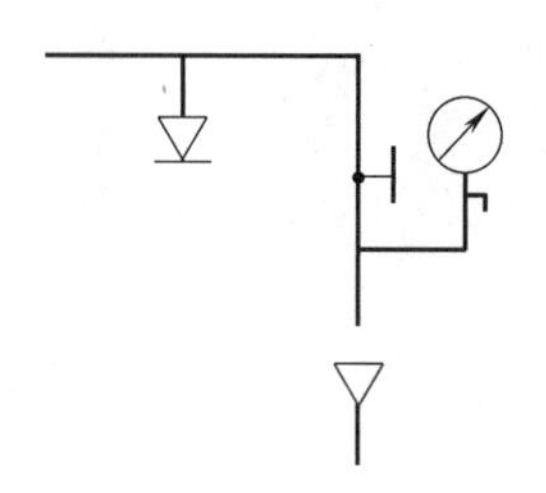

图 1-23　末端试水装置

（7）其他装置　干式、预作用自动喷水灭火系统的配水管道应设快速排气阀，有压充气管道的快速排气阀入口前应设电动阀。预作用系统还应设置火灾探测器。

3. 自动喷水灭火系统管网设置要求

室内消火栓管网宜与自动喷水灭火系统的管网分开设置；当合用消防泵时，供水管路应在报警阀前分开设置。

自动喷水灭火系统的配水管道应采用内外壁热镀锌钢管、涂覆钢管、铜管、不锈钢管、氯化聚氯乙烯管（PVC—C）。管道应采用沟槽式连接、法兰连接、钎焊、卡压连接、承插口粘接等连接方式。

课题 4　室内热水供应系统

学习目标

1. 掌握热水供应系统组成及工作原理。
2. 了解常用的加热设备，熟悉太阳能热水供应系统。
3. 熟悉室内热水管道布置敷设的基本要求。
4. 了解高层建筑热水供应系统的特点，熟悉高层建筑热水供水方式。

热水供应系统是水的加热、储存和输配的总称。室内热水供应系统的任务是供给生产、生活用户洗涤、沐浴用热水，并保证用户得到符合设计要求的水量、水温和水质。

1.4.1　室内热水供应系统及其组成

图 1-24 为多层建筑集中热水供应系统。它主要由以下几部分第一循环系统、第二循环系统和附件组成。

第一循环系统是指热媒循环系统即热水制备系统，它是由发热设备（如锅炉）、水加热器或贮水器及其之间的管道系统组成。

第二循环系统是指配水、循环系统即热水供应系统，它是连接贮水器（或水加热器）和热水配水点之间的管道，由热水配水管网和循环管网组成。根据使用要求，该系统可设计

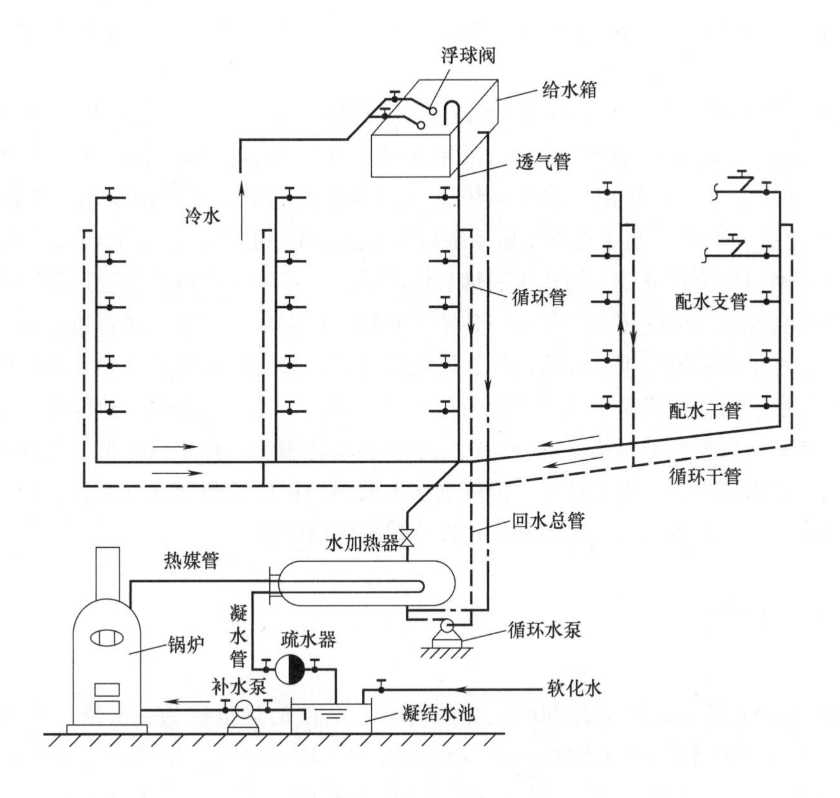

图 1-24　集中热水供应系统

成半循环系统（图 1-24）、全循环系统（图 1-25）和非循环系统。全循环热水供应系统是配水干管、立管、支管均设有循环管道，能保证用户随时得到符合设计水温要求的热水，但造价较高。半循环系统是仅在干管处设循环管道或仅在干管、立管处设循环管道，能保证干管或干管、立管的水温，使用时需先放掉一部分冷水（支管中的水或支管与立管中的水），但工程投资较少。非循环系统不设循环管道，使用时需先放掉管道中的冷水，适用于连续供水或定时供水的小型热水供应系统。

由于热媒系统和热水系统中控制、连接的需要，以及由于温度的变化而引起的水的体积膨胀、超压、气体的分离和排除等，需要设置附件。常用的附件有温度自动控制装置、疏水器、减压阀、安全阀、膨胀水箱（或罐）、管道自动补偿器、闸阀、自动排气装置等。

集中热水供应系统的工作流程是：锅炉生产的蒸汽经热媒管送入水加热器把冷水加热，蒸汽放热后变成凝结水由凝结水管排至凝结水池，锅炉用水由凝结水池旁的凝结水泵压入。水加热器中所需要的冷水由给水箱供给，加热器产生的热水由配水管网送到各个用水点。不配水时，配水管和循环水管依靠循环水泵循环

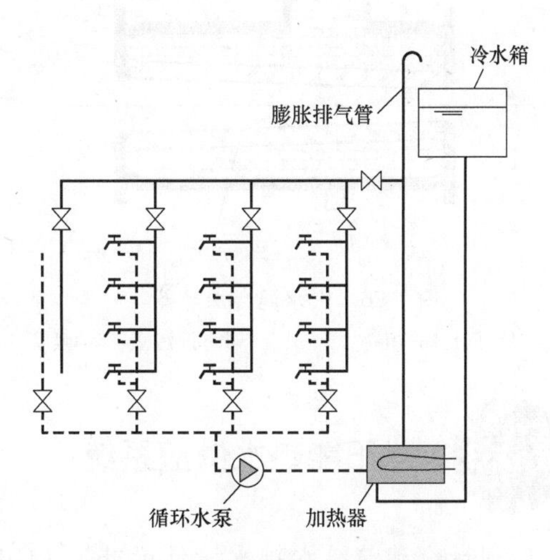

图 1-25　全循环系统热水供应系统

流动着一定量的循环热水，用以补偿配水管路在此期间的热损失。循环水泵的启闭靠温度控制装置自动控制。

室内热水供应系统按照供应范围的大小分为局部热水供应系统、集中热水供应系统和区域热水供应系统。局部热水供应系统是指采用各种小型加热器在用水场所就地加热，供局部范围内的一个或几个用水点使用的热水系统。局部热水供应系统常采用小型燃气加热器、电加热器、太阳能加热器等。集中热水供应系统就是在锅炉房、热交换站或加热间把水集中加热，然后通过热水管网输送给整幢或几幢建筑的热水供应系统。集中热水供应系统适用于热水用水量较大，用水点多且比较集中的建筑，如高级住宅、宾馆、医院、疗养院、体育馆、游泳池、大型饭店等。区域热水供应系统是把水在热电厂、区域性锅炉或热交换站集中加热，通过市政热水管网送至整个建筑群、居住区或整个工矿企业的热水供应系统。其特点是便于热能的综合利用和集中维护管理，有利于减少环境污染，可提高热效率和自动化程度，热水成本低，占地面积小，使用方便、舒适，供水范围大，安全性高。但热水在区域锅炉房中的热交换站制备，管网复杂，热损失大，设备多，一次性投资大。目前在一些发达国家应用较多。

1.4.2 水的加热方式

水的加热方式主要有直接加热和间接加热两类。直接加热也称为一次换热方式，是利用燃油、燃气或燃煤为燃料的热水锅炉、燃气热水器、电热水器等，把冷水直接加热到所需的温度；或是将蒸汽或高温水通过穿孔管、喷射器与冷水直接混合加热来制备热水，常用设备有汽水混合加热器（图 1-26）等。间接加热也称为二次换热方式，是利用热媒通过水加热器把热量传递给冷水，使冷水被加热，而热媒在加热过程中，与被加热水不直接接触。间接加热噪声小，运行安全稳定，被加热的水不易受污染，常用设备有快速式水加热器、加热水箱、容积式水加热器（图 1-27）等。

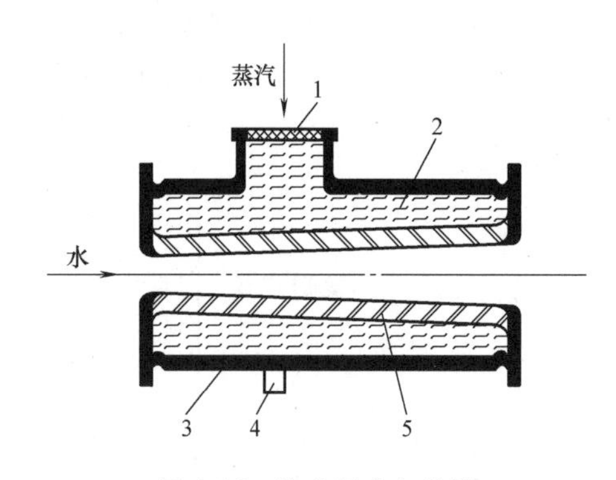

图 1-26　汽水混合加热器

1—过滤网　2—填料　3—外壳　4—排污塞　5—喷管

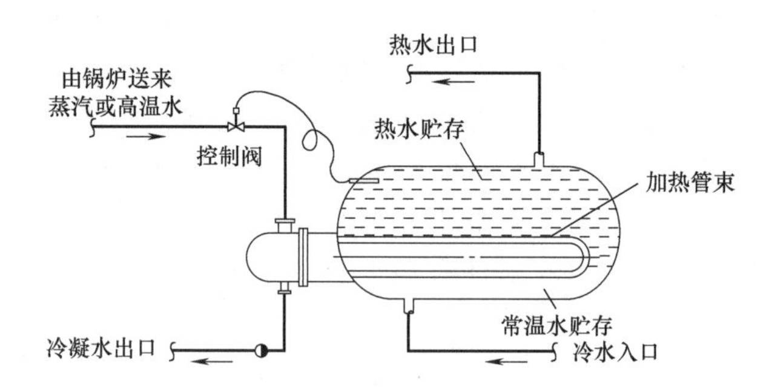

图 1-27　容积式水加热器

1.4.3 太阳能热水供应系统

现行《建筑给水排水设计标准》（GB 50015—2019）规定：当日照时数大于 1400h/

年且年太阳辐射量大于4200MJ/m²及年极端最低气温不低于-45℃的地区，采用太阳能作为集中热水供应系统的热源。

太阳能热水器是将太阳能转换成热能并将水加热的装置，主要包括太阳能集热器、贮水箱、控制系统、管路、辅助能源、安装支架和其他部件。

按供热水的范围不同，太阳能热水供应系统可分为集中供热水系统、集中-分散供热水系统、分散供热水系统，目前后两种较为常用。集中供热水系统是采用集中的太阳能集热器和集中的贮水箱供给一幢或几幢建筑物所需热水的系统。集中-分散供热水系统是采用集中的太阳能集热器和分散的贮水箱供给一幢建筑物所需热水的系统（图1-28）。分散供热水系统是采用分散的太阳能集热器和分散的贮水箱供给各个用户所需热水的小型系统。

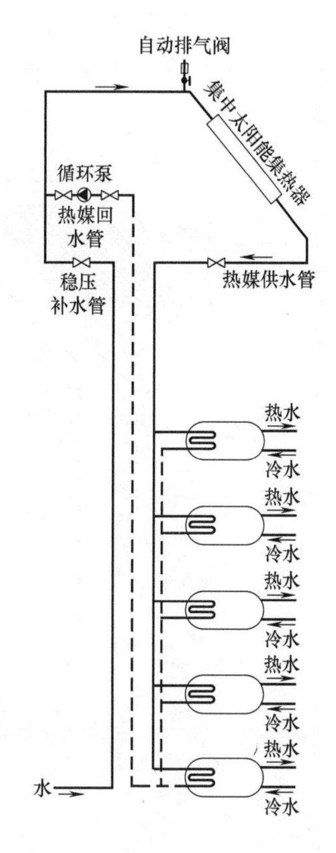

图1-28　太阳能集中-分散供热水系统图

分散供热水系统按运行方式主要包括三种：自然循环直接系统，原理如图1-29所示；自然循环间接系统；强制循环间接系统，原理如图1-30所示。

自然循环直接系统是集热器和水箱结合在一起的整体式系统，其工作原理是在太阳能集热器中直接加热水以供给用户。

自然循环间接系统一般指分体式自然循环系统，该系统集热器中的传热工质和水箱中的水是相互独立的，通过换热器将水箱中的水加热，其工作原理是利用传热工质的温度梯度产生的密度差所形成的自然对流进行反复循环，从而将水箱中的水加热。

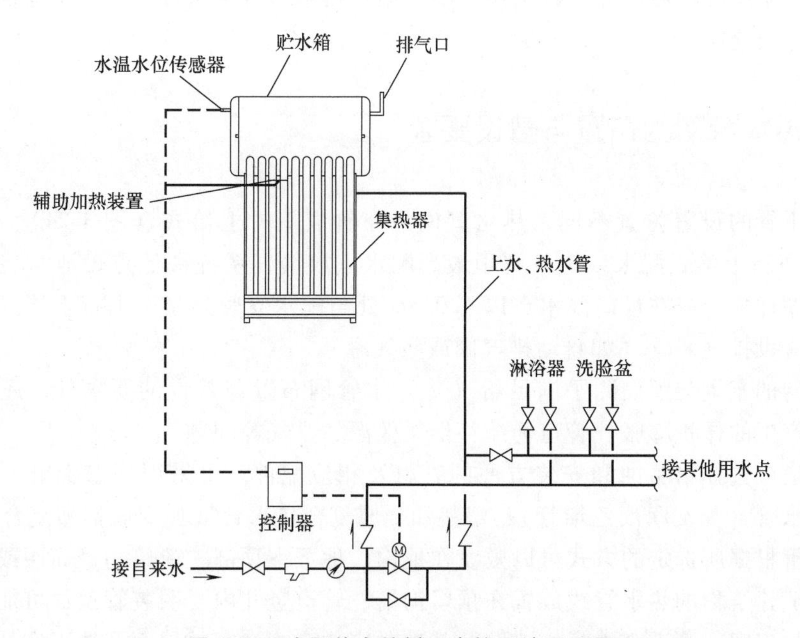

图1-29　太阳能自然循环直接系统原理图

在自然循环系统中，为了保证必要的热虹吸压头，贮水箱应高于集热器上部，这使布置受到一定的限制，但这种系统结构简单，不需要附加动力，控制简单，易于安装，维修方便。

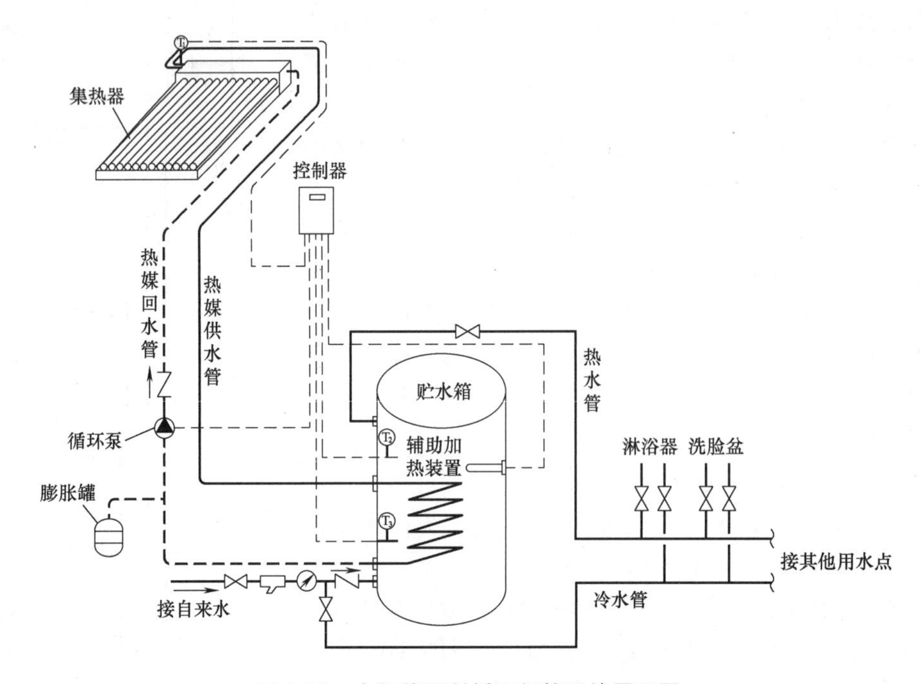

图 1-30 太阳能强制循环间接系统原理图

强制循环间接系统主要指分体式强制循环承压系统，该系统水箱与集热器相互独立，利用水箱中的换热器进行热交换，使用循环泵和温差控制进行循环。其特点是：承压运行设计，全自动控制系统，使用方便；采用密闭双循环技术，卫生条件好；安全提供热水，设置压力温度双重安全阀。

1.4.4 热水管网的布置与敷设要求

按配水干管的设置位置不同，热水管网可布置成下行上给式（图 1-24）、上行下给式（图 1-25）。下行上给式配水系统可利用最高配水点放气，系统最低点设泄水装置，设有循环管道时，循环立管应在最高配水点以下 0.5m 处与配水立管连接。上行下给式系统的配水干管最高点应设排气装置（如自动排气阀或集气罐）。

热水管网的布置与敷设除了满足给（冷）水管网布置与敷设的要求外，还应该注意由于水温高而产生的体积膨胀、管道伸缩补偿、保温、排气等问题。

热水管道应选择耐腐蚀和安装方便的管材及相应配件。可采用薄壁铜管、薄壁不锈钢管、塑料热水管（如交联聚乙烯管）、塑料和金属复合热水管（如交联铝塑复合管）等。

热水干管根据所选定的方式可以敷设在地沟、地下室顶部、建筑物最高层或专用设备技术层内。一般建筑物的热水管线放置在预留沟槽、管道竖井内。明装管道尽可能布置在卫生间或非居住的房间。管道穿楼板、墙壁及基础时应加套管，穿越屋面及地下室外墙时应加防水套管。楼板套管应该高出地面50~100mm，以防积水时由楼板孔流到下一层。

为防止热水管道输送过程中发生倒流或串流，应在水加热器或贮水罐给水管上、机械循环第二循环管上、加热冷水所用的混合器的冷热水进水管上装设止回阀。

为方便排气和泄水，热水横管均应有与水流相反的坡度（$i \geqslant 0.003$），并在管网的最低处设置泄水阀门，以便检修时泄空管网内存水。

横干管直线段应设置足够的补偿器。为了避免管道热伸长所产生的应力损坏管道，立管与横管连接应如图1-31所示。

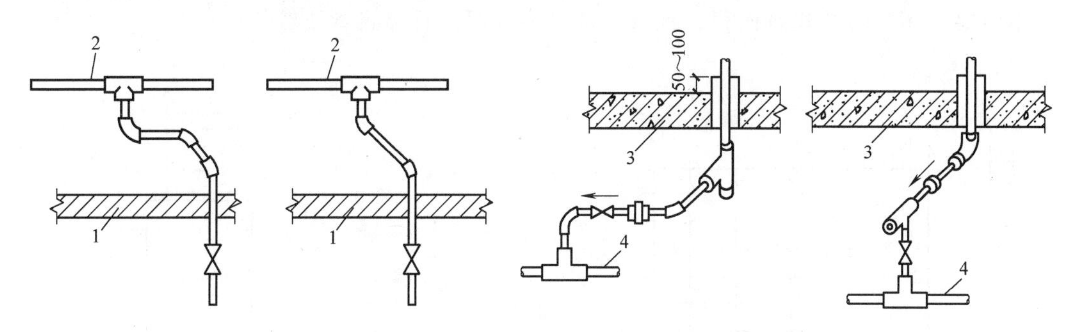

图1-31　热水立管与横干管的连接方式

1—吊顶　2—配水干管　3—结构层　4—循环干管

为了满足运行调节和检修的要求，在水加热设备、贮水器、锅炉、自动温度调节器、疏水器等设备的进出水口的管道上，还应装设必需的阀门。

为了减少散热，热水系统的配水干管、循环干管、水加热器、贮水罐等，一般要进行保温。保温材料应当选取导热系数小、耐热性高和价格低的材料。保温做法参见采暖系统的有关章节。

1.4.5　高层建筑热水供应系统的特点

高层建筑具有层数多、建筑高度高、热水用水点多等特点，与给（冷）水系统相同，为解决热水管网系统压力过大的问题，可采用竖向分区的供水方式。高层建筑热水系统分区的范围，应与给（冷）水系统的分区一致，各区的水加热器、贮水器的进水，均应由同区的给（冷）水系统设专管供应。但因热水系统水加热器、贮水器的进水由同区给（冷）水系统供应，水加热后，再经热水配水管送至各配水点，故热水在管道中的流程远比同区冷水水嘴流出的冷水所经历的流程长，所以尽管冷、热水分区范围相同，混合水嘴处冷、热水压力仍有差异。为保持良好的供水工况，应采取相应措施适当增加冷水管道的阻力，减小热水管道的阻力，以使冷、热水压力保持平衡；也可采用内部设有温度感应装置，能根据冷、热水压力大小、出水温度高低自动调节冷热水进水量比例，保持出水温度恒定的恒温式水嘴。

高层建筑热水供应系统的分区供水方式主要有集中式和分散式两种。

1. 集中式

集中设置水加热器、分区设置热水管网的供水方式如图1-32所示，各区热水配水循环管网自成系统，加热设备、循环水泵集中设在底层或地下设备层，各区加热设备的冷水分别来自各区冷水水源，如冷水箱等。其优点是：各区供水自成系统，互不影响，供水安全、可靠；设备集中设置，便于维修、管理。其缺点是：高区水加热器和配、回水主立管管材需承受高压，设备和管材费用较高。所以该分区方式不宜用于多于3个分区的高层建筑。

2. 分散式

分散设置水加热器、分区设置热水管网的供水方式如图1-33所示，各区热水配水循环管网自成系统，各区的加热设备和循环水泵分散设置在各区的设备层中。该方式的优点是：供水安全可靠，且水加热器按各区水压选用，承压均衡，回水立管短。其缺点是：设备分散设置不但要占用一定的建筑面积，维修管理也不方便，且热媒管线较长。

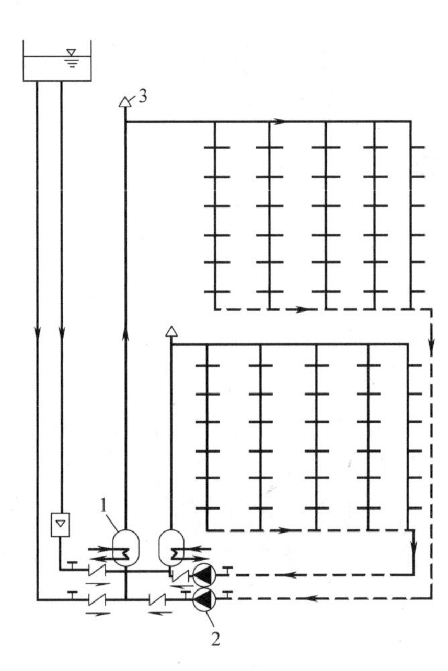

图1-32　集中设置水加热器、分区设置热水管网的供水方式

1—水加热器　2—循环水泵　3—排气阀

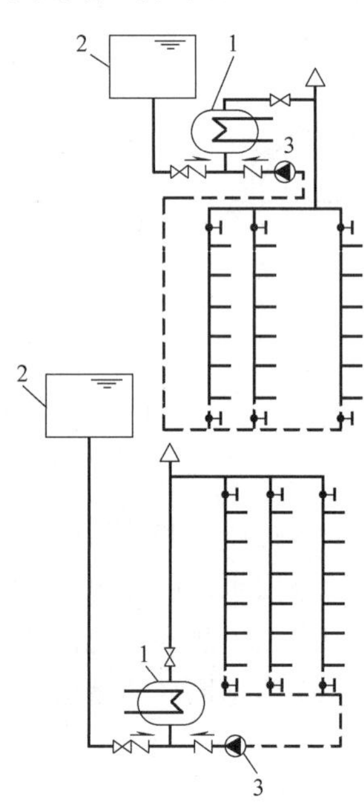

图1-33　分散设置水加热器、分区设置热水管网的供水方式

1—加热器　2—给水箱　3—循环水泵

课题5　室内给水排水系统常用管材

学习目标

1. 了解室内给水排水常用管材的种类、形式、特性。
2. 熟悉室内给水排水常用管材的适用场合、规格表示方法、连接方式。

1.5.1　塑料管

塑料管一般是以合成树脂为原料，加入稳定剂、润滑剂、增塑剂等，采用热塑的方法在制管机内经挤压加工而成的。塑料管是目前应用广泛的管材，其优点是化学性能稳定、耐腐蚀、重量轻、外形美观、内壁光滑、安装方便，可防止水在输送过程中的二次污染；缺点是线性变形大、机械性能差、不耐高温、易老化等。塑料管规格按产品规定的方法表示，常用公称外径 *dn*，设计若都按公称直径 *DN* 表示，应有其与相应产品规格的对照表。在选用塑料管时，应有质量检验部门的产品合格证，有卫生部门的认证文件。

PPR 管道的热熔连接

1. 聚丙烯管

国际标准中，聚丙烯冷热水管分为 PP-H、PP-B、PP-R 三种，其中 PP-R 是无规共聚聚丙烯管，它提高了抗冲击性能，增加了挠性，降低了熔化温度，同时具有良好的化学稳定性、耐压耐热性，阻力小。PP-R 管广泛用于住宅、办公楼、宾馆等建筑的给水系统。PP-R 管分为冷水管和热水管两种，热水管表面涂刷一条红线，冷水管涂刷一条蓝线，管子出厂长度一般为 4m，常用规格为 *dn*20～*dn*110，形式如图 1-34a 所示。

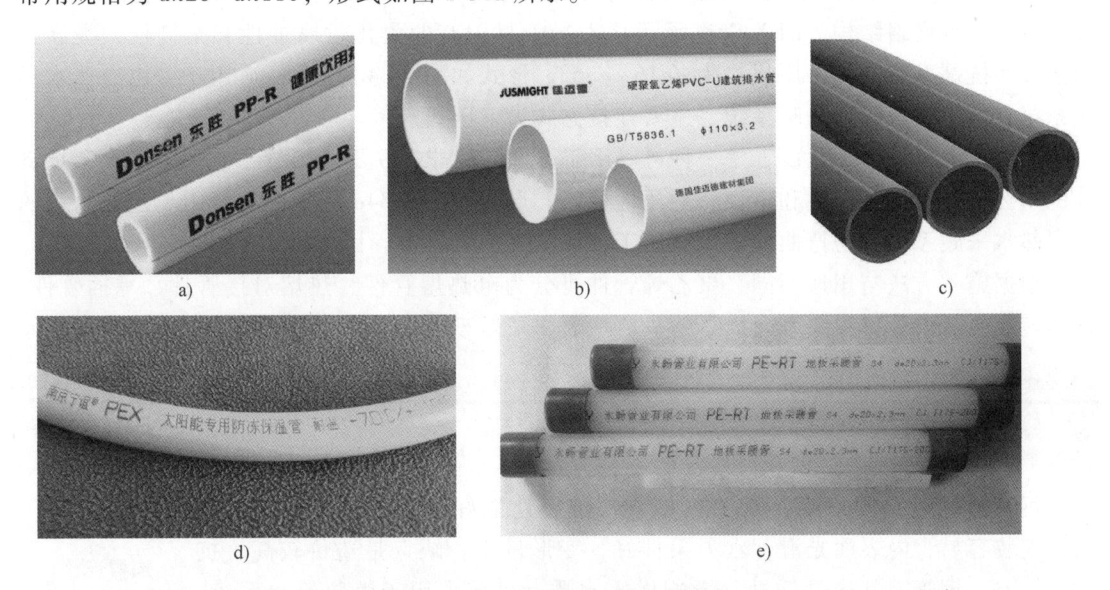

图 1-34　几种常用给排水塑料管材

a）PP-R 给水管　b）PVC-U 排水管　c）HDPE 给水管　d）PEX 管　e）PE-RT 管

聚丙烯管采用热熔连接、电熔连接、过渡接头螺纹连接和法兰连接。管径≤*dn*110 时，采用热熔连接；管径>*dn*110 管道热熔连接困难的场合，采用电熔连接。PP-R 管与小管径的金属管、螺纹阀门卫生器具金属配件连接时，可采用带铜内丝或外丝嵌件的 PP-R 过渡接头螺纹连接；PP-R 管道与较大管径的金属附件或管道连接时，可采用法兰连接。

PP-R 热熔管件有直通、弯头、三通、变径、管堵等，PP-R 过渡接头主要有带内丝或外丝的直通、弯头和三通等。

2. 硬聚氯乙烯管

硬聚氯乙烯（PVC-U）管有较高的化学稳定性，并有一定的机械强度，主要优点是耐腐蚀性能好、重量轻、成型方便、加工容易，缺点是强度较低、耐热性差。

PVC-U 管主要用于室内生活污水和屋面雨水系统的排除，常用口径为 *dn*50～*dn*200，形式如图 1-34b 所示。PVC-U 管可用胶黏剂承插连接、密封橡胶圈承插连接或法兰连接。排水用 PVC-U 管管件有 45°和 90°弯头、斜三通、顺水三通、瓶型三通、斜四通、顺水四通、角四通、大小头、管箍、P 型存水弯、S 型存水弯、检查口和清扫口等。

给水用 PVC-U 管常用规格为 $dn20 \sim dn110$，生活给水管胶粘连接时采用给水专用胶黏剂，不得影响供水水质。

3. 聚乙烯管

聚乙烯具有显著的耐化学性能，生产管材时一般添加 2%的炭黑以增加管材的抗老化稳定性。其中高密度聚乙烯（HDPE）管比普通聚乙烯管密度大，低温抗冲击性好，冬期施工时不会发生管子脆裂现象，同时具有优异的抗刮痕能力和较好的耐候性能。HDPE 管道主要用于市政供水系统、建筑室内外埋地给水系统、水处理工程管道系统、园林灌溉及其他领域的工业用水管道系统等，常用规格为 $dn20 \sim dn630$，形式如图 1-34c 所示，可采用热熔或电熔连接。HDPE 双壁波纹管用于埋地排水管道，规格为 $dn200 \sim dn800$，采用橡胶圈承插连接。

交联聚乙烯（PEX）管由聚乙烯材料制成，它将聚乙烯线性分子结构通过物理及化学方法变成三维网络结构。PEX 管继承了聚乙烯管材固有的耐化学腐蚀性和柔韧性，提高了耐热性和抗蠕变能力，常用规格为 $dn16 \sim dn63$，形式如图 1-34d 所示，适用于室内冷热水供应系统和低温地板辐射采暖系统，主要连接方式为卡压式连接。

耐热聚乙烯（PE-RT）管是一种可以用于热水管的非交联聚乙烯管，它保留了聚乙烯良好的柔韧性、高热传导性和惰性，耐压性更好，形式如图 1-34e 所示，主要用于建筑物内的低温热水采暖系统，易弯曲便于地暖施工，可采用热熔连接。

根据施工方法与用途不同，聚乙烯管件可分为电热熔管件、热熔对接管件、承插管件、钢塑转换接头。管件主要有套筒、弯头、三通、鞍形三通、变径、管堵、法兰等。

1.5.2 钢管

镀锌钢管的沟槽连接

钢管的优点是强度高，承受内压大，抗震性能好，易于加工，接口方便，安装容易，内表面光滑，水力条件好，变形量小。缺点是造价较高，抗腐蚀性差。钢管因其容易锈蚀，影响供水水质，目前多用于消防给水系统、采暖系统和工业给水系统等。

钢管按其生产工艺不同，可分为焊接钢管和无缝钢管等，如图 1-35 所示。

1. 焊接钢管

焊接钢管（低压流体输送用焊接钢管）属于有缝钢管，用来输送工作压力和温度较低的介质。这种钢管按有无镀锌层分为镀锌钢管（白铁管）和非镀锌钢管（黑铁管），镀锌钢管是在黑铁管内外壁镀锌而成的。镀锌是为了防锈、防腐，延长管道的使用年限。焊接钢管按壁厚不同可分为普压钢管和加厚钢管两种，普压钢管一般用在工作压力小于 1.0MPa 的管道上；加厚钢管用在工作压力小于 1.6MPa 的管道上。

镀锌钢管通常长度为 4~9m，非镀锌钢管通常长度为 4~10m。焊接钢管规格通常以公称直径 DN 表示，一般情况下，公称直径既不等于管子的实际内径，也不等于实际外径，公称直径相同的管道、管件、阀门可以互相连接，并具有互换性。

焊接钢管可采用螺纹连接、焊接、法兰连接和沟槽连接，连接形式如图 1-36 所示。

a)　　b)　　c)

图 1-35 几种常用钢管

a）镀锌焊接钢管 b）非镀锌焊接钢管 c）无缝钢管

a)　　b)　　c)　　d)

图 1-36 钢管的连接形式

a）钢管螺纹连接 b）钢管焊接 c）钢管法兰连接 d）钢管沟槽式卡箍连接

螺纹连接是管径≤*DN*100 镀锌钢管的常用连接形式，它是指通过管道与管件上的内外丝连接，如图 1-37 所示。常用管件有管箍、弯头、三通、四通、活接头、补心、对丝、根母、管堵等。这些管件中，等径的规格常用公称直径 *DN*（mm）表示，如 *DN*20；异径的规格常用 *DN*（$D \times d$）（mm）表示（D 为大管径，d 为小管径，并且同一异径管件 $D>d$），如

$DN25 \times 20$。这些管件是用可锻铸铁或软钢（熟铁）制成，也分为镀锌（白铁）与非镀锌（黑铁）两种，与相应的管材配合使用。

焊接是经常采用的一种连接方式，它用于管径≥$DN40$、不需经常拆卸的管道上。

法兰连接用于较大管径的管道上（$DN50$以上），常将法兰盘焊接或用螺纹连接在管端，再用螺栓连接。法兰连接一般用于阀门、水泵、水表等处，拆卸方便。

沟槽连接是在钢管末端用电动机械压槽机压出一定宽度和深度的沟槽，再用卡箍环抱，锁紧螺栓。此方式目前广泛用于消防管道的连接。

2. 无缝钢管

无缝钢管是用普通碳素钢、优质碳素钢或低合金钢通过热轧或冷轧制造而成，其特征是纵、横向均无焊缝，所以能承受较高压力。无缝钢管在同一外径下有几种壁厚，其规格表示用外径×壁厚（$D \times \delta$）表示，如$D108 \times 4$，表示外径是108mm，壁厚为4mm。

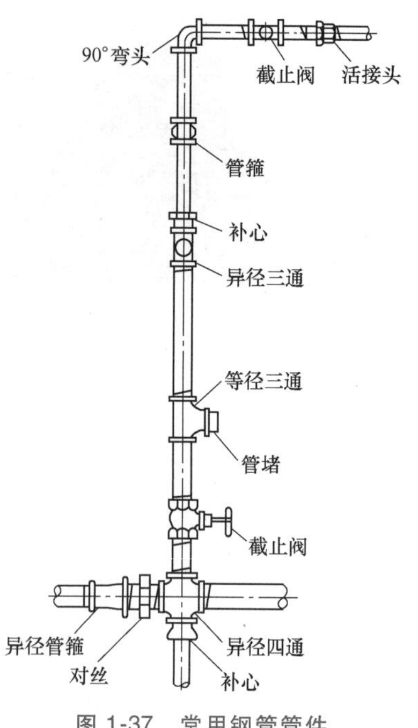

图1-37　常用钢管管件

无缝钢管一般采用焊接连接和法兰连接，管件有无缝冲压弯头、无缝焊接弯头和异径管等。

除以上焊接钢管和无缝钢管外，大管径钢管还有螺旋缝电焊钢管和直缝卷制电焊钢管等，这里不再赘述。

1.5.3 复合管

1. 钢塑复合管

钢塑复合管是由普通镀锌钢管或管件与PE、PEX、PPR、ABS等塑料管或管件复合而成，兼具镀锌钢管变形量小和塑料管耐腐蚀的特点，可用于生活给水系统或消防给水系统。根据生产工艺的不同，钢塑复合管有衬塑管和喷塑管之分，建议采用衬塑管，其形式如图1-38a所示。钢塑复合管的规格用公称直径DN表示。钢塑复合管一般采用螺纹连接，所用管件为衬塑管件，端口做好防腐处理。

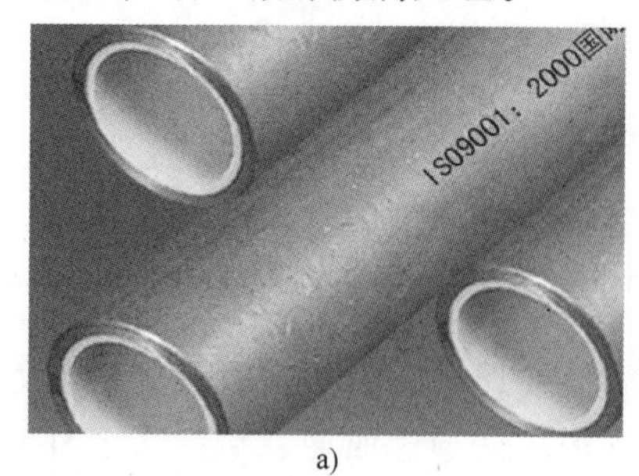

a)

b)

图1-38　常用给水复合管

a）衬塑钢管　b）铝塑复合管

2. 铝塑复合管

铝塑复合管是以焊接铝管为中间层，内外层均采用聚乙烯（或交联聚乙烯）管，通过黏合剂复合而成。铝塑复合管的规格用公称外径 *dn*（或 *De*）表示，常用规格为 *dn*16～*dn*63。铝塑复合管适用于输送介质温度不大于 40℃，管内压力不大于 1.0MPa 的生活给水系统和直饮水供应系统。铝塑复合管可采用卡压式连接、卡套式连接或螺纹挤压式连接。

目前工程中还有不锈钢-塑料复合管、铜塑复合管、钢丝网骨架塑料复合管等，这里不再赘述。

1.5.4 铸铁管

1. 给水铸铁管

给水铸铁管按材质分为普通铸铁管和球墨铸铁管，常见形式如图 1-39 所示。

普通铸铁管又称灰铸铁管，主要用于消防和生产给水系统的埋地管材。与钢管相比，其价格较低，耐腐蚀性较好，但质脆，自重大。给水铸铁管有低压管、普压管和高压管三种，工作压力分别不大于 0.45MPa、0.75MPa 和 1.0MPa，实际选用时应根据管道的工作压力来选择普通铸铁管的常用规格有 *DN*75～*DN*200，长 4m、5m、6m。普通铸铁管分砂型离心铸铁管与连续铸造铸铁管两种，为了防止管内结垢，铸铁管内壁涂水泥砂浆衬里层，外壁喷涂沥青防腐层。普通铸铁管接口有承插式和法兰两种，以前者居多，其采用刚性承插连接，有石棉水泥接口、铅接口、沥青水泥砂浆接口、膨胀性水泥接口等形式。

球墨铸铁管强度高、韧性大、抗腐蚀性强，本身有较大的延伸率，同时管口之间采用柔性接口，提高了管网的工作可靠性，因此得到了越来越广泛的应用，尤其适用于城市自来水管埋地敷设。球墨铸铁管采用离心浇筑，规格 *DN*80 以上，长 4～9m。球墨铸铁管采用柔性承插连接，按接口形式分为推入式（T 型）和机械式（压兰式，即 K 型）。

a)

b)

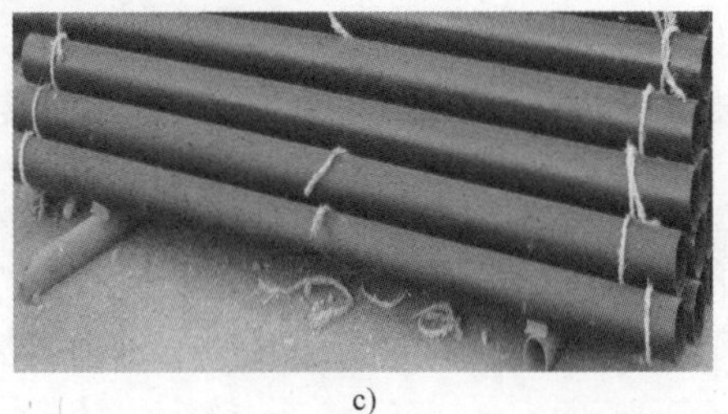

c)

图 1-39 常见铸铁给排水管

a）球墨铸铁给水管 b）柔性接口铸铁排水承插管 c）柔性接口铸铁排水直管

2. 排水铸铁管

排水铸铁管的管壁较给水铸铁管薄，不能承受高压，常用作生活污水管、雨水管等，也可用作生产排水管。排水铸铁管的优点是耐腐蚀、耐用；缺点是性脆、自重大，每根管不太长，管接口多，施工复杂。

排水铸铁管有刚性接口和柔性接口两种。为使管道具有良好的曲挠性和伸缩性，防止管道裂缝、折断，建筑内部排水管道应采用柔性接口机制排水铸铁管。按制造工艺不同，柔性接口机制排水铸铁管分为两种：连续铸造排水铸铁管带承插口，采用法兰压盖螺栓连接；水平旋转离心铸造排水铸铁管是直管，采用不锈钢带卡紧螺栓连接。排水铸铁管规格为 *DN*50 以上。

1.5.5 有色金属管

随着人民生活水平的提高，对管材的要求也越来越高，有色金属管在给水中的应用也越来越广泛，如薄壁不锈钢管、薄壁铜管，如图 1-40 所示。

a)　　　　b)

图 1-40　有色金属管

a）薄壁不锈钢管　b）薄壁铜管

在钢中添加铬和其他金属元素，就形成了具有一定耐腐蚀性能的不锈钢管。薄壁不锈钢管是用壁厚为 0.6~2.0mm 的不锈钢带或不锈钢板，经过自动氩弧焊等熔焊焊接工艺制成的管材。它具有安全卫生、强度高、耐蚀性好、坚固耐用、寿命长、免维护、美观等特点。薄壁不锈钢管可采用焊接或卡压等连接方式。

纯铜呈紫红色，故又称紫铜。铜合金根据合金成分不同主要有黄铜（铜锌合金）、青铜（铜锡合金等）、白铜（铜镍合金）。应用较多的是纯铜管和黄铜管，其主要用于生活给水、热水供应等。铜及铜合金管的连接方式有螺纹连接、焊接连接和法兰连接，以螺纹连接为主。家装用的薄壁铜管具有耐腐蚀、抗渗透、耐压、温度适用范围大、经久耐用、卫生条件好、安装方法多样、可再生利用等特点，连接方式为焊接。

课题 6　室内给水排水系统常用附件

学习目标

1. 了解室内给水排水系统常用附件的种类、特征、作用、工作原理。

2. 熟悉室内给水排水系统常用附件的适用场合。

阀门型号表示方法

1.6.1 阀门

阀门是用来控制调节系统内水的流向、流量、压力，保证系统安全运行的附件，按作用可分为调节附件、控制附件、安全附件。不同阀门以阀门型号加以区别，如图 1-41 所示阀门型号一般由七部分组成：阀门类型、驱动方式、连接形式、结构形式、密封面或衬里材料、公称压力和阀体材料。

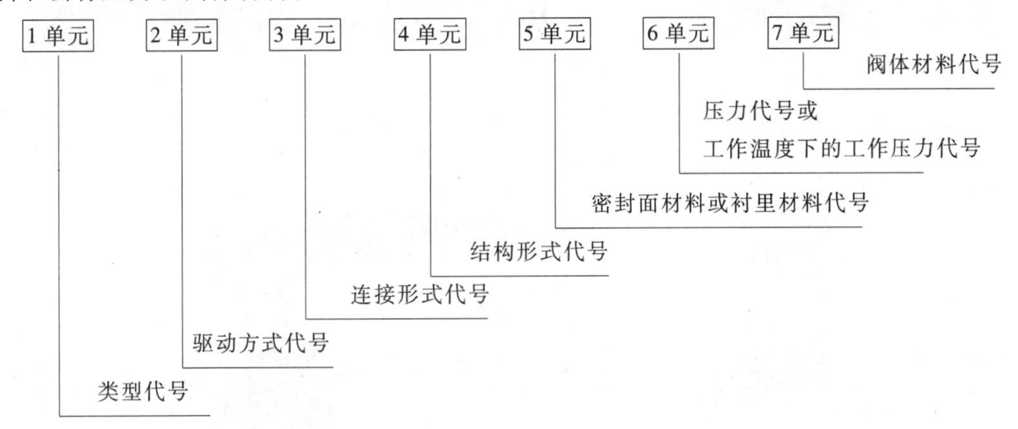

图 1-41 阀门型号构成

下面介绍几种室内给水系统常用的阀门。

1. 闸阀

闸阀用来开启和关闭管道中的水流、调节流量。闸阀的优点是对水流的阻力小，阀全开时水流呈直线通过；缺点是不易关严，水中有杂质落入阀座后，阀不能关闭到底，因而产生磨损和漏水。管径>*DN*50 时宜选用闸阀。闸阀安装无方向性，多用于允许水双向流动的管道。室内给水系统常用的闸阀如图 1-42 所示。

2. 截止阀

截止阀与闸阀一样用来启闭水流、调节流量，同时它也可以用来调节压力（主要指采暖系统）。截止阀的优点是关闭严密；缺点是对水流阻力较大。安装时注意方向，应使水低进高出，防止装反，允许的水流方向用箭头表示在外壳上。一般管道直径小于或等于 50mm 时，或需经常启闭的管道上采用截止阀。截止阀如图 1-43 所示。

3. 蝶阀

蝶阀是利用一个圆盘形的阀板，在阀体内绕其自身轴线旋转，从而达到启闭和调节目的的阀门。蝶阀结构简单，外形尺寸紧凑，启闭灵活，开启度直观，水流阻力小，阀体不易漏水。蝶阀用在双向流动的管道上，多用于消防给水系统。图 1-44 为常见的对夹式蝶阀。

4. 止回阀

止回阀又称逆止阀，是一种自动启闭的阀门，用来阻止水流的反向流动。如在水泵吸水管始端，为了防止吸水管中的水倒流，装有底阀，底阀亦属于止回阀类。水泵出水管路上安装止回阀以保护水泵在停泵时不受影响。

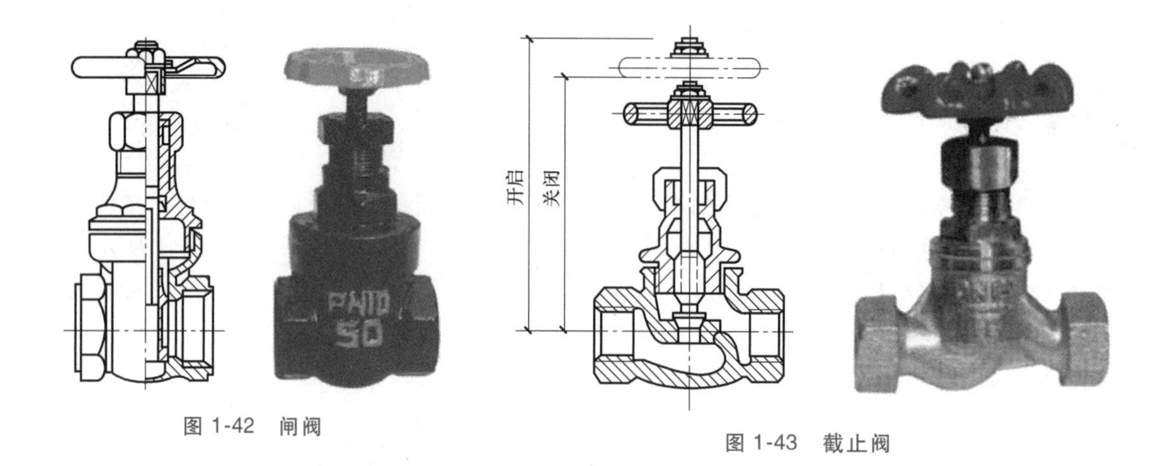

图 1-42　闸阀

图 1-43　截止阀

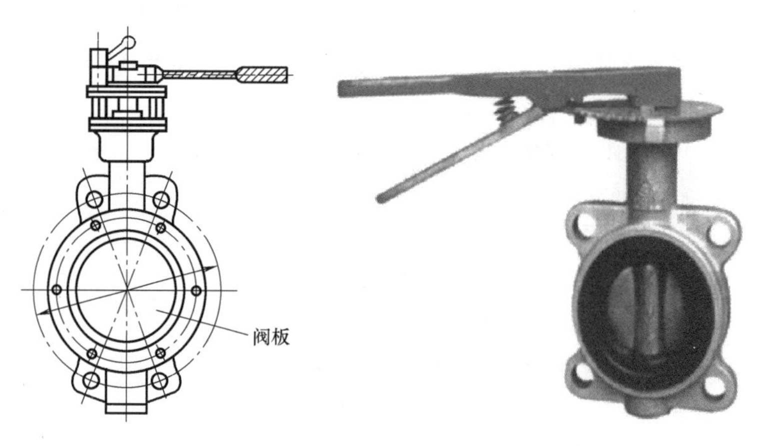

图 1-44　对夹式蝶阀

止回阀有严格方向性，安装时必须使水流方向与阀体上箭头方向一致，不得装反。止回阀常见类型如图 1-45 所示。

1）旋启式止回阀：一般直径较大，水平、垂直管道上均可装置，用于阀前压力小的管道上。

2）卧式升降止回阀：装于水平管道上，水头损失较大，只适用于小管径。

3）立式升降式止回阀：用在竖直管道上。

5. 浮球阀

浮球阀是一种可以自动进水自动关闭的阀门，安装在水箱或水池内，用来控制水位。当水箱充水到设计最高水位时，浮球随水位浮起，关闭进水口；当水位下降时，浮球下落，进水口开启，于是自动向水箱充水。与浮球阀功能相同的还有液压水位控制阀。图 1-46 所示为小型浮球阀。

6. 减压阀

减压阀的作用是降低水流压力。在高层建筑中，它可以简化给水系统，减少或替代减压水箱，增加建筑的使用面积，同时可防止水质的二次污染。在消火栓给水系统中，可防止消火栓栓口处的超压现象。

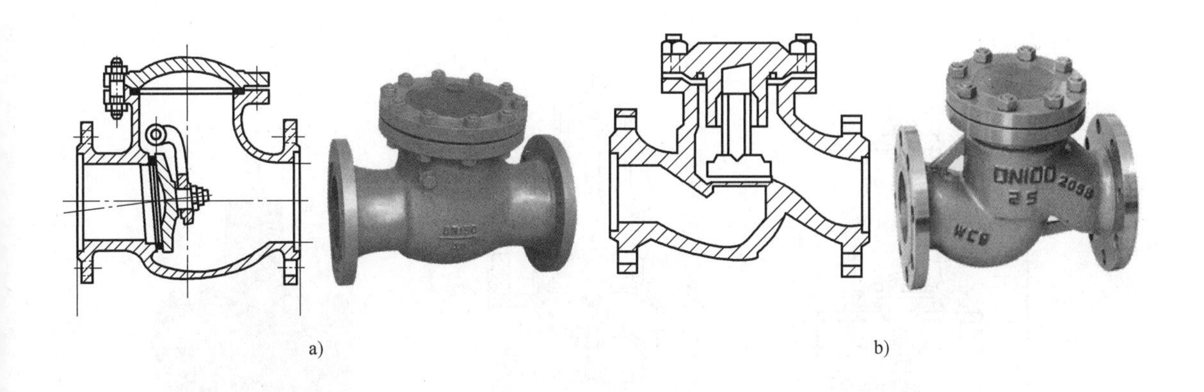

a)　　　　　　　　　　b)

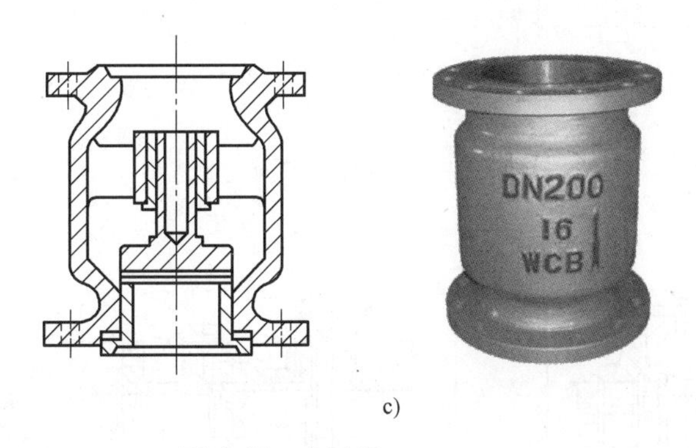

c)

图 1-45　止回阀

a）旋启式止回阀　b）卧式升降止回阀　c）立式升降式止回阀

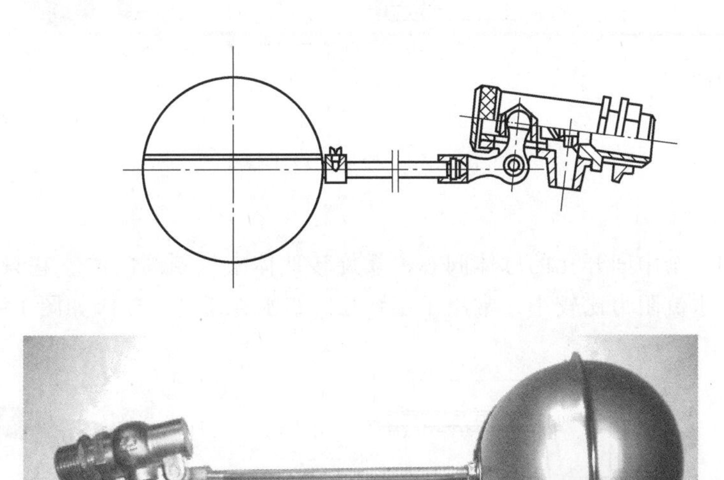

图 1-46　小型浮球阀

常用的减压阀有两种，一种是可调式减压阀（弹簧式减压阀），如图 1-47 所示；另一种是比例式减压阀（活塞式减压阀），如图 1-48 所示。可调式减压阀宜水平安装，比例式减压阀宜垂直安装。

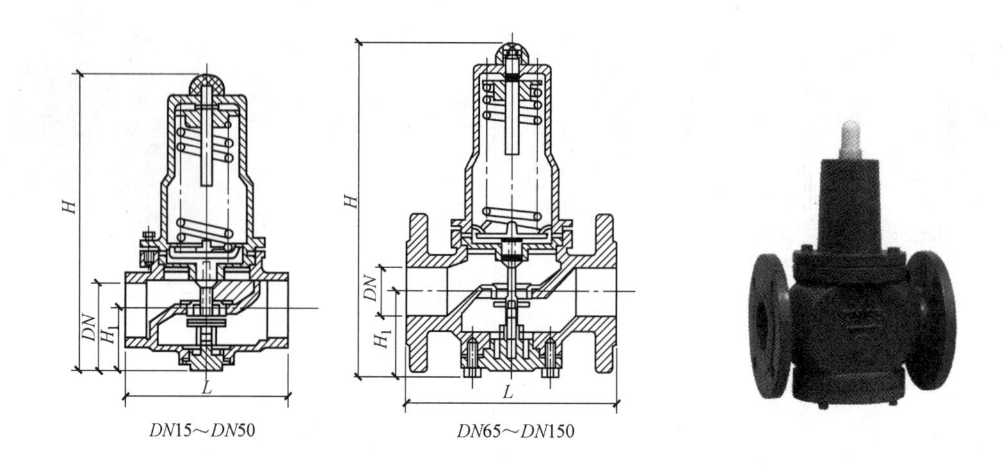

图 1-47　可调式减压阀

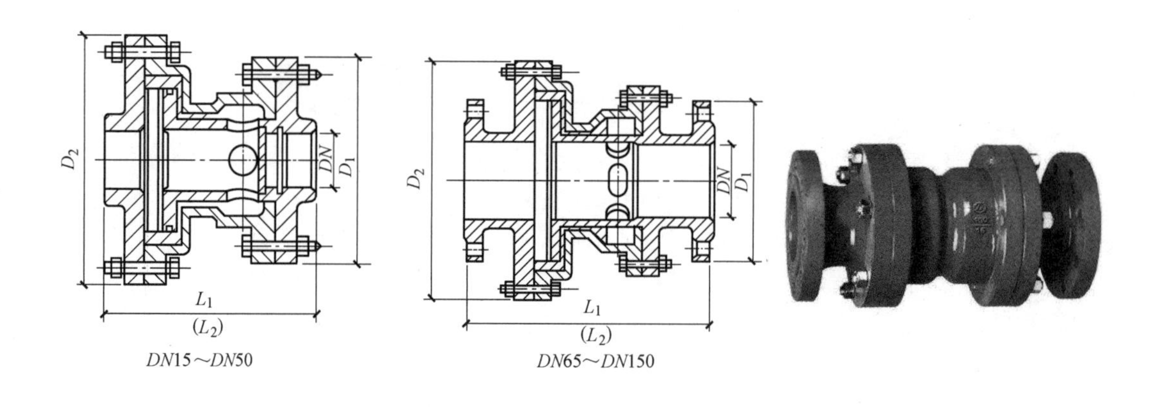

图 1-48　比例式减压阀

7. 球阀

球阀是利用一个中间开孔的球体阀芯，靠旋转球体来控制阀门的。它只能全开或全关，不能调节流量，水流阻力比较小，常用于小管径的给水管道中。球阀如图 1-49 所示。

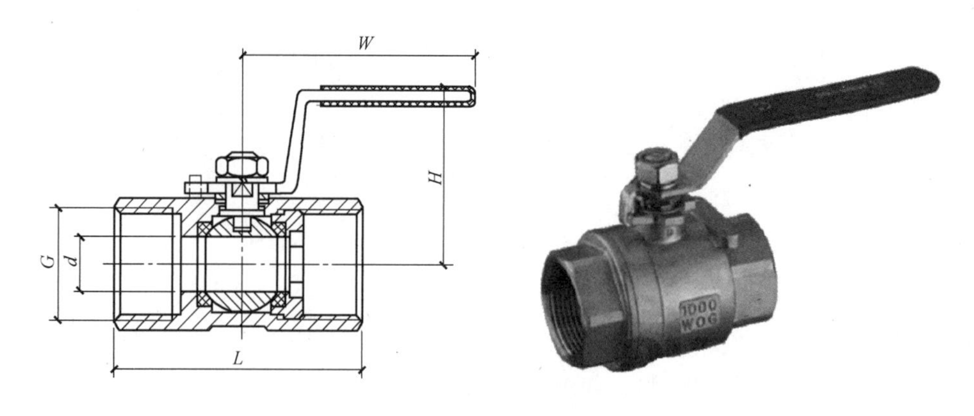

图 1-49　球阀

8. 安全阀

安全阀是保证系统安全使用的一种附件，系统中安装安全阀，可以避免管网、设备或密闭容器（如锅炉）因超压而受到破坏。安全阀有弹簧式和杠杆式两种，如图 1-50 所示。

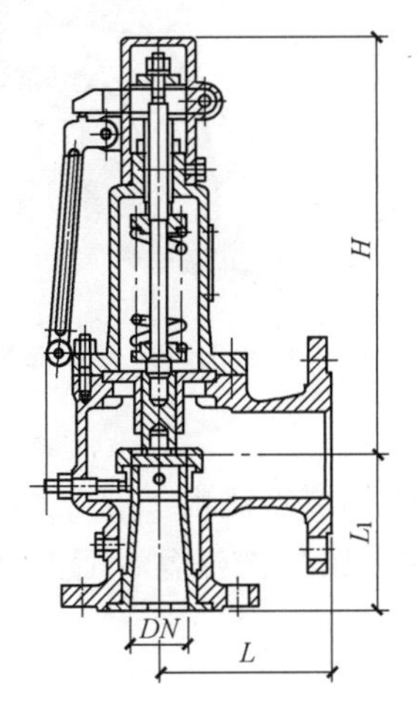

a)

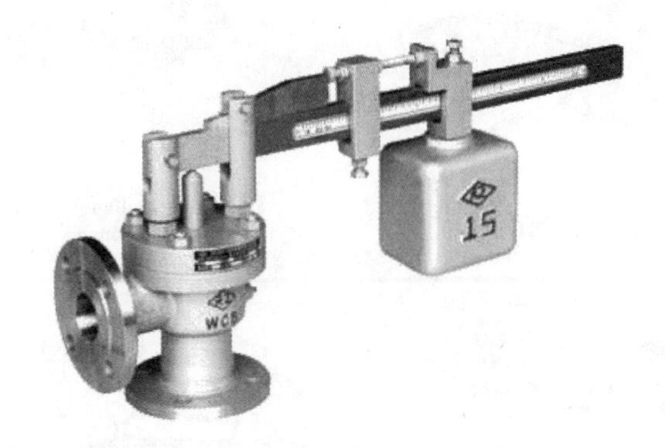

b)

图 1-50 安全阀

a）弹簧式安全阀 b）杠杆式安全阀

1.6.2 水龙头

水龙头是安装在各种卫生器具上的配水设施，又称水嘴，用来开启或关闭水流。常用的有以下几种。

1. 普通龙头

普通龙头装设在厨房洗涤盆、污水池及盥洗槽上，由可锻铸铁或铜制成，直径有 15mm、20mm、25mm 三种。图 1-51 所示为普通龙头。

2. 感应龙头

感应龙头是利用光电元件控制启闭的水龙头。使用时手放在水龙头下，挡住光电元件即可开启放水，使用完毕后手离开即可关闭停水。感应龙头节水且无接触操作，清洁卫生，多设于公共场合。如图 1-52 所示。

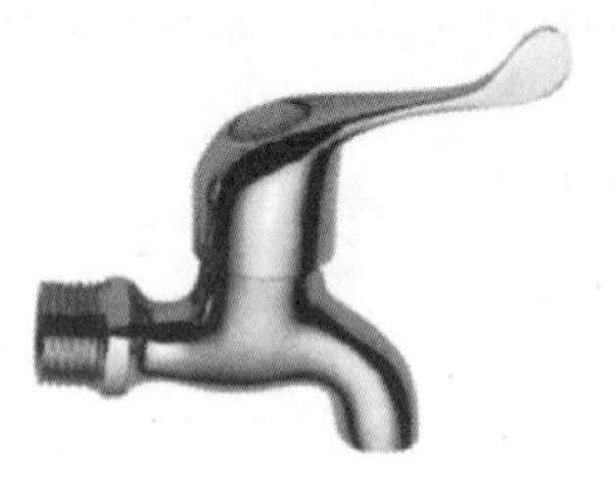

图 1-51　普通龙头

图 1-52　感应龙头

3. 混合龙头

混合龙头通常装设在浴盆、洗脸盆等处，用来分配调节冷热水。混合龙头样式很多，图 1-53 为几种常见的混合龙头，前三种一般用于洗脸盆或厨房洗涤盆，后三种一般用于浴盆或淋浴器。

图 1-53　混合龙头

此外，还有许多根据特殊用途制成的水龙头，如用于化验室的鹅颈水嘴，集中热水供应点的热水龙头及皮带龙头等。

1.6.3 水表

水表是一种计量建筑物用水量的仪表。需要单独计量用水量的建筑物，应在给水引入管上装设水表。为了节约用水，规定住宅建筑每户安装分水表，计量用水量。

建筑给水系统常用的是流速式水表。流速式水表是根据管径一定时，通过水表的水流速度与流量成正比的原理来测量的。水流通过水表时推动翼轮旋转，翼轮轴传动一系列联动齿轮（减速装置），再传递到记录装置，在度盘指针指示下便可读到流量的累积值。

流速式水表按功能的不同可分为普通水表、IC卡水表、远传水表等；按叶轮构造不同分为旋翼式和螺翼式。旋翼式的翼轮转轴与水流方向垂直，水流阻力较大，多为小口径水表，宜用于测量小的流量。螺翼式的翼轮转轴与水流方向平行，阻力较小，适用于大流量的大口径水表。图1-54所示为这两种水表。

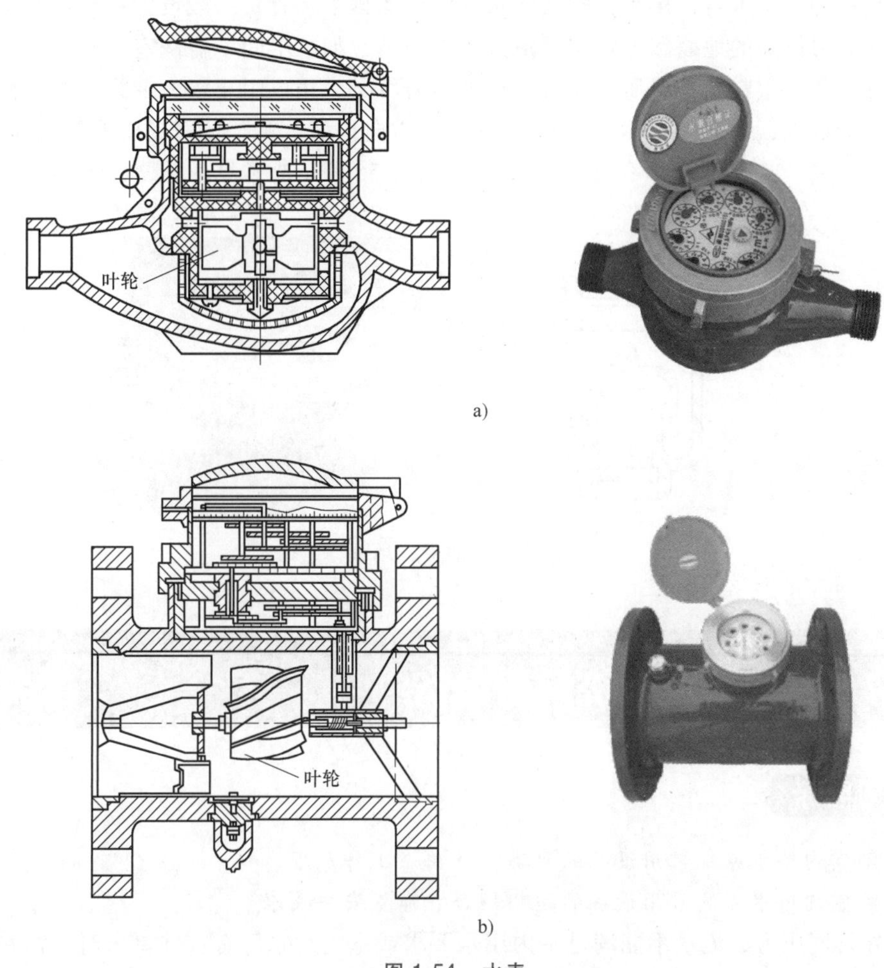

a)

b)

图1-54　水表

a）旋翼式水表　b）螺翼式水表

流速式水表按其计数机件所处状态又分干式和湿式两种。干式水表的计数机件用金属圆盘与水隔开；湿式水表的计数机件浸在水中。湿式水表机件简单，计量准确，但只能用在水中不含杂质的管道上。住宅分户水表一般采用湿式旋翼水表。

1.6.4　清通设备

清通设备安装在室内排水管道上，其作用是清通建筑物内的排水管道。清通设备按其构造和设置位置不同，可分为清扫口、检查口和室内检查井。清扫口一般设在卫生器具较多的水平管道起端；检查口多设在排水立管上，距地 1.0m；室内检查井一般设在不产生蒸汽和有害气体的工业废水管道上。（具体参考课题 1.2）。

1.6.5 地漏

地漏是一种内有水封，用来排除地面水的特殊的排水装置，一般设置在经常有水溅落的地面、有水需要排除的地面和经常需要清洗的地面上，如淋浴间、盥洗室、厨房、卫生间等的地面。有金属或塑料两种材质。在排水口处盖有箅子，用以阻止较大杂物落入地漏。地漏安装在地面最低处，地面应有不小于 0.01 的坡度坡向地漏，箅子顶面应比地面低 5~10mm。带有水封的地漏，其水封深度不得小于 50mm。图 1-55 所示为常见的钟罩式地漏。

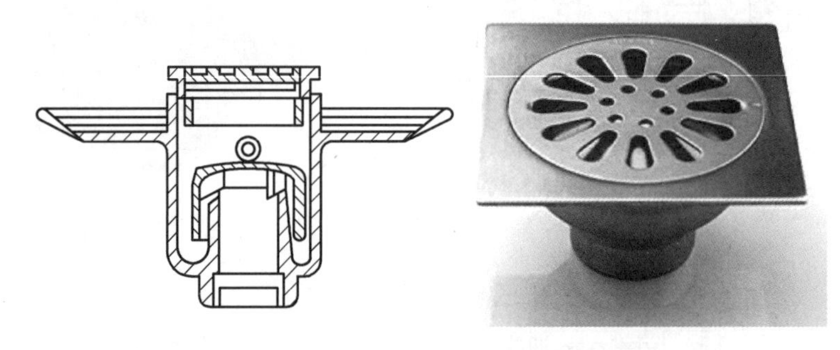

图 1-55　钟罩式地漏

课题 7　室内给水系统常用设备

1. 了解室内给水系统常用设备的种类、作用、工作原理。
2. 了解室内给水系统常用设备的适用场合、布置安装要求。

当室外管网压力、流量不能满足室内用水要求或室内对水压有特殊要求时，需在室内给水系统设升压、贮水设备。下面简要介绍室内给水系统常用的升压、贮水设备。

1.7.1 水泵

水泵是将电动机的能量传递给水的一种动力机械，是市政和建筑水暖系统中的主要升压设备，起着对水的输送、提升和加压的作用。

1. 水泵分类

水泵的种类很多，在建筑给水系统中一般采用离心式水泵。离心式水泵是靠叶轮的高速转动，将能量传递给水，使水得到能量，向高处输送。离心式水泵的构造如图 1-56 所示。

离心式水泵具有流量和扬程选择范围大、体积小、结构紧凑、安装方便和效率高的优点。

离心式水泵按泵轴位置分为卧式泵和立式泵；按叶轮数量分为单级泵和多级泵；按水泵提供的压力（扬程）分为低压泵、中压泵和高压泵；按水进入叶轮的形式分为单吸泵和双吸泵；按所抽送液体的性质分为清水泵和污水泵；按水泵转速是否可调分为定速泵和变频调速泵，后者在高层建筑中应用广泛。常用离心式水泵形式如图1-57所示。

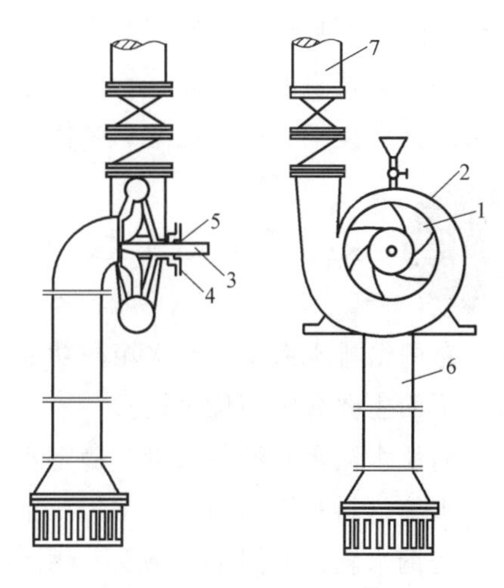

图1-56　单级离心式水泵构造图

1—叶轮　2—泵壳　3—泵轴　4—轴承
5—填料函　6—吸水管　7—压水管

2. 水泵型号表示

为正确合理选用水泵，必须知道水泵的基本性能参数。每台水泵上都有一个表示其工作特性的牌子，即铭牌。图1-58所示为IS50-32-125A离心泵的铭牌，其中流量、扬程、效率、吸程等均代表水泵的性能，称为水泵的基本性能参数。IS50-32-125A水泵型号意义如下：IS——国际标准离心泵，50——进口直径（mm），32——出口直径（mm），125——叶轮名义直径（mm），A——第一次切割。

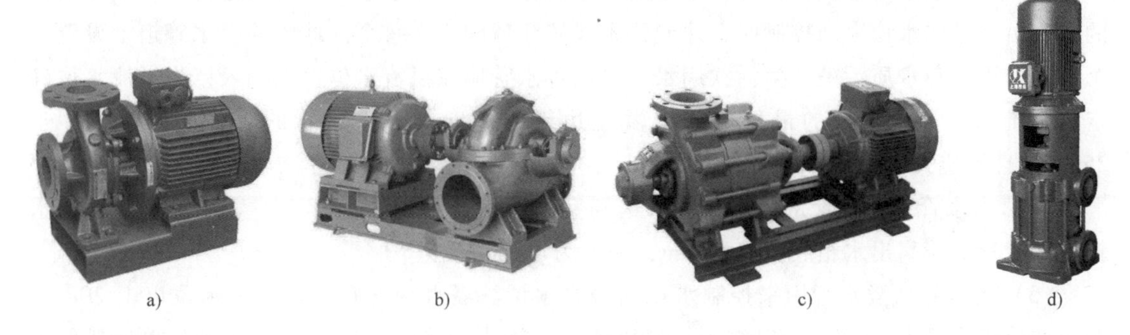

图1-57　几种常用离心泵

a）卧式单级单吸离心泵（IS）　b）卧式单级双吸离心泵（SH）　c）卧式单吸多级离心泵　d）立式单吸多级离心泵（DL）

离心式清水泵

型号 IS50-32-125A	转速 2900r/min
流量 $11m^3/h$	效率 58%
扬程 15m	配套功率 1.1kW
吸程 7.2m	重量 32kg
出厂编号××××××	出厂日期××××年××月××日

图1-58　离心泵铭牌示例

选择水泵时，必须根据设计流量 Q 和相应于设计流量的水泵扬程 H，按水泵的性能表或特性曲线确定水泵的型号。水泵的性能表和特性曲线参阅厂家样本或有关专业手册。

3. 水泵的隔振

水泵在运行时有很大的噪声，当对邻近建筑物或房间有影响时，应采取隔振措施。水泵

J隔振主要包括下列内容：水泵机组隔振；管道隔振；支架隔振。水泵机组隔振可采用橡胶隔振垫或弹簧阻尼隔振器。管道隔振是在水泵的进、出水管设置可曲挠管道配件。支架隔振是选用弹性支架、弹性托架、弹性吊架。

1.7.2 贮水箱、贮水池

室内给排水系统的贮水箱按功能不同可分为高位水箱、冲洗水箱、隔断水箱、膨胀水箱等，下面主要介绍高位水箱。

高位水箱具有贮备水量、稳定水压、调节水泵工作和保证供水的作用。

水箱材料有不锈钢板、钢板、钢筋混凝土、热浸镀锌板、玻璃钢等。生活给水系统应采用不锈钢水箱，如图1-59所示。用钢板焊制的水箱其内外表均应防腐，可用于消防给水系统。水箱按形状可分为圆形和矩形两类，矩形水箱容易加工且便于成组放置，因此采用较多。

水箱上应设置下列附属管道：

（1）进水管　进水管是向水箱供水的管道。进水管上应设两个或两个以上的浮球阀，只有在水箱由水泵直接供水，并且水泵的压水管是直接接入水箱，不与其他管道连接，水泵的启闭由水箱的水位自动控制时，才允许不设置浮球阀。在每个浮球阀的引水管道上设置一个阀门。为避免水质污染，生活饮用水水箱的进水管应在溢流水位以上接入，当溢流水位确定有困难时，进水管口的最低点高出溢流边缘的高度等于进水管的管径，但不应小于25mm，且不应大于150mm。

（2）出水管　出水管是将水箱的水送到室内给水管网中去的管道。生活给水系统的水箱出水管管底应高出水箱底至少50mm，一般为100mm。

（3）溢水管　溢水管用来控制水箱的最高水位。溢水管管底应在允许水位以上20mm，管径应比进水管大1~2号，但在水箱底以下可与进水管管径相同。溢水管上不得设任何阀门，不得与污水管道直接连接。溢水管一般引到建筑物顶层的卫生器具上，就近泄水；也可泄至平屋顶屋面上通过屋面雨水系统排除；如果附近没有卫生器具，又无法通过雨水系统加以排除，可通过空气隔断装置和水封装置与排水管道相连。

（4）泄水管　水箱使用一段时间后，水箱底会积存一些杂质，需要清洗。冲洗水箱的污水由泄水管排出。泄水管的管口由水箱底部接出，连接在溢水管上，管径40~50mm。泄水管上需装设阀门。

（5）水位信号管　水位信号管安装在溢流管口以下10mm处，管径15~20mm，信号管另一端接到经常有值班人员房间的污水池上，以便及时发现水箱浮球装置失灵而进行修理。信号管上不装阀门，还可以采用电信号装置代替信号管。

（6）通气管　供生活饮用水的水箱应设有密封箱盖，箱盖上应设有检修人孔和通气管。通气管可伸至室内或室外，但不得伸到有有害气体的地方。

水箱的人孔、通气管、溢水管管口应有防止灰尘、昆虫和蚊蝇进入的滤网，通气管不得与排水系统和通风道连接。水箱配管结构如图1-60所示。

图 1-59 不锈钢水箱

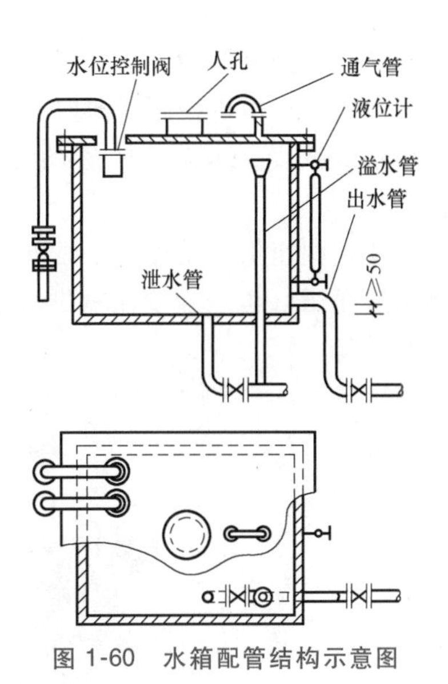

图 1-60 水箱配管结构示意图

1.7.3 变频调速供水设备

变频调速供水设备是一种节能型加压设备。它是利用电动机在电源频率不同情况下转速不同这一规律，由变频器改变其电源频率来改变电动机转速，从而达到水泵的转速改变，实现变流量供水。

变频调速供水设备具有高效节能、安装灵活、运行稳定可靠、自动化程度高等特点，同时具有设备紧凑，占地面积小（省去高位水箱），对管网系统中用水量变化适应能力强等特点。

变频调速供水设备的工作原理如图 1-61 所示。供水系统中扬程发生变化时，压力传感

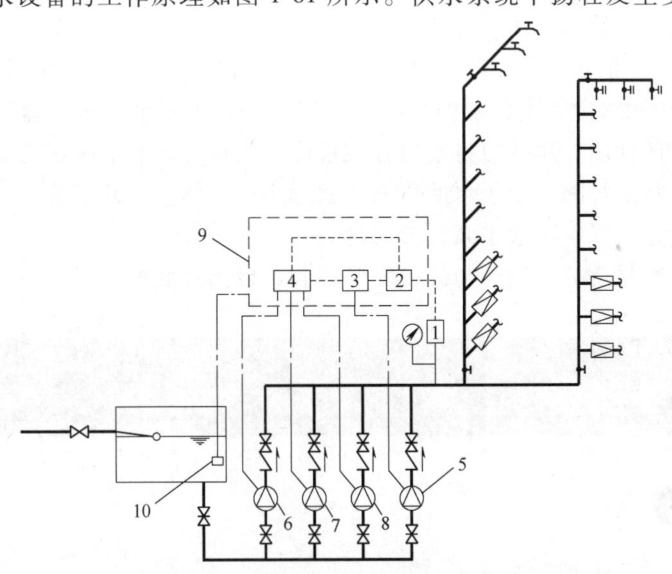

图 1-61 变频调速供水设备原理图

1—压力传感器 2—微机控制器 3—变频调速器 4—恒速泵控制器
5—变频调速泵 6~8—恒速泵 9—电控柜 10—水位传感器

器即向微机控制器输入水泵出水管压力的信号。当出水管压力值大于系统中设计供水量对应的压力值时，微机控制器即向变频调速器发出降低电源频率的信号，水泵转速降低，使水泵的出水量减少，水泵出水管的压力降低。反之，水泵的出水量增加，水泵出水管的压力提高。

变频调速供水设备分为恒压变流量供水、变压变流量供水、带有小水泵或小气压罐的变频调速变压（恒压）变流量供水三种。图 1-62 所示为带气压罐的全自动变频调速恒压消防供水设备。

图 1-62　全自动变频调速恒压消防供水设备

变频调速供水设备要求有可靠的电源，应有双电源或双回路供电，电机应有过载、短路、过压、缺相、欠压、过热等保护功能。

1.7.4 气压水罐

给水设备在结构上较多采用“水泵组+变频电控柜”的形式。和生产用水定时定量不同，生活用水量变化曲线较大，而且具有明显的时间特性，因此，生活给水设备应具有“多用水多耗电，少用水少耗电”的节能特点。气压罐是水泵可以进入睡眠的前提条件，利用水的压缩性极小的性质，用外力将水储存在罐内，气体受到压缩时压力升高，当外力消失时压缩气体膨胀可将水排除。由于水的压缩比远远小于气体，因此当管网有小流量的泄漏时可造成压力大幅度地下降，引起水泵频繁启动。

气压罐根据外壳材质分一般分为碳钢膨胀罐和不锈钢膨胀罐。

课题 8　卫生器具

卫生器具种类、图例及其标准图

1. 了解室内卫生器具的种类及其作用。
2. 熟悉室内卫生器具布置的基本要求。

卫生器具是建筑给水排水系统的重要组成部分，是用来满足日常生活中各种卫生要求、收集和排除生活及生产中产生的污、废水的设备。卫生器具按其用途分为下列几类：

1）便溺用卫生器具：大便器、小便器、大便槽、小便槽等。

2）盥洗、沐浴用卫生器具：洗脸盆、盥洗槽、浴盆、淋浴器等。

3）洗涤用卫生器具：洗涤盆（或池）、化验盆、污水盆等。

4）其他专用卫生器具：饮水器、医疗或科学研究室等特殊需要的卫生器具。

卫生器具必须坚固耐用、不透水、耐腐蚀、耐冷热、表面光滑便于清洗。目前制造卫生器具的常用材料有陶瓷、铸铁搪瓷、不锈钢、塑料和水磨石等。

1.8.1 便溺用卫生器具

厕所或卫生间中的便溺用卫生器具，主要作用是收集、排除粪便污水。

1. 大便器

我国常用的大便器有坐式大便器和蹲式大便器两种类型。大便器选用应根据使用对象、设置场所、建筑标准等因素确定，且均应选用节水型大便器。

（1）坐式大便器　坐式大便器本身带有存水弯，其冲洗设备一般为低水箱或延时自闭冲洗阀，如图 1-63 所示。坐式大便器多装设在住宅、宾馆或其他高级建筑内。

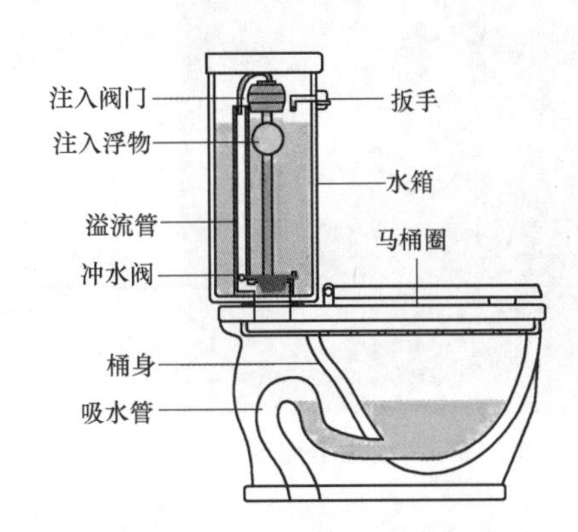

图 1-63　坐式大便器

（2）蹲式大便器　蹲式大便器本身一般不包括存水弯，故需另外装设，存水弯的水封深度不得小于 50mm。底层采用 S 型存水弯，其余楼层可采用 P 型存水弯。为了装设蹲坑和存水弯，大便器一般都安装在地面以上的平台中。冲洗设备可采用延时自闭冲洗阀、高水箱，也可采用低水箱。蹲式大便器广泛采用在集体宿舍、公共建筑卫生间、公共厕所内，成组布置时间距≥900mm。图 1-64 为蹲式大便器。

2. 小便器

小便器设于公共建筑的男厕所内，有挂式和立式两种。挂式小便器悬挂在墙上，其冲洗设备应采用延时自闭冲洗阀或自动冲洗装置。小便器应装设存水弯。挂式小便器多设于住宅建筑中；立式小便器装置在对卫生设备要求较高的公共建筑内，如展览馆、写字楼、宾馆等男厕中，多为成组装置，成组间距一般为 700mm。图 1-65 所示为挂式小便器，图 1-66 为立式小便器。

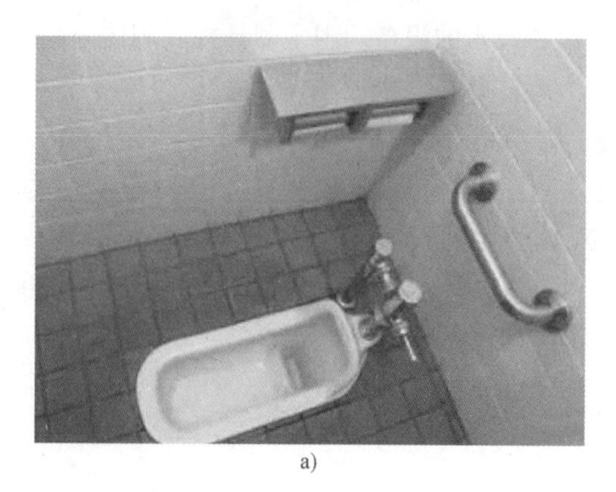

a)

b)

图 1-64　蹲式大便器

a）延时自闭冲洗阀蹲便器　b）低水箱蹲便器

图 1-65　挂式小便器

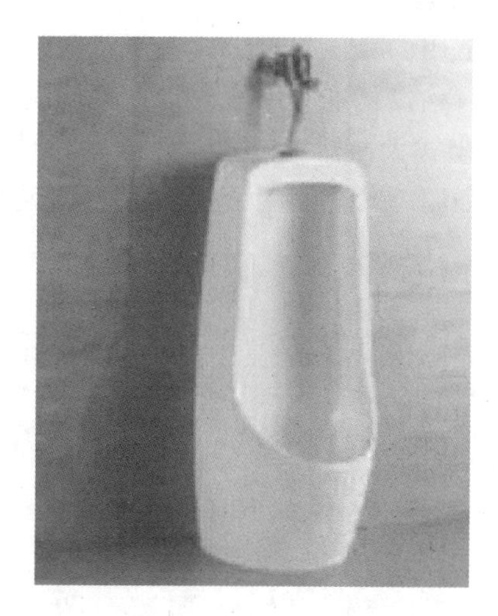

图 1-66　立式小便器

3. 大便槽

大便槽是个狭长开口的槽，用水磨石或瓷砖建造。从卫生观点评价，大便槽并不好，受污面积大，有恶臭，而且耗水量大，不够经济。但设备简单，建造费用低，因此可在建筑标准不高的公共建筑或公共厕所内采用。

大便槽的槽宽一般为 200~250mm，底宽 150mm，起端深度 350~400mm，槽底坡度不小于 0.015，大便槽底的末端做有存水门坎，存水深 10~50mm，存水弯及排水管管径一般为 150mm。大便槽宜采用自动冲洗水箱进行定时冲洗。

4. 小便槽

小便槽是用瓷砖沿墙砌筑的浅槽，因有建造简单、经济、占地面积小、可同时供多人使用等优点，经常被设在卫生标准不高的工业企业、公共建筑、集体宿舍的男厕所中。

小便槽宽 300~400mm，起端槽深不小于 100mm，槽底坡度不小于 0.01，槽外侧有 400mm 的踏步平台，平台做成 0.01 的坡度坡向槽内。

小便槽应采用自动冲洗水箱或延时自闭阀控制的多孔冲洗管冲洗，多孔冲洗管设在距地面1.1m高度的地方，管径15mm或20mm，管壁开有直径2mm、间距30mm的一排小孔，小孔喷水方向与墙面呈45°夹角。小便槽长度一般不大于6m。

1.8.2 盥洗、沐浴用卫生器具

1. 洗脸盆

洗脸盆设在盥洗间、浴室、卫生间中，供洗脸洗手用，安装方式有墙架式、台式、立式等，如图1-67所示。

洗脸盆的盆身后部开有安装水龙头用的孔，在孔的下面与给水管道连接，盆的后壁有溢水孔，盆底部设有排水栓，可用塞头关闭。成组装置的洗脸盆，间距一般为700mm，可以装设一个统一使用的存水弯。

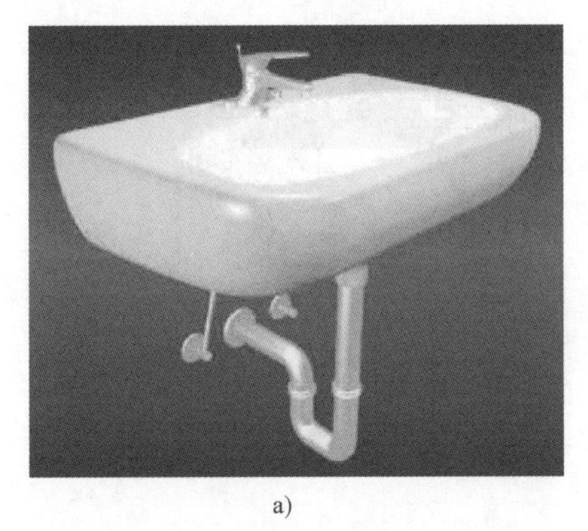

a)

b)

c)

图1-67 洗脸盆

a）墙架式洗脸盆 b）台式洗脸盆 c）立式洗脸盆

2. 盥洗槽

盥洗槽如图1-68所示，亦为瓷砖水磨石类现场建造的卫生器具，装置在同时有多人需要使用盥洗的地方，如工厂、学校的集体宿舍、工厂生活间等，它比洗脸盆的造价低，使用灵活。盥洗槽一般为长条形，槽宽500~600mm，槽长4.2m以内可采用一个排水栓，超过4.2m设置两个排水栓，盥洗槽水龙头间距≥700mm，槽下用砖垛支撑。

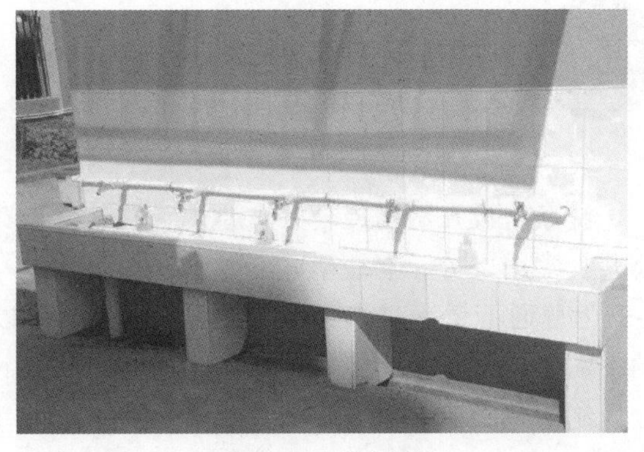

图1-68 盥洗槽

3. 浴盆

浴盆设在住宅、宾馆、医院等卫生间及公共浴室内，有长方形和正方形两种，浴盆颜色在浴室内需与其他用具的色调协调。浴盆配有冷热水管或混合龙头，其混合水经混合开关后流入浴盆，混合龙头管径为20mm。所有浴盆的排水口、溢水口均设在装置龙头的一端。浴盆底有0.02坡度，坡向排水口。有的浴盆还配置固定式或软管活动式淋浴莲蓬头。浴盆一般用陶瓷、铸铁搪瓷制成，如图1-69所示。

4. 淋浴器

图 1-69 浴盆

淋浴器与浴盆相比，具有占地面积小、造价低、耗水量较小、清洁卫生等优点，故广泛应用在集体宿舍、体育馆、机关、学校的浴室和公共浴室中。淋浴器有成品的，也有用管件现场组装的，如图 1-70 所示。

一般淋浴器的莲蓬头下缘安装在距地面 2.0～2.2m 高度，给水管径为 15mm，其冷热水截止阀离地面 1.15m，成组安装淋浴头的间距为 900～1000mm。淋浴间的地面有 0.005～0.01 的坡度坡向排水口或排水明沟。

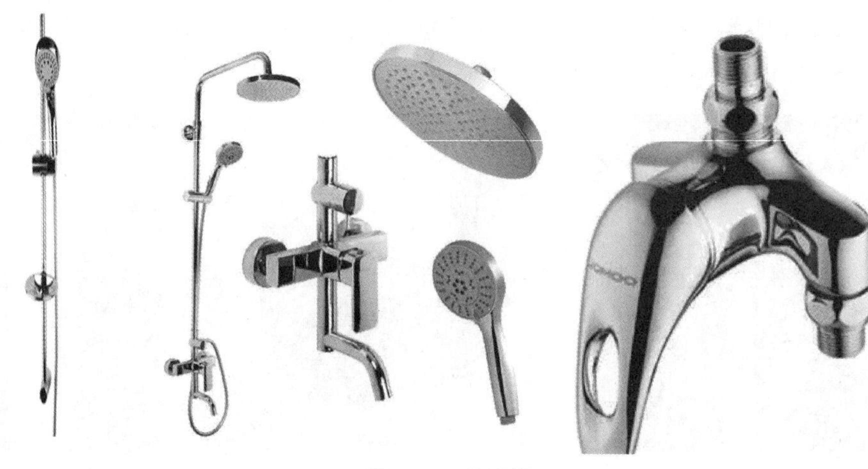
图 1-70 淋浴器

5. 妇女卫生盆

妇女卫生盆为专供妇女卫生之用，一般设于妇产科医院。

1.8.3 洗涤用卫生器具

1. 洗涤盆

洗涤盆设在厨房或公共食堂内，供洗涤碗碟、蔬菜等食物之用。洗涤盆按用途有家用和公共食堂用之分，有墙架式、柱脚式，单格、双格，有搁板、无搁板或有、无靠背等。图 1-71为普通不锈钢双格厨房洗涤盆。洗涤盆可以设置冷热水龙头或混合龙头，排水口在盆底的一端，口上设十字栏栅，卫生要求严格时还设有过滤器，为使水在盆内停留，备有橡皮或金属制的塞头。在医院手术室、化验室等处，因工作需要常装置肘式开关或脚踏开关的洗涤盆。

2. 化验盆

化验盆装置在工厂、科学研究机关、学校化验室或实验室中，通常都是陶瓷制品。盆内已有水封，排水管上不需装存水弯，也不需盆架，用木螺丝固定于实验台上。盆的出口配有塞头。根据使用要求，化验盆可装置单联、双联、三联的鹅颈龙头。图 1-72 为双联龙头化验盆。

图 1-71　不锈钢双格厨房洗涤盆

图 1-72　化验盆

3. 污水盆

污水盆装置在公共建筑的厕所、盥洗室内，供打扫厕所、洗涤拖布或倾倒污水之用。污水盆深度一般为 400~500mm，材料为陶瓷或水磨石。安装方式有架空和落地两种，住宅可采用落地安装，公共卫生间内多采用架空安装。

1.8.4 其他专用卫生器具

生活中还有其他一些专用卫生器具，如饮水器，它是供人们饮用冷开水的器具。饮水器卫生、方便，受人们欢迎，适宜设置在工厂、学校、车站、体育馆场等公共场所。

课题 9　建筑给水排水工程施工图

学习目标

1. 熟悉给水排水施工图的组成。
2. 熟悉给水排水施工图常用图例。
3. 掌握给水排水施工图的基本内容。
4. 掌握给水排水施工图的识读方法。

建筑给水排水工程施工图是建筑给水排水工程施工的依据，也是建筑给水排水工程施工必须遵守的文件。对于施工人员来说，只有具备识读施工图的能力，才能把设计意图贯彻到实际工程的施工中去。

1.9.1 建筑给水排水工程施工图的常用图例

建筑给水排水工程施工图中的管道、附件、卫生器具、设备等众多，在施工图中采用统一的图例表示。表 1-3 中摘录了我国现行《建筑给水排水制图标准》（GB/T 50106—2010）中规定的部分图例。凡未列入该标准图例中的可自设，但在图纸上应专门画出图例，并加以说明。在识读建筑给水排水施工图前，应熟悉图纸中的有关图例。

表 1-3　建筑给水排水工程施工图常用图例

名称	图　例	说明	名称	图　例	说明
管道		用于一张图上只有一种管道	水泵接合器		
管道	J P	用汉语拼音字头表示管道类别	自动喷淋头	下嘴	左为平面 右为系统
管道		用线型区分管道类别	放水龙头		
闸阀			淋浴喷头		左为平面 右为系统
截止阀		左为管径≥$DN50$ 右为管径<$DN50$	圆形地漏		左为平面 右为系统
止回阀			清扫口		左为平面 右为系统
电动阀			检查口		
减压阀		左侧为高压端	存水弯		
蝶阀			洗脸盆		左为立式 右为台式
浮球阀			浴盆		
延时自闭阀			小便器		
水表			大便器		左为蹲式 右为坐式
可曲挠接头			污水池		
压力表			小便槽		
水流指示器	L		多孔管		
水泵		左为平面 右为系统	通气帽		左为成品 右为铅丝球
单出口消火栓		左为平面 右为系统	伸缩节		
双出口消火栓		左为平面 右为系统	管道立管	JL　JL	J:管道类别 L:立管
柔性防水套管			交叉管		管道交叉不连接,在下方和后方的管道应断开
安全阀		左侧为平衡锤安全阀 右侧为弹簧式或通用安全阀			

 建筑给水排水工程施工图组成

建筑给水排水工程施工图由文字部分和图示部分组成。

1. 文字部分

文字部分包括设计施工说明、图纸目录、图例、主要设备材料表等。

(1) 设计施工说明 设计图纸上用图或符号表达不清楚的问题，或有些内容用文字能更简单明了说明清楚的问题，用文字加以说明。

设计施工说明的主要内容有：设计依据；设计范围；设计概况及技术指标（如给水系统的选择、排水体制的选择等）。其中，施工说明的部分有：图中尺寸采用的单位；采用管材及连接方式、捻口材料等；管道防腐，防结露做法；保温材料，保温层厚度，保护层做法；卫生器具类型及安装方式；施工注意事项；系统的水压试验要求；施工验收应达到的质量要求；如果有水泵、水箱等设备，还须写明型号、规格及运行要点等。

(2) 图纸目录 包括设计人员绘制部分和所选用的标准图部分。

(3) 图例 包括制图标准中的图例和自行设计的图例。

(4) 主要设备材料表 设备材料表中应列出图纸中用到的主要设备型号、规格、数量及性能要求等，用于在施工备料时控制主要设备的性能。

对于重要工程，为了使施工准备的材料和设备符合图纸要求，并且便于备料，设计人员应编制一个主要设备材料明细表。它包括序号、名称、型号规格、单位、数量、备注等项目，施工图中涉及的设备、管材、阀门、仪表等均列入表中。对于一些不影响工程进度和质量的零星材料，可不列入表。简单工程也可不编制设备及材料明细表。

一般中小型工程的文字部分直接写在图纸上，工程较大、内容较多时另附专页编写，并放在一套图纸的首页。

2. 图示部分

(1) 平面图 平面图是给水排水施工图的基本图样。它反映卫生器具、给水排水管道、附件等在建筑内的平面布置情况。一般情况下，建筑的给水系统和排水系统不是很复杂，通常将给水管道、排水管道绘制在一张图上，称为给水排水平面图。

平面图的主要内容有：建筑物内与给水排水有关的建筑物轮廓，定位轴线及尺寸线，各房间名称（也可不写）等；卫生器具、热交换器、贮水罐、水箱、水池、水泵等的平面布置、平面定位尺寸；给水引入管、污水排出管的平面位置、平面定位尺寸、管径及系统编号；给水排水干、立、横支管的位置、管径及立管编号。

平面图是建筑给水排水施工图的主要部分，一般采用与建筑平面图相同的比例，常用 1∶50，1∶100，大型车间可用 1∶200。

平面图的数量，视卫生器具和给水排水管道布置的复杂程度而定。对于多层房屋，底层由于设有引入管和排出管且管道需与室外管道相连，宜单独画出一个完整的平面图（如能表达清楚与室外管道的连接情况，也可只画与卫生设备和管道有关的平面图）。楼层平面图只需抄绘与卫生设备和管道布置有关的平面图，一般应分层抄绘。如楼层的卫生设备和管道布置完全相同，只需画出相同楼层的一个平面图，称为标准层平面图。设有屋顶水箱的楼层

可单独画出屋顶给水排水平面图。但当管道布置复杂，通过一个平面图不能表达清楚时，需要单独表示，如一层给水平面图、一层排水平面图、一层自动喷淋系统也可平面图等。

在给水排水平面图中所抄绘的建筑平面图中，墙、柱、门窗等都用细线表示。由于给水排水平面图主要反映管道系统各组成部分的平面位置，因此房屋的轮廓线应与建筑施工图一致，一般只需抄绘房屋的墙体、柱子、门窗洞、楼梯等主要部分，至于房屋的细部尺寸、门窗代号等均可省去。为使土建施工与管道设备的安装一致，在各层给水排水平面图上，必须标明定位轴线，并在平面图的定位轴线间标注尺寸；同时还应标注出各层平面图上的相应标高。

房屋的建筑平面图是从门窗部位水平剖切的，而管道平面图的剖切位置则不限于此高度。凡是为本层设施配用的管道均应画在该层平面图中，底层平面图还应包括埋地或地沟内的管道，如有地下层，引入管、排出管、汇集横干管可绘于地下层平面图内。

室内给水排水管道，不论直径大小，一律用粗单线表示。可用汉语拼音字头为代号表示管道类别，也可用不同线型表示不同类别的管道，如给水管用粗实线，排水管用粗虚线。在平面图中，不论管道在楼面或地面的上部还是下部，均不考虑其可见性。平面图上有各种立管的编号，底层给水排水平面图中的管道按系统编号，一般给水以每根引入管为一个系统，排水以每根排出管为一个系统。当建筑物的给水引入管或排水排出管的数量超过一根时，应进行编号，编号宜按图 1-73 的方法表示。立管编号的表示方法如图 1-74 所示。

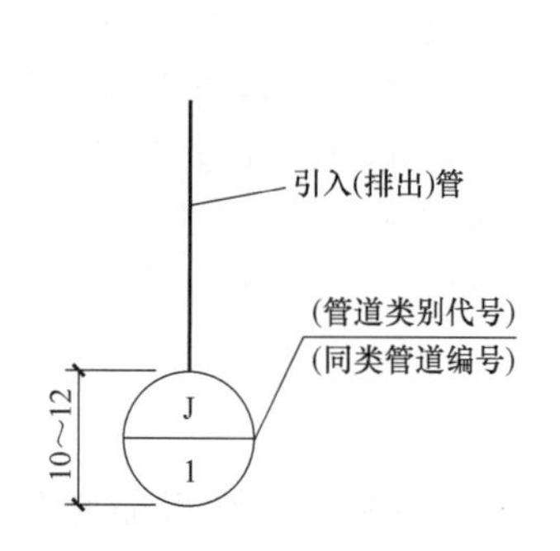

图 1-73　给水引入（排水排出）管编号的表示方法

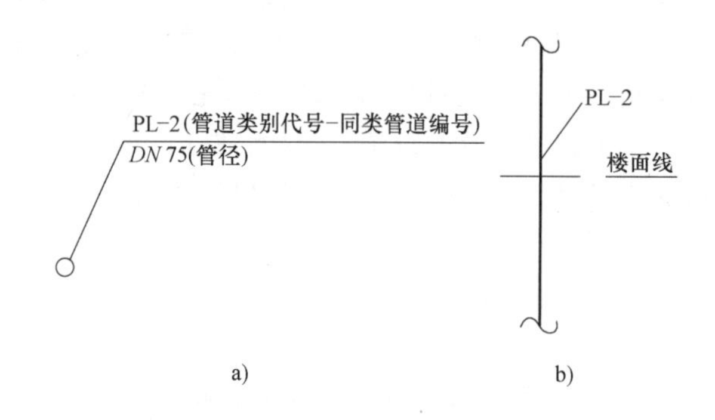

图 1-74　立管编号的表示方法
a）平面图上的表示方法　b）系统图上的表示方法

给水排水管的管径尺寸以毫米（mm）为单位，金属管道（如焊接钢管、铜管、不锈钢管、铸铁管）以公称直径 *DN* 表示，如 *DN*15、*DN*50 等；塑料管一般以公称外径 *De*(*dn*) 表示，如 *De*20(*dn*20) 等。管径一般注在该管段的旁边，如位置不够，也可用引出线引出标注。各种附件或设备均可用表 1-3 中的图例表示，也可根据习惯自行设计图例。

（2）系统图　系统图也称轴测图，《建筑给水排水制图标准》（GB/T 50106—2010）规定，给水排水系统图宜用 45°正面斜轴测投影法绘制。系统图表示给水排水系统的空间位置及各层间、前后左右间关系，给水排水附件的位置。给水系统图、排水系统图应分别绘制。

系统图的主要内容有：自引入管，经室内给水管道系统至用水设备的空间走向和布置情况；自卫生器具，经室内排水管道系统至排出管的空间走向和布置情况；管道的管径、标高、坡度、坡向及系统编号和立管编号；各种设备（包括水泵、水箱、水加热器等）的接管情况、设置位置和标高、连接方式及规格；管道附件的种类、位置、标高；排水系统通气管设置方式、与排水立管之间的连接方式，伸顶通气管上的通气帽的设置及标高；节点详图的索引号等。

给水排水系统图上各立管和系统的编号应和平面图上一一对应，在给水排水系统图上还应画出各楼层地面的相对标高。绘制给水排水系统图的比例宜选用 1∶200、1∶100、1∶50。如采用与给水排水平面图相同的比例，在绘图时，按轴向量取长度较为方便。如果按一定比例绘制时图线重叠，允许局部不按比例绘制，可适当将管线拉长或缩短。

45°正面斜轴测图的轴间角及轴向变形系数如图 1-75 所示。由于通常采用与给水排水平面图相同的比例，沿坐标轴 OX、OY 方向的管道，不仅与相应的轴测轴平行，而且可从给水排水平面图中量取长度，平行于坐标轴 OZ 方向的管道，则也应与轴测轴 OZ 相平行，且可按实际高度以相同的比例做出。凡不平行坐标轴方向的管道，则可通过做平行于坐标轴的辅助线，从而确定管道的两端点再连接而成。为了便于绘制和阅读，立管平行于 OZ 轴方向；平面图上左右方向的水平管道，沿 OX 轴方向绘制；平面图上前后方向的水平管道，沿 OY 轴方向绘制。卫生器具、阀门等设备，用图例表示。

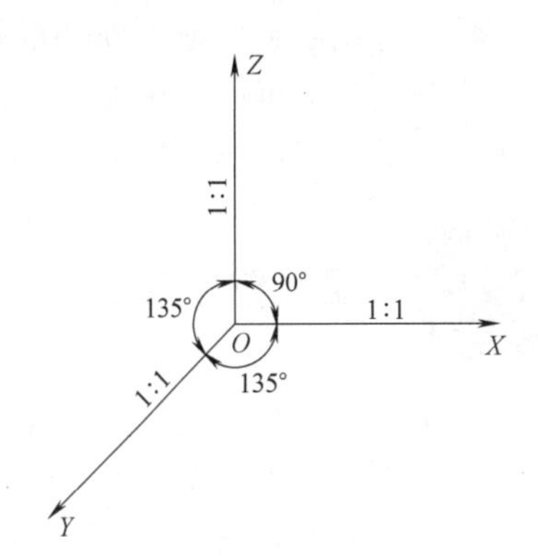

图 1-75　45°正面斜轴测图的轴间角及轴向变形系数

给水、排水系统图中的管道，都用粗实线表示，不必与平面图中那样用不同线型的粗线来区分不同类型的管道，其他图例和线宽仍按原规定。在系统图中不必画出管件的接头形式，管道的连接方式可用文字写在施工说明中。

在管道系统中的给水附件，如水表、截止阀、水龙头、消火栓等，可用图例画出。相同布置的各层，可只将其中的一层画完整，其他各层只需在主管分支处用折断线表示。

在排水系统图中，可用相应图例画出卫生设备上的存水弯、地漏或检查口等。排水横管虽有坡度，但由于比例较小，故可按水平管道绘制，但宜注明坡度与坡向。由于所有卫生器具和设备已在给水排水平面图中表达清楚，故在排水管道系统图中就没有必要画出。

为了反映管道和房屋的联系，系统图中还要画出管道穿越的墙、地面、楼层、屋面的位置。一般用细实线画出地面和墙面，并加轴测图中的材料图例线，用两条靠近的水平细实线画出楼面和屋面。

对于水箱等大型设备，为了便于与各种管道连接，可用细实线画出其主要外形轮廓的轴测图。

管道的管径一般标注在该管段旁边，管道各管段的管径要逐段标出，当连续几段的管径都相同时，可以仅标注它的始段和末段，中间段可省略不注。

凡有坡度的横管（主要是排水管），都要在管道旁边或引出线上标注坡度，如 0.5%，数字下面的单边箭头表示坡向（指向下坡的方向）。当排水横管采用标准坡度（或称为通用坡度）时，则在图中可省略不注，而在施工图的文字说明中写明。

管道系统图中标注的标高是相对标高，即以建筑标高的±0.000 为±0.000。在给水系统图中，所注标高为管中心标高，一般要注出引入管、横管、阀门、水龙头、卫生器具的连接支管、各层楼地面及屋面等的标高。在排水系统图中，所注标高为管内底标高，一般应标注立管上检查口、排出管的起点标高。其他排水横管的标高，可根据卫生器具的安装高度和管件的尺寸，由施工人员决定。此外，还要标注各层楼地面及屋面等的标高。

（3）详图　给水排水平面图和管道系统图表示了卫生器具及管道的布置等情况，而卫生器具的安装、管道的连接，需有施工详图作为依据。常用的卫生设备安装详图，通常套用现行的给水排水标准图集（国家标准或地方标准）中的图样，不必另行绘制，只要在施工说明中写明所套用的图集名称及其中的详图图号即可。当没有标准图时，需要设计人员自行绘制。

安装详图的比例较大，可按需选用 1∶10、1∶20、1∶30，也可用 1∶5、1∶2、1∶1 等。安装详图必须按施工安装的需要表达得详尽、具体、明确，一般都用正投影的方法绘制，设备的外形可以简化画出，管道用双线表示，安装尺寸也应注写得完整和清晰，主要材料表和有关说明都要表达清楚。

1.9.3 建筑给水排水工程施工图的识读

图 1-76～图 1-84 为六层教学楼的给水排水工程施工图，下面以这套图为例，说明建筑给水排水工程施工图识图的方法和步骤。

1）查明建筑物情况。这是一幢六层办公楼，图面上只画出了卫生间。卫生间在建筑物的 F—G 轴线和 12—14 轴线处。卫生间分为男女卫生间和盥洗间，总进深 7.0m，总开间 8.0m。

2）看给水排水设计施工说明，了解工程概况，熟悉有关的设计资料，了解本套图纸中的图例及主要设备。

3）查明卫生器具、用水设备（如水龙头、开水炉、水加热器、贮水罐等）和升压设备（水泵、水箱等）的类型、数量、安装位置、定位尺寸等。

本例各层卫生间卫生器具的布置情况相同，男卫生间布置有 7 套大便器，一个小便槽，一只污水池，一个地面清扫口，地面上有一个地漏以排除地面积水。大便器、清扫口均沿轴线 12 设置。大便器之间的距离为 900mm，最南侧大便器距墙 600mm。污水池与小便槽沿轴线 13 布置。地漏布置在污水池南侧。

女卫生间设大便器 6 套，污水池一只，地漏一只，蹲位内设清扫口一只。女卫生间内有 4 套大便器沿 13 轴线布置，大便器之间的距离为 900mm，最南侧大便器距墙 600mm。有 2 套大便器和一个污水池沿轴线 14 布置，污水池与大便器隔墙之间距离为 400mm，地漏在大便器与污水池中间，地漏中心与污水池的距离为 200mm。

盥洗间设 3 只洗脸盆和一个地漏。洗脸盆下设一地漏收集洗脸盆使用时溅出的水或地面的其他积水。

各卫生器具的安装均有标准图。

4）弄清楚室内给水系统形式、管路的组成、平面位置、标高、走向、敷设方式。查明管道、阀门及附件的管径、规格、型号、数量及其安装要求。

通过对图 1-83 中的室内给水系统图的分析可知：给水引入管管径 *DN*65，管道埋深为-1.550m，由东向西穿越⑭轴线进入建筑物，引入管与1/F轴线之间的水平距离为 1100mm，管道进户登高，升至-0.350m，向西一定距离后分成两路。一路向西与立管 JL-1 相连；另一路先向西后折向北然后与立管 JL-2 相接。

设计施工说明

1. 单位：标高以米计，其余均以毫米计。给水管道标高为管中心线标高，排水管道为管内底标高。
2. 管材：

   给水系统：生活给水系统每层横支管采用PP-R管，热熔连接，规格用*De*表示；其余生活给水管道均采用衬塑镀锌钢管，螺纹连接，规格以*DN*表示。PP-R管采用*PN*1.25MPa管道。消防给水系统采用非镀锌焊接钢管，焊接，设附件处采用法兰连接。

   排水系统：排水立管采用内螺旋UPVC管，其余采用UPVC管，胶黏剂粘接，UPVC均采用国标管。
3. 所有排水立管与排水横干管连接处均采用两个45°弯头。排水水平管道均采用i=0.026的坡度。排水立管检查口中心距地面1.0m，检查口盖均朝外设置。
4. 管道防腐与保温：设于室外的给水管道外包2cm厚的保温棉保温，外做防水保护层。生活给水衬塑镀锌管刷银粉漆两道防腐；消防管道刷红丹防锈漆一道，银粉漆两道防腐。埋地钢管做加强防腐。
5. ±0.000以下管道穿基础、穿墙处均做柔性防水套管。
6. 采用SQS$\frac{100}{150}$−C型地上式消防水泵接合器。灭火器装置按现行有关规定配置。
7. 消火栓采用SN65单出口消火栓，安装时栓口垂直于墙面向外。采用QZ19水枪，*DN*65、25m长衬胶水龙带。
8. 施工及验收规范：《建筑给水排水及采暖工程施工质量验收规程》GB 50242—2002；

   《建筑排水塑料管道工程技术规程》CJJ/T 29—2010；

   《建筑给水塑料管道工程技术规程》CJJ/T 98—2014。

主要设备材料表、图例

序号	名称	符号	规格	数量	单位	备注
1	截止阀		*DN*65	2	个	铜阀门
2	截止阀		*DN*50	2	个	铜阀门
3	截止阀		*De*50	18	个	PP-R阀门
4	角式截止阀		*De*32	6	个	镀铬阀门
5	截止阀		*De*20	18	个	镀铬阀门
6	蝶阀		*DN*100	1	个	
7	蝶阀		*DN*100	18	个	
8	蝶阀		*DN*65	6	个	
9	蝶阀		*DN*50	1	个	
10	延时自闭冲洗阀		*dn*40	78	个	
11	管道倒流防止器		*DN*65	1	套	标准图集号：05S108-7
12	止回阀		*DN*100			
13	水泵接合器		*DN*100	1	套	标准图集号：99S203-13
14	安全阀		*DN*100			
15	冲洗水箱		15.2L	6	个	
16	可曲挠橡胶接头		*DN*80	2	个	
17	柔性防水套管					标准图集号：02S404—5(A)
18	柔性防水套管					标准图集号：02S404—6(B)
19	单出口消火栓箱		650×800×320	2	个	标准图集号：04S202-5
20	水龙头		*dn*20	12	个	PP-R龙头
21	自闭冲洗阀蹲便器			78	套	标准图集号：99S304-83
22	台式洗脸盆			18	套	标准图集号：99S304-43
23	污水池			12	个	标准图集号：99S304-16
24	小便槽			6	个	标准图集号：99S304-131
25	地漏		*dn*50	18	个	标准图集号：99S304-1
26	清扫口		*dn*110(Ⅰ型)	12	个	单向，2×45°弯头
27	伸缩节					
28	检查口					
29	存水弯					
30	给水管					
31	排水管	------				
32	消防管	—X—				

×××××设计院		资质等级	乙级	证书编号	
审定	专业负责人	工程名称	×××××××2#教学楼		
审核	校对	项目	A区	合同编号	
项目负责人	设计	设计施工说明 主要设备材料表、图例		设计编号	
	制图			图别	水施
				图号	SS9—01
				日期	

图 1-76 图例及主要设备材料表、设计说明

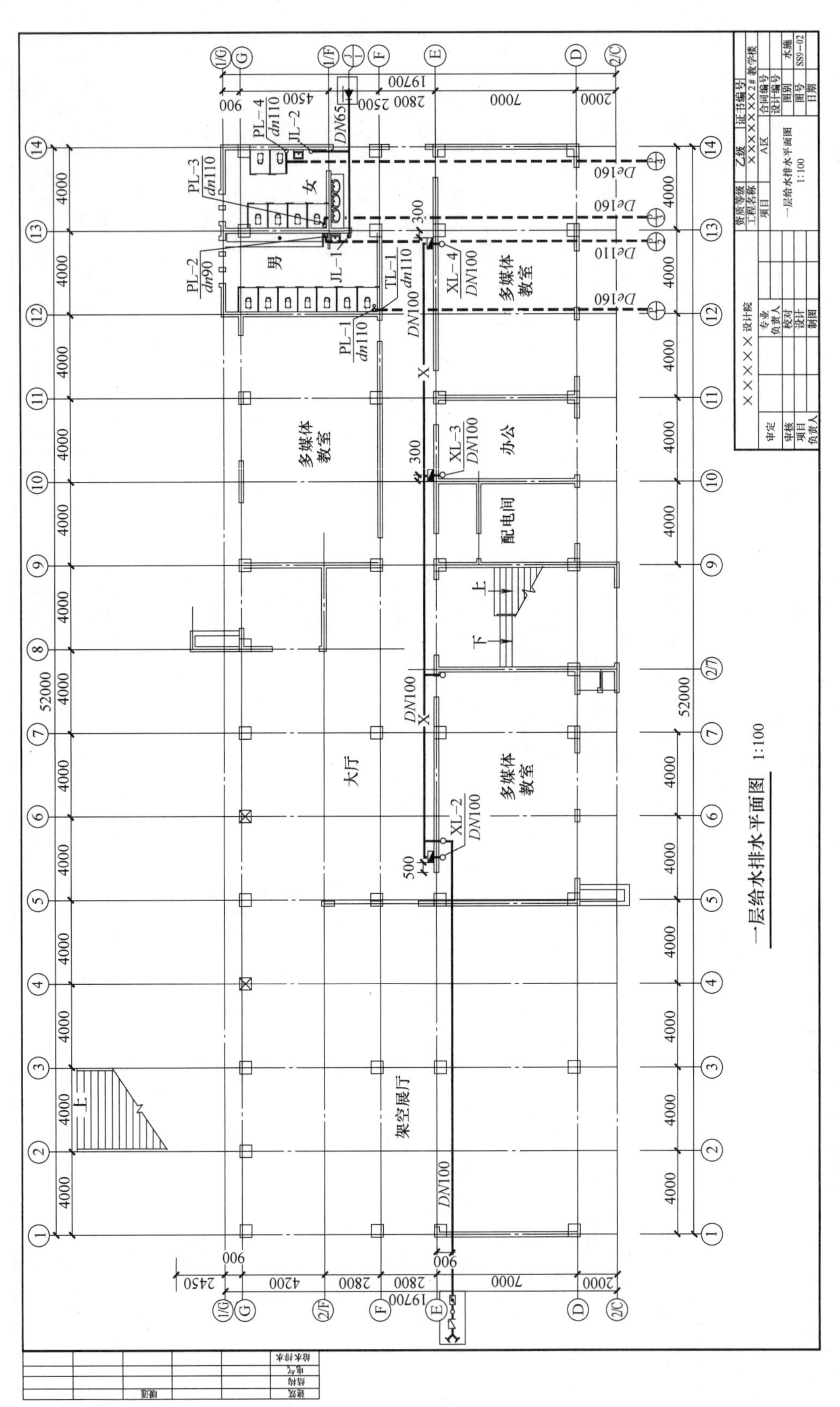

图 1-77 一层给水排水平面图

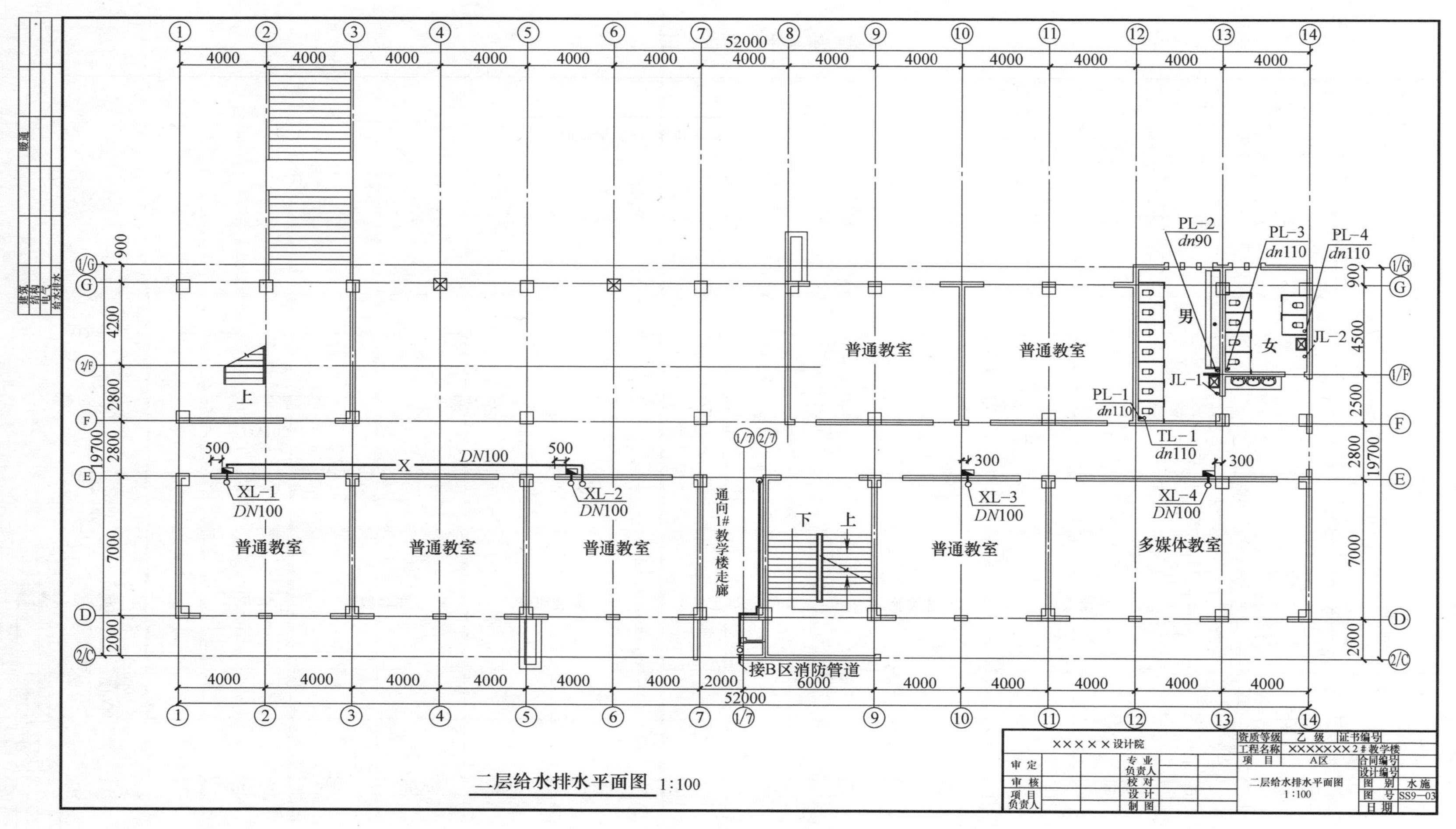

图 1-78　二层给水排水平面图

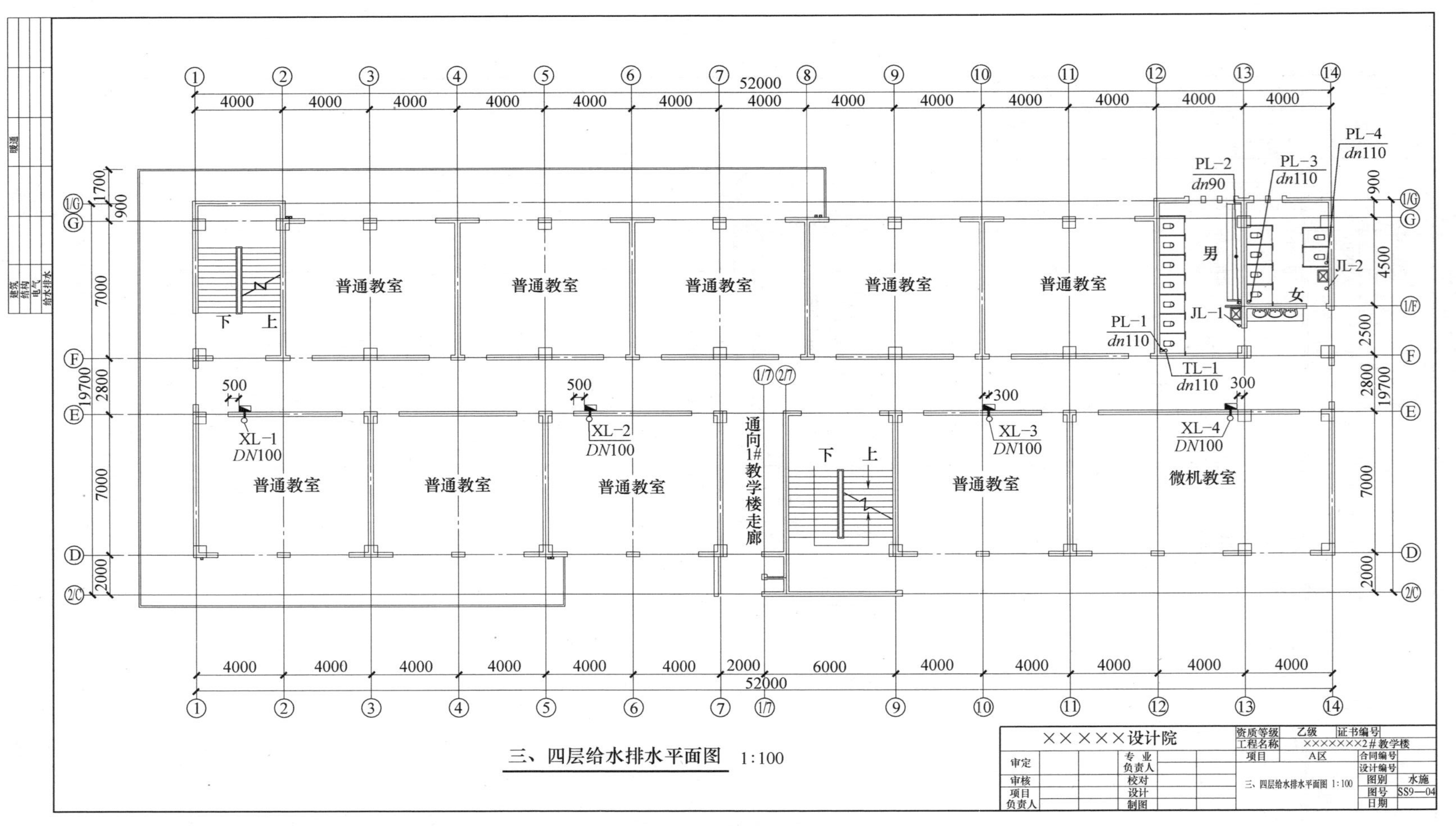

图 1-79　三、四层给水排水平面图

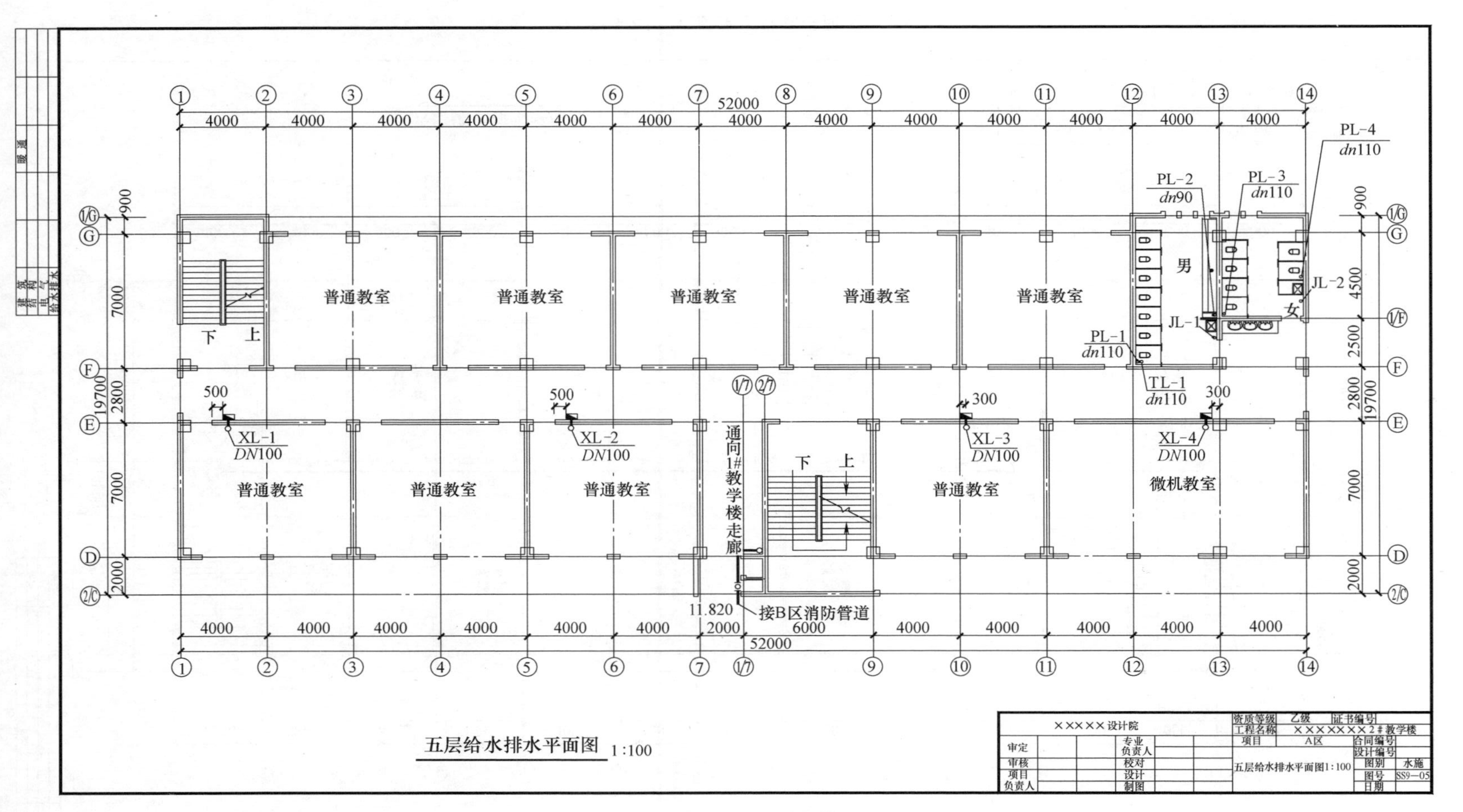

图 1-80　五层给水排水平面图

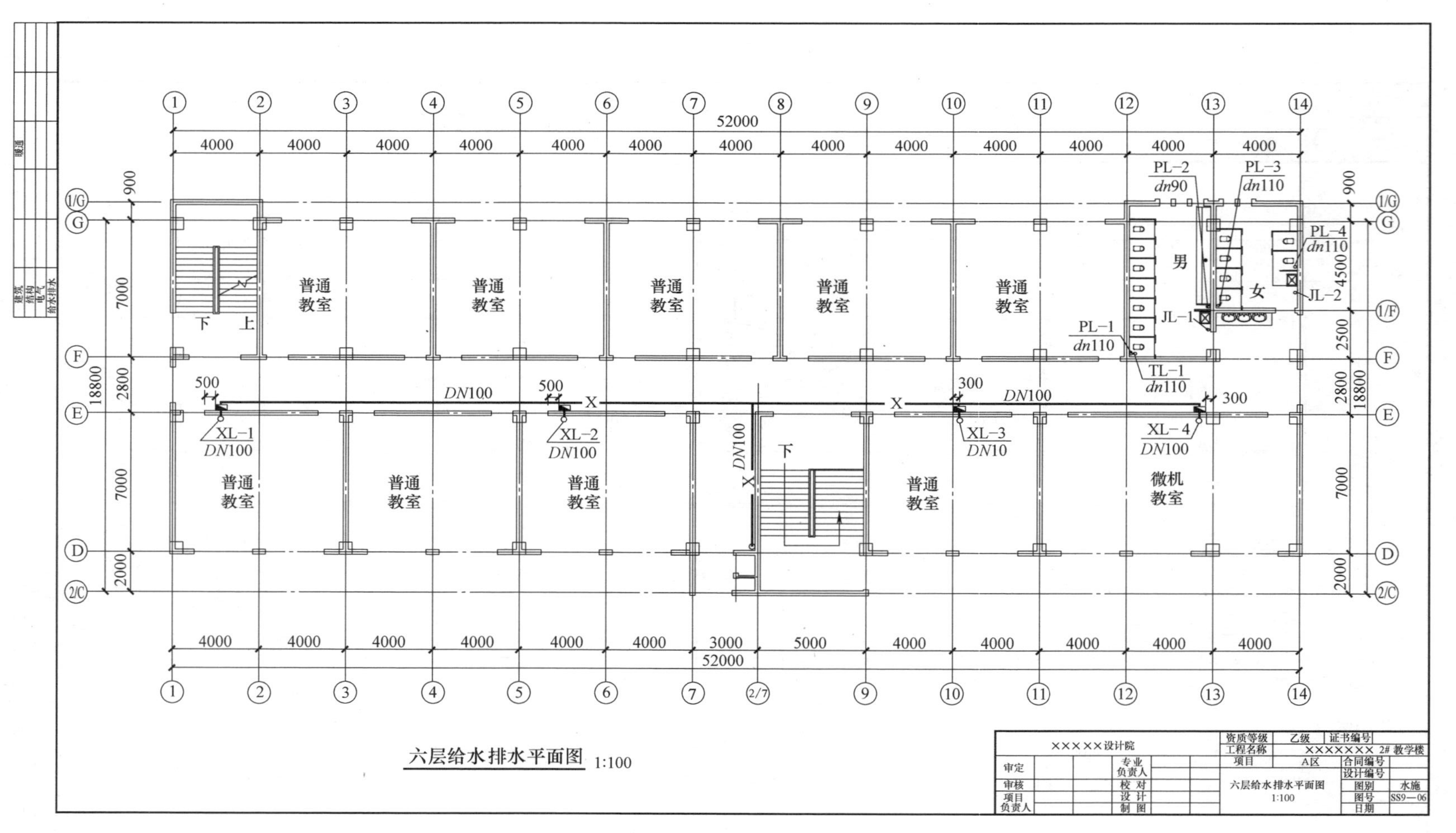

图 1-81　六层给水排水平面图

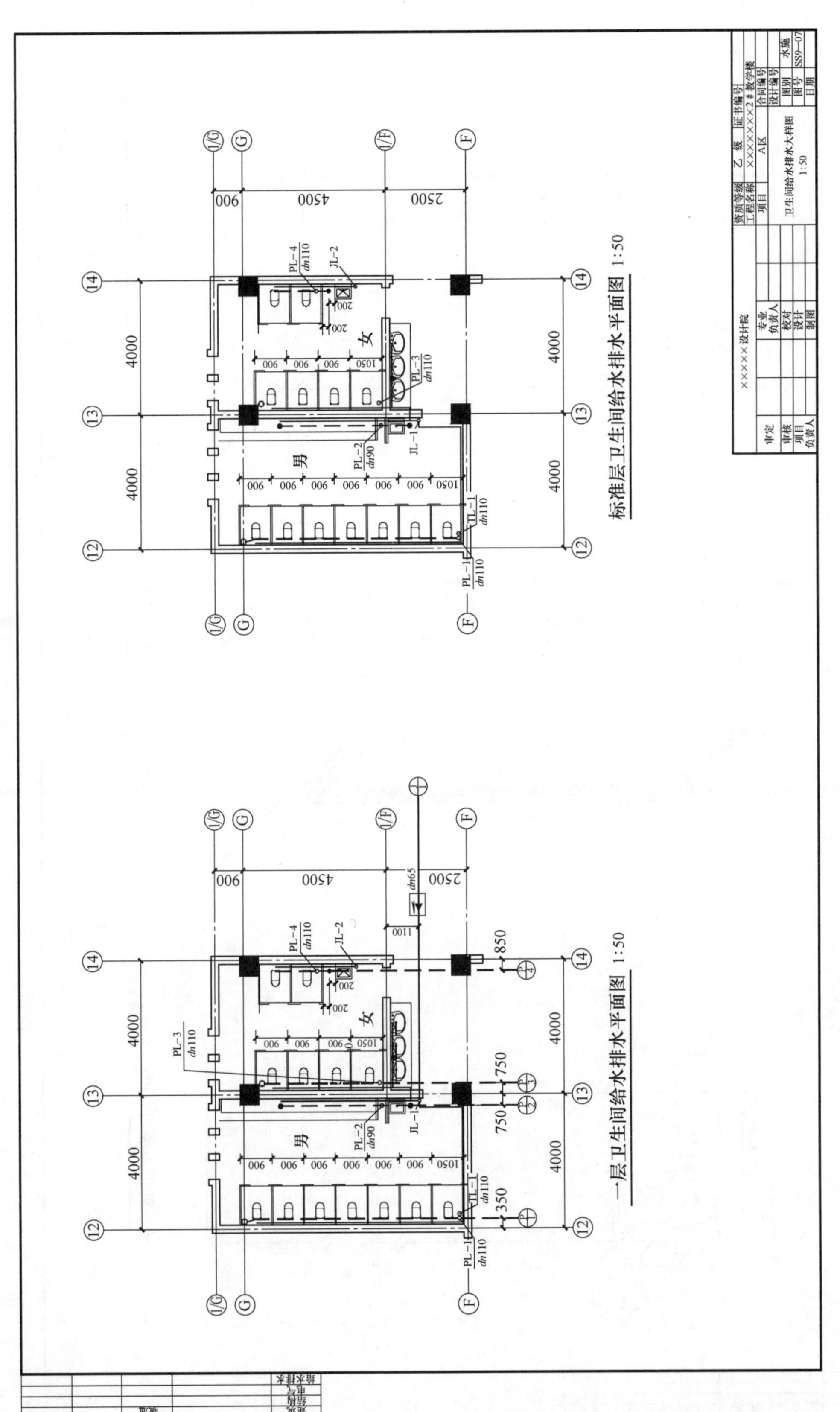

图 1-82　卫生间给水排水大样图

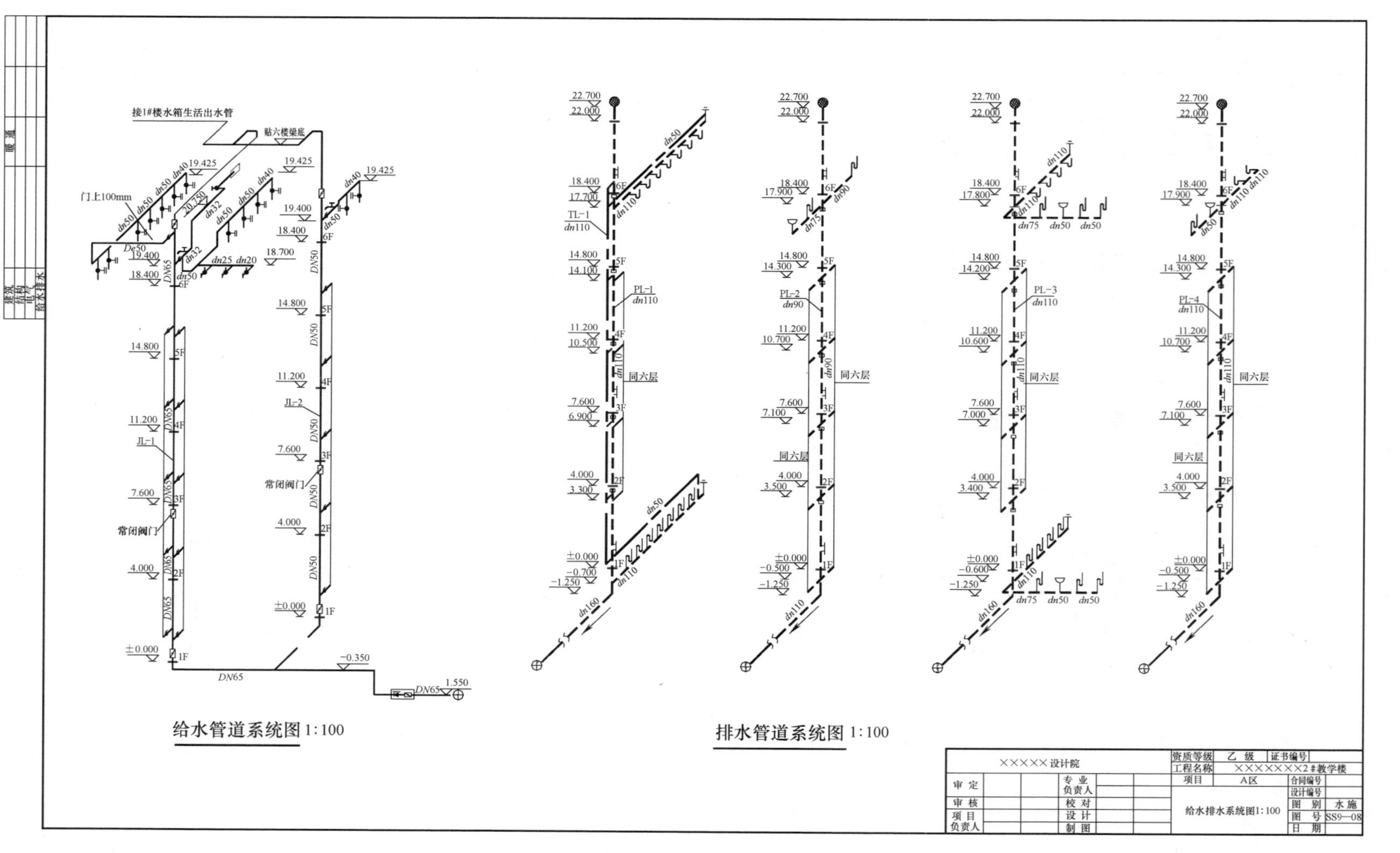

图 1-83 给水排水系统图

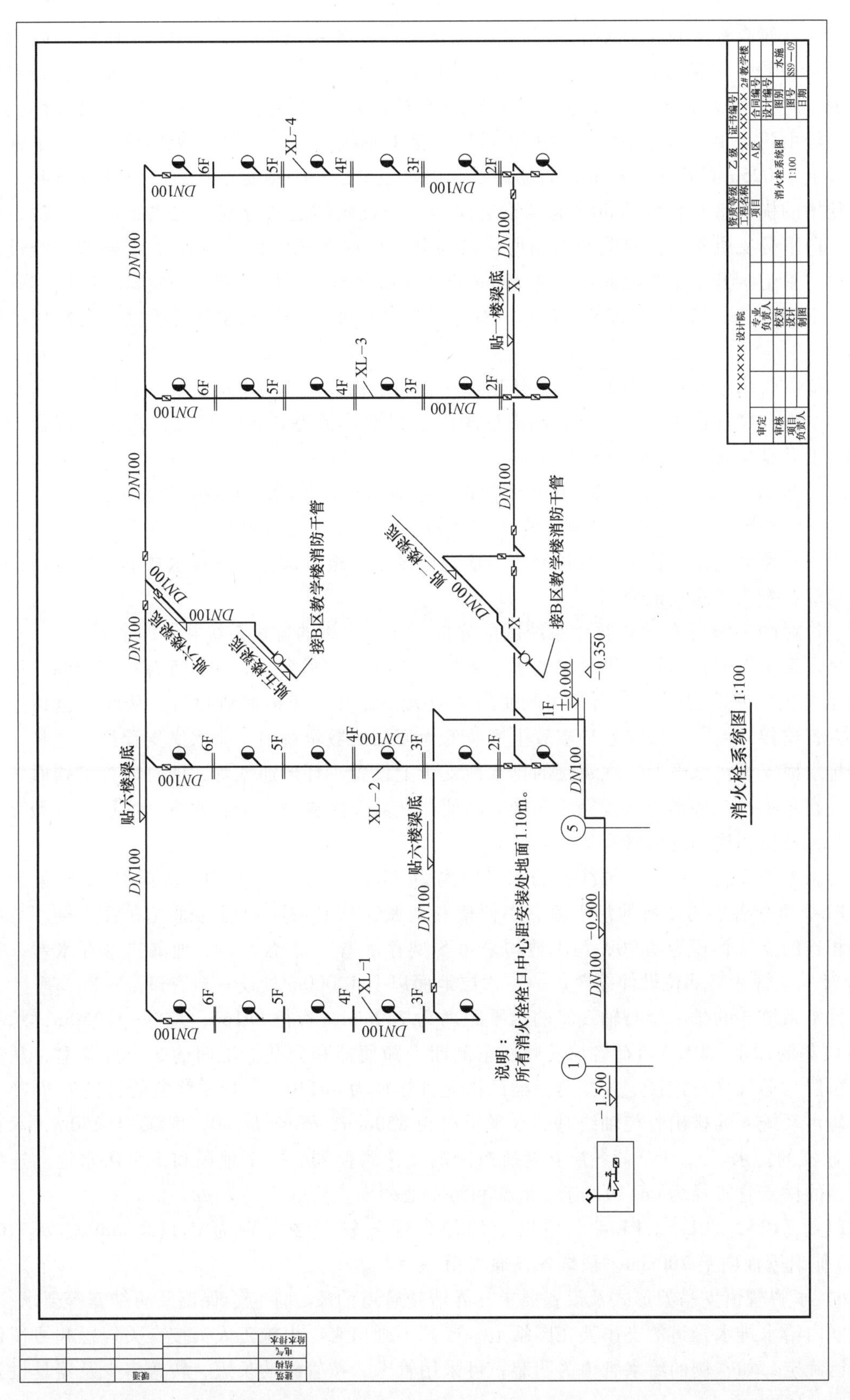

消火栓系统图 1:100
说明：
所有消火栓栓口中心距安装处地面1.10m。
XL-1
XL-2
XL-3
XL-4
DN100
贴六楼梁底
贴五楼梁底
贴二楼梁底
贴一楼梁底
接B区教学楼消防干管
1F
2F
3F
4F
5F
6F
±0.000
-0.350
-0.900
-1.500
资质等级 乙级 证书编号
工程名称 ×××××××× 2#教学楼
项目 A区
合同编号
设计编号
图别 水施
图号 SS9—09
日期
消火栓系统图 1:100
×××××设计院
审定
审核
项目负责人
专业负责人
校对
设计
制图

图 1-84　消火栓系统图

JL-1 立管自地下出地面后，向上穿越各楼层。在各层地面以上 1.000m 处和室内门上 100mm 处各设一三通管，分别向男厕所的污水池、小便槽，女厕所的 4 个蹲便器，公共盥洗间的洗脸盆和 7 个蹲便器供水。供向男厕所蹲便器的横支管，起端设有阀门，管径为 *dn*50，经由门上 100mm 向南引出然后向西送水至 F 轴线与 12 轴线交叉处的墙角处，下探至地面以上 1.025m 的高度，向北供向蹲便器，供水至最后一个蹲便器时，管径变为 *dn*40。供向小便槽的横支管管径为 *dn*50，起端设有阀门，经过阀门之后分别向北供水给污水池、小便槽，向下分支供水至洗脸盆和女厕所的蹲便器。供向污水池的管段管径为 *dn*32，经过污水池后，管道上升至室内地面以上 2.350m 的高度供水至小便槽；供向洗脸盆方向的支管在阀门后下探至地面以上 0.300m 的高度，向东再向北供水，分别供水至洗脸盆和女厕所的蹲便器。

JL-2 立管出地面后，向上穿越各楼层。在各层地面以上 1.000m 处设一三通管，向女厕所的污水池和蹲便器供水。在支管起端设阀门，起端管径为 *dn*50，经过污水池后管径变为 *dn*40，上升至 1.025m 后向蹲便器供水。

JL-1 与 JL-2 升至六楼，沿六层梁底敷设，最后与楼顶生活水箱的出水管相接。

5）了解排水系统的排水体制，查明管路的平面布置及定位尺寸，弄清楚管路系统的具体走向、管路分支汇合情况、管径尺寸与横管坡度、管道各部标高、存水弯形式、清通设备设置情况、弯头及三通的使用。

通过对图 1-83 中的室内排水系统图的分析可知，本例的排水系统共设四个系统：

排水系统 1 的排出管与轴线⑫的水平距离为 350mm，管径 *dn*160，埋深-1.250m，承担 PL-1 收集的污水。PL-1 负荷各层男厕所的 7 组大便器和一个地面清扫口，从底层至顶层与通气立管连接。由于每层排水横支管上安装的大便器的数量过多，排水横支管长度过长，为了使排水横支管排水畅通，在每层的排水横支管上设置了环形通气管，同时设置了副通气立管，使在每一层与环形通气管完成连接。蹲便器在其他楼层设 P 型存水弯，底层设 S 型存水弯，与大便器相连的支管管径均为 *dn*110。

排水系统 2 的排出管与轴线⑬的水平距离为 750mm，管径 *dn*110，负荷 PL-2 收集的污水。PL-2 负荷各层男厕所的污水池、小便槽和地漏，从底层至顶层与通气立管连接。与小便槽相连的支管管径为 *dn*90，污水池均采用 S 型存水弯，管径 *dn*75，地漏自带存水弯，管径 *dn*75。立管适当部位设伸缩节。一、六层地面以上 1.000m 处设一检查口。

排水系统 3 的排出管与轴线⑬的水平距离为 750mm，管径 *dn*160，埋深-1.250m，承担 PL-3 收集的污水。PL-3 负荷各层女厕所东侧四个蹲便器和公共盥洗间的 3 个洗脸盆，从底层至顶层与通气立管连接。连接蹲便器的横支管管径为 *dn*110，连接洗脸盆的管径为 *dn*75。

排水系统 4 的排出管与轴线⑭的水平距离为 850mm，管径 *dn*160，埋深-1.250m，承担 PL-4 收集的污水。PL-4 负荷各层女厕所东侧的 2 个蹲便器、一个地漏和 1 个污水池。连接蹲便器的横支管管径为 *dn*110，连接地漏和污水池的横支管的管径为 *dn*75。

PL-1、PL-2、PL-3、PL-4 六层以上的伸顶通气管管径分别为 *dn*110、*dn*90，*dn*110，*dn*110 伸出屋面向上 700mm，顶端各设通气帽一个。

6）了解管道支吊架形式及设置要求，弄清楚管道油漆、涂色、保温及防结露等要求。

室内给水排水管道的支吊架在图纸上一般都不画出来，由施工人员按有关规程和习惯做法自己确定，如本例的给水管道为明装，可采用管卡，按管线的长短、转弯多少及器具设置情况，分管径大小确定各种规格管卡的数量。排水立管用立管卡子，装设在排水管道承口下面，每层设一个，排水横管则采用吊卡，间距不超过2m。管道的防腐、防结露、保温等根据管材特点按图纸说明及有关规定执行。

课题10 建筑给水排水系统的安装

1. 了解建筑给水排水系统的安装准备工作。
2. 熟悉建筑给水排水系统的安装工艺流程。
3. 熟悉建筑给水排水系统的安装操作要点和质量标准。

建筑给水排水系统在安装前应具备下列条件：由正式单位签发的设计图并已经会审；有批准的施工方案、施工组织设计，已进行技术交底；材料、施工机具已准备就绪，能保证正常施工；施工现场有材料堆放库房（尤其是塑料管材），能满足施工需要。给水排水系统必须按设计图施工，变更设计时必须具有设计单位的同意文件。建筑给水排水系统的施工必须严格执行《建筑给水排水及采暖工程施工质量验收规范》（GB 50242—2002）及其他建筑安装工程质量检验评定标准的有关规定。

建筑给水排水系统的安装分为两部分：管道安装和卫生器具的安装。管道安装是在主体完工，回填土回填并经自然沉降后进行的；卫生器具是在室内装修基本完工后安装的。

1.10.1 安装准备工作

为保证管道工程施工的顺利进行，确保施工质量和施工的安全，在管道安装之前应做好以下准备工作。

1. 备料

按照给水排水施工图要求的种类、规格和数量，进行给水排水设备、器具、管材及附件的备料。要求各种材料应有明确的厂家名称、出厂日期、规格、检验代号等。

用于生活给水系统的塑料管材及管件，应有卫生检验部门的检验报告或认证报告，有质量检验部门的产品质量合格证，有建筑管理部门颁发的准用证书等。管材应有规格、型号、批号、生产厂的名称或商标、生产日期和执行的标准号；管件上应有明显的商标和规格代号。管材和管件的内外壁应光滑、平整；无气泡、无裂口、无裂纹、无脱皮、无明显痕纹及凹陷等。胶黏剂必须标有生产厂家名称、出厂日期、有效使用期限，有出厂合格证和使用说明；胶黏剂内不得有团块，不得有颗粒和其他杂质，不得呈胶凝状态，不得有析出物，不得分层等。

所有的管材及附件均应按照施工图的要求准备，所有进入现场的设备和材料均应进行各方面的检验。在施工之前，必须把主要材料备齐，且贮、运应符合材料的要求。对于不影响施工进度的零星材料，允许在施工过程中购买。

2. 检查预埋套管或预留洞

管道安装是在建筑主体工程完工后开始的。管道安装开始前，应按施工图中卫生器具的位置、给水排水管道的位置，结合施工规范的要求，认真检查各预埋套管和预留洞。要求各预埋套管和预留洞的位置和尺寸准确无误。需要重新打洞的，打洞时应避免打断受力筋。

3. 清理现场

由于给水排水管道施工中，垂直方向作业量大，并常与装饰施工、土建施工同时进行，为保证施工质量和施工人员的安全，必须认真清理现场。

4. 管道预制加工

根据设计图画出管道分支、变径、阀门位置等施工草图。根据施工草图，结合现场情况，分段量出各管段实际安装的准确尺寸并记录在施工草图上，按测得的尺寸进行管道的预加工（包括下料、套螺纹、焊法兰盘、调直等）。

1.10.2 室内给水排水系统的安装

管道安装应遵循下列原则：先地下，后地上；先室内，后室外；先横干管、立管，后横支管；先横平竖直埋设支、吊架，后安装管道。

1. 室内生活给水管道的安装

室内生活给水管道安装的工艺流程：安装准备→预制加工→引入管安装→干管安装→立管安装→支管安装→管道试压→刷油保温→管道冲洗和消毒→水表安装。

（1）安装准备　熟悉图纸，确定施工方法，核对管道走向和预留孔洞的尺寸，合理排管，注意管道交叉的避让原则。

（2）预制加工　按设计图绘出施工草图及安装尺寸，进行预制加工。

（3）引入管安装　管道穿越地下室或地下构筑物外墙，应采取防水措施，如预埋刚性防水套管；对有严格防水要求的构筑物，必须设置柔性防水套管。埋地金属管应涂沥青漆做好防腐。

（4）干管安装　水平干管应有 0.002~0.005 的坡度坡向室外泄水装置。总进口端头可加装临时丝堵以备试压。安装前管膛应清扫，所有管口要加好临时丝堵。

（5）立管安装　统一吊线安装立管管卡，将预制管段编号，分层排开，自下向上顺序安装。立管阀门朝向合理，支管甩口高度、方向正确，并加好临时丝堵。装好的立管要进行最后检查，保证垂直度和离墙距离。立管由下向上安装，当遇墙体变薄或上下层墙体错位，造成立管距离太远时，可采用冷弯弯管（灯叉弯）或用弯头调整立管位置，再逐层安装至高层给水横支管。安装在墙内的立管宜在结构施工中预留管槽，立管安装时吊直找正，用卡件固定，支管的甩口应明露并做好临时封堵。

给水立管穿过楼板应设金属或塑料套管。安装在楼板内的套管，其顶部应高出装饰地面20mm；安装在卫生间及厨房内的套管，其顶部应高出装饰地面 50mm 套管底部与楼板地面相平。套管与管道之间缝隙应用阻燃密实材料和防水油膏填实，端面光滑。

立管位置调整好后，固定立管管卡。穿立管的楼板孔隙用水冲洗湿润孔洞四周，吊模板，再用不小于楼板混凝土强度等级的细石混凝土灌严、捣实，待卡具及堵眼混凝土达到强度后拆模。

(6) 支管安装 支管暗装时，核对立管甩口高度，画线剔槽（槽已预留时应清槽）；敷设支管后，找平找正并用钩钉固定，器具用水口要留在明处并上好丝堵。支管明装时，从立管甩口逐段安装，设置必要的临时固定卡。核定卫生器具留口位置是否合适，找平找正后，安装支管卡件，去掉临时固定卡，上好丝堵。如支管上装有水表，先装连接管，试压后交工前再换装水表。

冷、热水管和水龙头平行安装，应符合下列规定：上下平行安装，热水管应装在冷水管的上面；垂直平行安装，热水管应装设在冷水管的左侧；在卫生器具上安装冷、热水龙头，热水龙头应安装在左侧。

(7) 管道试压 为了检验管道系统的强度和严密性，须对给水管道进行水压试验。室内给水管道的水压试验必须符合设计要求；当设计未注明时，各种材质的给水管道系统试验压力均为工作压力的1.5倍，但不得小于0.6MPa。

(8) 刷油保温 管道防腐的方式有涂料防腐和特殊防腐两种。涂料防腐是指在管道表面涂刷防腐涂料，一般按底漆、面漆、罩面漆的顺序进行涂层。例如焊接钢管，可先用附着力强、防腐防水性能好的红丹防锈漆、铁红防锈漆、红丹醇酸防锈漆等底漆涂刷1~2遍，再用耐光、耐气候变化、覆盖能力强的灰色防锈漆、各色油性调和漆等面漆涂刷两遍。对于镀锌钢管，应在锌皮破坏处刷防锈漆，整个明装管道系统及支架应刷银粉漆或其他面漆。特殊防腐是对埋地的管道，由内向外按照沥青底漆、沥青涂料、玻璃丝布加强包扎层、塑料布保护层等材料进行的防腐施工，其结构形式按土壤性质不同分为普通防腐层、加强防腐层和特加强防腐层。

需保温和防结露的管段按设计要求进行保温层、保护层敷设及保护层刷油。

(9) 管道冲洗和消毒 为保证供水水质和管道系统的使用安全，生活给水系统管道在交付使用前必须进行冲洗和消毒，并经有关部门取样检验，符合国家现行的《生活饮用水卫生标准》(GB 5749—2006) 后方可使用。

(10) 水表安装 水表应安装在便于检修、不受曝晒、污染和冻结的地方。安装螺翼式水表，表前与阀门应有不小于8倍水表接口直径的直线管段。表外壳距墙表面净距为10~30mm；水表进水口中心标高按设计要求，允许偏差为±10mm。

2. 室内消防给水系统的安装

室内消防自动喷水灭火系统和消火栓灭火系统安装的工艺流程：安装准备→支架制作安装→干管安装→报警控制阀安装→立管安装→喷洒分层干支管、消火栓及支管安装→水泵、水箱、水泵接合器安装→管道试压→喷头短管试压→管道冲洗→水流指示器安装→节流装置安装→报警阀其他组件安装、喷头安装、消火栓配件安装→系统通水调试→系统验收。

室内消防管道的安装要求很多与室内生活给水管道相同，如管道连接操作、管道穿楼板和墙套管的设置、管道支架的间距、横管坡度，这里不再赘述。消火栓安装要求栓口朝外，并不应安装在门轴侧，栓口中心距地面1.1m，允许偏差±20mm。室内消火栓系统安装完成后应取屋顶层（或水箱间内）试验消火栓和首层取两处消火栓做试射试验，达到设计要求为合格。

3. 室内排水管道的安装

以排水铸铁管为例，排水管道系统的安装工艺流程：安装准备→预制加工→排出管安装→排水立管安装→通气管安装→通球试验→排水横支管安装→灌水试验→封堵洞口→刷油防腐。

（1）安装准备　按施工图、技术交底及卫生器具情况检查、核对预留孔洞尺寸及位置，进行必要的定位放线。

（2）预制加工　按施工草图对部分管材及管件进行预制，如打口养护。

（3）排出管安装　排出管按设计或规范要求设置坡度，排出管与立管用两个45°弯头加直管段连接，并与室外排水管道相连伸至室外第一个检查井。排出管穿基础应预留孔洞，并保证管顶上部净空不小于建筑物沉降量150mm。高层建筑排出管穿地下室外墙或地下构筑物时，必须采取严格的防水措施。

（4）排水立管安装　安装立管须两人配合，将预制好的管段上部拴牢，上拉下托、找正，临时卡牢，然后进行接口。立管上检查口应按设计要求设置，安装高度为中心距地1m±20mm，朝向应便于检修，安装立管的检查口处应安装检修门。立管安装完毕后，再设型钢支架，配合土建填堵立管洞。

（5）通气管安装　立管上部通气管高出屋面300mm，但必须大于最大积雪厚度。在通气管出口4m以内有门、窗时，通气管应高出门、窗顶600mm或引向无门、窗一侧。在经常有人停留的平屋顶上，通气管应高出屋面2m，并应根据防雷要求设置防雷装置。

（6）通球试验　为检验管道是否畅通，排水主立管及水平干管均应做通球试验。通球球径不小于排水管道管径的2/3，通球率须达到100%为合格。

（7）排水横支管安装　排水横支管按设计或规范规定坡度、支吊架间距施工，吊钩或卡箍固定在承重结构上，按要求合理设置清扫口。施工验收规范规定：连接2个或在连接2个及2个以上大便器或3个及3个以上卫生器具的污水横管上应设置清扫口。清扫口可根据实际情况设在上一层楼地面上或在污水管起点设置堵头代替清扫口。

（8）灌水试验　隐蔽或埋地的排水管道在隐蔽前必须做灌水试验，其灌水高度应不低于底层卫生器具的上边缘或底层地面高度。

（9）封堵洞口　排水管道安装完毕试验合格后，应及时对管道穿基础、楼板、墙体处的孔洞进行封堵。排水管道穿楼板处，应配合土建进行支模，用大于或等于楼板混凝土设计等级的细石混凝土分层捣实。

（10）刷油防腐　排水管道的防腐做法可参考给水管道，此处不再赘述。

此外，排水系统若采用塑料排水管，还应按设计要求合理设置安装伸缩节，并注意大小头、顺水三通、顺水四通等管件的安装方向。高层建筑物内，$DN \geqslant 100$mm的明装管道穿楼板或墙体时应设置防火套管或阻火圈，以阻止火势蔓延。

4. 卫生器具的安装

卫生器具的安装是在管道安装完毕，室内装修基本完工后进行的。安装前应熟悉施工图纸，并参照国家颁发的标准图集09S304《卫生设备安装》，做到所有卫生器具的安装尺寸和节点做法符合国家标准及施工图纸的要求。卫生器具安装基本技术要求有：准确、美观、稳固、严密、使用方便、可拆卸等，同一房间成排的卫生器具应同高。卫生器具在安装过程中及安装完成后，都应注意成品的保护，尤其是陶瓷制品的卫生器具。

1.10.3 室内给水排水系统的试验、冲洗与消毒

室内给水管道安装完毕后，应根据设计要求、施工规范要求等对管道系统进行试验和冲

洗消毒。给水管道水压试验的目的是检验管道系统的强度和严密性，保证系统安全可靠地运行，同时为工程验收做好技术准备；给水管道冲洗消毒的目的是保证供水水质、保证管道系统的使用安全。

室内排水管道安装完毕后，应进行灌水试验和通球试验。灌水试验是为防止排水管道本身及管道接口处渗漏影响建筑物的正常使用，保证安装工程的质量。通球试验是为保证排水管道的畅通。一般情况下，管道交付使用前应做排水立管和排水水平干管的通球试验。

1. 给水管道的水压试验

（1）试压要求与方法　给水管道的水压试验必须符合设计要求，当设计未注明时，各种材质的给水管道系统试验压力均为工作压力的1.5倍，并不得小于0.6MPa。工作压力可按水泵的扬程或小区给水管网提供的压力选用。

管道的水压试验可分步来做。埋地的给水引入管和水平干管必须在隐蔽前进行水压试验，试验合格并验收后才能隐蔽；给水管道系统全部安装完毕，进行系统的水压试验（高层建筑可分区做水压试验）。

水压试验时，先打开管道系统高处的排气阀或最高水龙头，关闭泄水阀及其他水龙头，然后向管内充水直至水从最高水龙头处流出。关闭排气阀或最高水龙头、关闭进水阀，用手摇泵或电动试压泵加压。压力应逐渐升高，一般分2~3次升至试验压力。在试压过程中，每升高一次压力，都应停下来对管道进行检查，无问题再继续升压，直至升到试验压力。

采用金属及金属复合管的给水管道系统，在试验压力下观测10min，压力降不应大于0.02MPa，然后降到工作压力进行检查，不渗不漏为合格。采用塑料管的给水管道系统，在试验压力下稳压1h，压力降不得超过0.05MPa，然后在工作压力的1.15倍状态下稳压2h，压力降不得超过0.03MPa，同时检查各连接处，不渗不漏为合格。

（2）试压注意事项

1）试压完毕，应及时将管内水放空。

2）当气温低于0℃时，应采用热水（50℃左右）进行试压。

3）试压用的压力表必须是经过检验的合格产品。

4）一般情况下，管道应先试压，合格后方可进行防腐和保温。当必须先做防腐保温时，应留出各管道接口处，待试压合格后再进行管道接口处的防腐保温。

给水系统交付使用前必须进行通水试验，试验的方法是开启阀门放水、打开水龙头放水。

2. 给水管道的冲洗与消毒

为保证供水水质、保证管道系统的使用安全，生活给水管道系统在交付使用前必须进行冲洗和消毒，并经有关部门取样检验，符合国家现行的《生活饮用水卫生标准》(GB 5749—2006）后方可使用。

（1）给水管道的冲洗　室内给水管道应用水进行冲洗，其冲洗顺序一般按总管→干管→立管→支管依次进行。当支管数量较多时，可关闭部分支管逐根进行冲洗，也可数根支管同时进行冲洗。管道冲洗时应保证所有管道均能冲洗到，不留死角。

冲洗时，保证管道内的流速不小于1.0~1.5m/s。冲洗应连续进行，以排出口处排出水的色度和透明度与进水口处相同且无杂物为合格。

（2）给水管道的消毒　生活饮用水管道，在冲洗合格后、管道使用前应采用游离氯含量 20~30mg/L 的水灌满进行消毒，含氯水在管道中应停留 24h 以上。消毒完毕，再用饮用水冲洗，并经有关部门取样检验，符合国家现行的《生活饮用水卫生标准》(GB 5749—2006）为合格。

3. 排水管道的灌水试验、通球试验

（1）排水管道的灌水试验　试验前，将出口管端部和器具支管端部封闭，然后满水 15min 水面下降后，再灌满观察 5min，液面不降，管道及接口无渗漏为合格。

隐蔽或埋地的排水管道在隐蔽前必须做灌水试验，其灌水高度应不低于底层卫生器具的上边缘或底层地面高度。地上部分的排水管道以一层楼的高度为标准，分层做灌水试验，但灌水高度不宜超过 8m。

（2）排水管道的通球试验　排水主立管及水平干管管道均应做通球试验，通球球径不小于排水管道管径的 2/3，通球率必须达到 100%。

通球试验的方法是从伸顶通气管上部投入不小于排水管道管径 2/3 的皮球，用水冲，能顺利通过排水管道冲到室外第一个检查井为合格。

单元小结

本单元首先介绍了建筑内部给水系统、排水系统、消防给水系统、热水供应系统的基本组成、工作原理、常用图式、管道布置与敷设、各系统的常用管材及设备等基本知识。

室内给水系统的任务是将小区给水管网的水引入室内并送至各用水设备处，以满足不同用水设备对用水的要求。室内给水系统主要由引入管、计量仪表、室内给水管网、给水附件、给水设备、配水设施等组成。根据室内给水横干管设置位置不同，室内给水管网可布置成下分式、上分式、环绕式等。室内给水系统的给水方式是给水系统的供水方案，可分为直接利用外网压力的给水方式、设升压设备的给水方式、分区给水方式等。

室内排水系统是将室内各卫生器具产生的污（废）水收集并经过管网及时排至室外，主要由卫生器具和生产设备受水器、室内排水管道、排出管、清通设备、通气管道、提升设备和污水局部处理构筑物组成。卫生器具包括便溺类、盥洗沐浴类、洗涤类和其他专用类。清通设备包括清扫口、检查口和室内检查井等。

消防给水系统常用的有消火栓消防给水系统和自动喷水灭火系统。室内消火栓消防给水系统主要由水源、消防给水管道系统、水泵接合器、消火栓设备等组成。湿式系统是常用的自动喷水灭火系统，主要由闭式洒水喷头、水流指示器、湿式报警阀组、管道和供水设施组成，准工作状态下，管道中充满用于启动系统的有压水。

我国目前常用的热水供应系统是集中式热水供应系统，它由热媒循环系统、热水供应及循环系统、给水附件三部分组成。

生活给水系统对水质有较高要求，目前工程中可采用各种塑料管、复合管、有色金属管等。排水系统常用管材是塑料管中的 PVC-U 管、铸铁管等。消防给水系统埋地敷设可采用球墨铸铁管或钢丝网骨架塑料复合管，架空管道可采用热浸镀锌钢管或无缝钢管。不同管材、不同的系统应采用不同的连接方式。

本单元还介绍了建筑给水排水工程施工图及建筑给水排水系统安装、试验与冲洗等内容。

建筑给水排水工程施工图包括文字部分和图示部分。文字部分包括图纸目录、设计施工说明、图例及主要设备材料表。图示部分包括平面图、系统图、详图。施工图是施工时必须

遵守的文件，施工人员必须学会看图，才能进行建筑给水排水工程的施工。

建筑给水排水工程的安装包括给水排水管道安装和卫生器具安装两部分。管道安装是在建筑主体完工、回填土回填后进行的。卫生器具安装是在室内装修基本完工后进行的。

建筑给排水系统的施工执行《建筑给水排水及采暖工程施工质量验收规范》（GB 50242—2002）相关规定。管道安装应遵循“先地下，后地上；先室内，后室外；先横干管、立管，后横支管；先横平竖直埋设支、吊架，后安装管道”的原则。室内给水排水管道安装的工艺流程：安装准备→预制加工→管道安装→管道试验→封堵洞口→防腐保温。给水管道安装完毕应进行水压试验、冲洗和消毒等，以检验管道系统的强度和严密性，保证系统安全可靠运行，保证水质和使用安全。排水管道安装完毕后应进行灌水试验，以防止管道及接口渗漏影响建筑物的正常使用，并对排水立管和水平干管做通球试验以保证管道畅通。

卫生器具应按设计规定参照国标图集 09S304《卫生设备安装》和上述《建筑给水排水及采暖工程施工质量验收规范》（GB 50242—2002）进行安装。卫生器具安装基本技术要求有：准确、美观、稳固、严密、使用方便、可拆卸等。

复习思考题

一、选择题

1. 管材选择：生活给水管道可采用（ ），消火栓给水系统可采用（ ），自动喷水灭火系统可采用（ ），排水系统可采用（ ）。

A. 热浸镀锌钢管和无缝钢管　B. PVC 管　C. PP-R 管　D. PEX 管

E. 球墨铸铁管

2. 管道常用连接方式选择：热浸镀锌钢管可采用（ ），无缝钢管可采用（ ），PVC 管可采用（ ），PP-R 管可采用（ ）。

A. 螺纹连接　B. 焊接　C. 热熔连接　D. 沟槽连接

E. 承插粘接

3. 以下阀门在安装时无方向性要求的是（ ）。

A. 截止阀　B. 闸阀　C. 止回阀　D. 减压阀

E. 蝶阀

4. 消防环状管网常选用的阀门是（ ）。

A. 截止阀　B. 止回阀　C. 蝶阀　D. 闸阀

5. 常用的减压阀有可调式和比例式两种，可调式减压阀宜（ ）安装，比例式减压阀宜（ ）安装。

A. 水平　B. 垂直

6. 室内冷、热水管道平行敷设时，冷水管应在热水管的（ ）。

A. 上边、右边　B. 上边、左边　C. 下边、右边　D. 下边、左边

二、填空题

1. 离心式水泵按泵轴位置分为＿＿＿＿＿和＿＿＿＿＿；按叶轮数量分为＿＿＿＿＿和＿＿＿＿＿。

2. 离心泵的性能参数有＿＿＿＿＿、＿＿＿＿＿、＿＿＿＿＿、＿＿＿＿＿、＿＿＿＿＿和＿＿＿＿＿等。

3. 室内排水管道上的清通设备有____________、____________和____________。
4. 水箱材料的选择：生活给水系统应采用__________，消防给水系统常选用__________。
5. 室内消火栓安装要求栓口朝__________，并不应安装在门轴侧，栓口中心距地面__________m。
6. 室内消火栓系统安装完成后应取____________和____________消火栓做试射试验，达到设计要求为合格。
7. 室内生活给水管道安装完毕后，应根据设计要求、施工规范等对管道系统进行__________和__________试验。
8. 室内排水管道安装完毕后，应进行____________和____________试验。

三、简答题

1. 室内给水系统由哪几部分组成？可分成哪几类？
2. 按给水横干管的位置不同，室内给水管网的布置形式有哪些？
3. 室内排水系统由哪几部分组成？可分为哪几类？
4. 常用的排水系统体制有哪些？
5. 室内消火栓给水系统由哪些部分组成？
6. 室内消火栓给水系统分区的依据是什么？
7. 室内消火栓箱由哪些部分组成？安装方式是什么？
8. 湿式自动喷水灭火系统由哪些部分组成？工作原理是什么？
9. 常用的闭式喷头有哪些？
10. 建筑给水排水工程中常用的阀门有哪些？画出它们的图例。
11. 常用的排水管材有哪几种？如何选用？
12. 阀门型号是如何表达的？
13. 室内排水系统中水封的作用是什么？防止水封破坏的措施有哪些？
14. 常用水表类型有哪些？住宅分户计量用哪种水表？
15. 简述排水管道的布置原则和敷设方式。
16. 室内给水排水系统安装前的准备工作有哪些？
17. 说出室内给水排水管道安装应遵循的原则。
18. 给水管道水压试验的目的是什么？试压值是如何规定的？
19. 室内给水管道冲洗的顺序是什么？
20. 说出室内生活给水管道消毒的方法。
21. 室内哪些排水管道必须做灌水试验？说出灌水试验的方法。

四、应用题

1. 画图表示直接给水方式、设水池水泵水箱的给水方式、设变频调速泵组的给水方式。
2. 绘制带旁通管的水表节点图。
3. 画图表示高层不分区的消火栓消防给水系统。
4. 画图示意水箱的配管结构。
5. 写出室内生活给水管道系统的安装工艺流程。
6. 写出给水管道水压试验的方法步骤。
7. 建筑给水排水施工图的组成有哪些？写出识图的顺序。

单元2

2

建筑电气系统

单元目标

知识目标

1. 了解电力系统基本概念及要求。
2. 熟悉供配电所的种类及其构成。
3. 掌握低压配电方式。
4. 了解配电箱（柜）和变配电室配电箱（柜）分类和特点。
5. 掌握建筑电气照明工程施工图的组成及表达方法。

技能目标

1. 能对供配电所的种类进行分析、选择。
2. 能辨别一、二级负荷，熟知各级负荷的供电要求。
3. 能分析低压配电方式。
4. 具备识读建筑电气照明工程施工图的能力。

情感目标

1. 培养学生积极向上的生活态度。
2. 通过建筑电气系统知识的学习，培养学生科学严谨、细致认真的工作态度。
3. 通过学习，激发学生热爱本专业的热情。

单元概述

电能在整个社会生活中的应用非常广泛，并发挥着越来越重要的作用，建筑行业同样必须依靠电能为施工、办公及生活等提供动力。建筑供配电是建筑电气的重要内容，建筑电气技术人员必须掌握建筑供配电的基本知识，才能更好地理解建筑供配电系统，从而能够在工作中依据电气施工图进行施工、购置设备材料、编制审核工程概预算，以及进行电气设备的运行、维护和检修。本单元着重介绍了电力系统用电负荷分级、低压配电方式、常用导线与电缆、照明器具、建筑防雷与接地等知识，介绍了电气照明施工图、防雷装置电气施工图及其识读方法。通过学习，应掌握电气系统基本分析能力，能识读照明装置、防雷装置电气施工图，能适应行业相关岗位工作。

课题1　建筑电气系统基础知识

学习目标

1. 了解电力系统基本概念。

2. 了解供配电系统的安全性与可靠性要求。

3. 熟悉电能质量指标。

4. 掌握分析供配电所的种类及其构成。

2.1.1 电力系统概述

电力系统是由发电厂、电力网和电力用户组成的统一整体。典型的电力系统如图 2-1 所示。

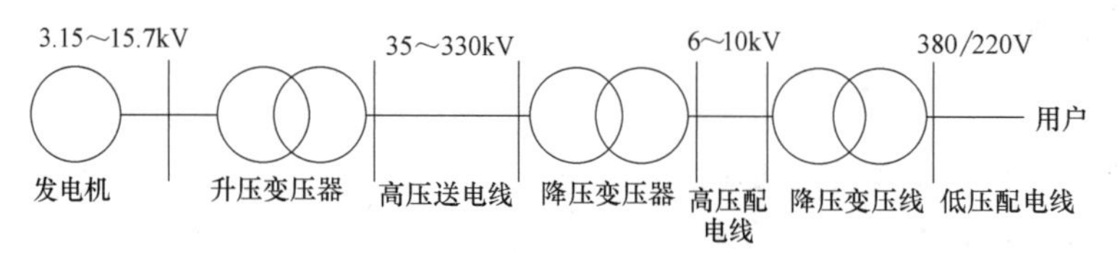

图 2-1　电力系统示意图

1. 发电厂

发电厂是将其他形式的能（如水的势能，风的动能，煤燃烧时发出的热能，以及光能、化学能、原子能等）转变为电能的场所。

2. 电力网

电力网是电力系统中重要组成部分，是电力系统中输送、交换和分配电能的中间环节。电力网由变电所、配电所和各种电压等级的电力线路所组成。电力网的作用是将发电厂生产的电能变换、输送和分配到电能用户。

我国电力网的电压等级主要有 0.22kV、0.38kV、3kV、6kV、10kV、35kV、110kV、220kV、330kV、500kV 等。其中 35kV 及以上的电力线路为输电线路，10kV 及以下电力线路为配电线路。

3. 电力用户

在电力系统中一切消耗电能的用电设备或用电单位均称为电力用户。电力用户所消耗功率总和称为电力负荷。电力负荷通常指用电设备或用电单位（用户），也可以指用电设备或用电单位所消耗的功率或电流（用电量）。

2.1.2 供配电系统的基本要求

1. 安全性和可靠性

供配电系统提供安全、可靠的电能是其首要任务。一旦中断供电，必然会引起生产的停顿，办公及生活秩序的混乱，严重时还可能发生人身和设备安全事故，造成严重的经济损失和政治影响。

由于电力负荷在供配电系统中的性质和类别不一样，对供电的可靠性要求也不一样，在供配电系统的设计和运行过程中，应根据具体情况和要求，保证必要的供配电可靠性，确保在供配电系统工作中不发生任何人身和设备安全事故。

2. 电能质量满足要求

衡量电能质量的指标是电压和频率。我国交流电的频率为 50Hz，允许偏差为±(0.2～

0.5)Hz；各级额定电压一般情况下的允许偏差范围为±5% U_N。要保证良好的电能质量，需要在供配电工作中保证频率和电压的相对稳定，偏差在国家规定的允许范围之内。

3. 运行方式灵活

小区的电气设备（包括变压器、开关电器、互感器、连接线路及用电设备等）按一定的顺序连接而成的供配电系统，是接受电能后进行电能分配、输送的总电路，称为一次电路或一次接线，也称为主接线。主接线应力求简单，在运行中能根据用电负荷的变化，简便、迅速地由一种运行状态切换到另一种运行状态。

4. 经济性

在保证供配电系统能安全、可靠、优质地供配电的前提下，要尽可能地减少供配电系统的建设投资，降低供配电系统的年运行费用。

2.1.3 供配电系统的组成

小区供配电系统是接受、变换、分配和消费电能的系统，是电力系统的重要组成部分。一般供配电系统主要由外部电源系统和内部变配电系统两部分组成。用电量不同会采用不同的供电系统，用电量大时，外部电源可由35kV电压的架空线路引入；用电量小时，则采用10kV电压的架空线路或电缆线路引入。

供电容量在10000kV·A及以上的小区，供电电压通常为35kV，需要经过两次降压，即先将35kV降为10kV的供电电压，然后通过小区内部高压线路将电能输送到各个二次降压变压器，再通过二次降压降到用电设备所需的电压。

容量在1000~10000kV·A的小区，多采用10kV电源进线，通过高压配电所集中后，由变电所将电压降低为用电设备所需电压，通过低压配电线路供电给用电设备使用。

2.1.4 用电负荷分级及供电要求

用户负荷分级及供电要求

根据供电可靠性及中断供电在政治、经济上所造成的损失或影响的程度，用电负荷分为一级负荷、二级负荷和三级负荷。

1. 一级负荷

符合下列情况之一时，应为一级负荷：

1）中断供电将造成人身伤害时。

2）中断供电将在经济上造成重大损失时。

3）中断供电将影响重要单位的正常工作时。

在一级负荷中，中断供电将造成人员伤亡或重大设备损坏或发生中毒、爆炸和火灾等情况的负荷，以及特别重要的场所不允许中断供电的负荷，应视为一级负荷中特别重要的负荷。

一级负荷供电要求：一级负荷应由双重电源供电，当一电源发生故障时，另一电源不应同时受到破坏。特别重要的一级负荷还需配置专门的应急电源，并严禁其他负荷接入应急供电系统。设备的供电电源切换时间，应满足设备允许中断供电的要求。

2. 二级负荷

如有下列情况之一者，应为二级负荷：

1）中断供电将在经济上造成较大损失时。

2）中断供电将影响重要单位的正常工作时。例如，交通枢纽、通信枢纽等用电单位中的重要电力负荷，以及中断供电将造成大型影剧院、大型商场等较多人员集中的重要公共场所秩序混乱。

二级负荷供电要求：二级负荷供电系统，宜由两回线路供电；在负荷较小或地区供电条件困难时，二级负荷也可由一回 6kV 及以上的专用架空线路供电（当只能采用电缆线路时，必须采用两根电缆并列供电，且每根电缆能承受所有的二级负荷）。

3. 三级负荷

不属于一级负荷和二级负荷的用电负荷应为三级负荷。

三级负荷对供电的可靠性要求较低，对供电电源无特殊要求。

课题 2　建筑供配电系统

学习目标

1. 熟悉低压配电方式。
2. 了解室内供配电线路的布置与敷设。
3. 了解配电箱（柜）和变配电室的分类和特点。

2.2.1 低压配电方式

低压配电系统的基本供电方式主要有放射式、树干式和环形式。由基本方式组合派生出来的供电方式还有混合式、链接式等。

1. 放射式

放射式低压配电系统如图 2-2 所示。其特点是：单个用电设备的电源线和干线均由变电所低压侧引出，当配电出线发生故障时，不会影响其他线路的运行，因此供电可靠性较高。但由于从低压母线引出的线较多，有色金属消耗量较大，使用的开关设备也较多，投资较大。在建筑内部，由楼层配电箱或竖井内配电箱至用户配电箱的配电，应采用放射式配电。对于部分容量较大的集中负荷或重要用电设备，应从变电所低压配电室放射式配电。

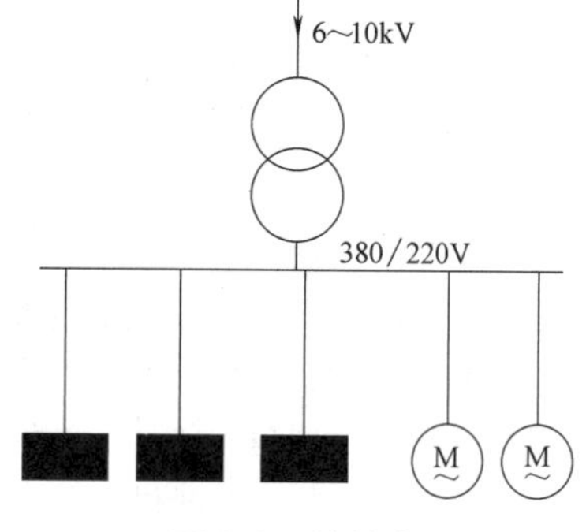

图 2-2　放射式

2. 树干式

由电源引出一条干线，沿途向数个配电箱或电气设备供电的方式，称为树干式配电方式，其形式如图 2-3 所示。树干式供电形式的优点是：供电形式灵活，引出配电干线较少，采用开关设备自然较少，有色金属消耗量也较少，故其总投资少。其缺点是：当干线发生故障时，用电设备均受到影响，供电可靠性较差。在多层建筑中，由总配电箱至楼层配电箱宜采用树干式配电；高层建筑中，向楼层各配电点供电时，宜采用分区树干式配电。

3. 环形式

由电源引出两条干线，为各自线路上的设备供电，最后通过联络线形成一个环形，称为环形式配电方式，其形式如图 2-4 所示。这种供电方式可以提高配电的可靠性，如图 2-4 所示，WPM3 为两条干线的联络线，当干线 WPM2 发生故障需要检修时，断开干线 WPM2 两端的断路器，迅速接通 WPM3 两端的断路器，能使 2#配电箱恢复供电。

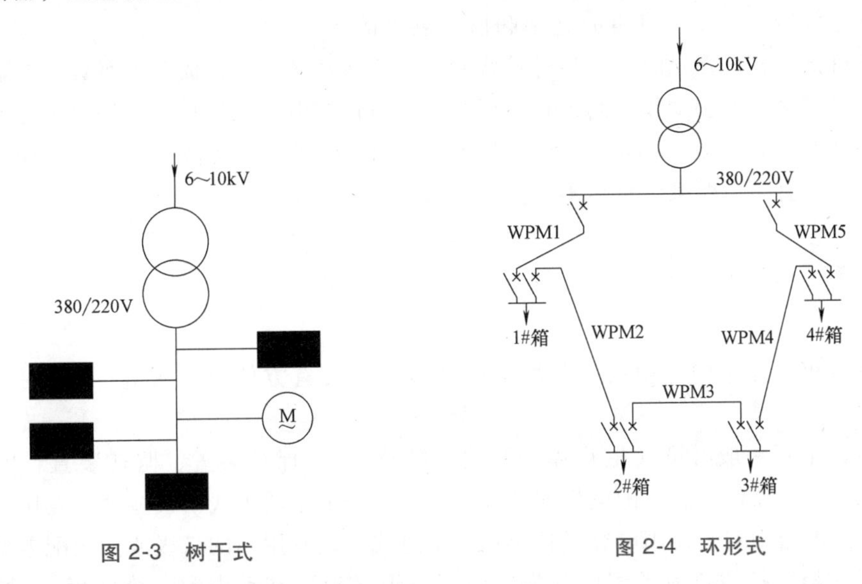

图 2-3　树干式

图 2-4　环形式

4. 混合式

在实际工程中，纯树干式接线极少单独使用，往往采用的是树干式与放射式的混合。放射式和树干式混合使用，能吸取两种供电方式的优点，兼顾节省金属材料的经济性和保证电源供电的一定的可靠性。如图 2-5a 所示为低压母线放射式配电的树干式接线，图 2-5b 所示为“变压器-干线组”式接线的配电方式。

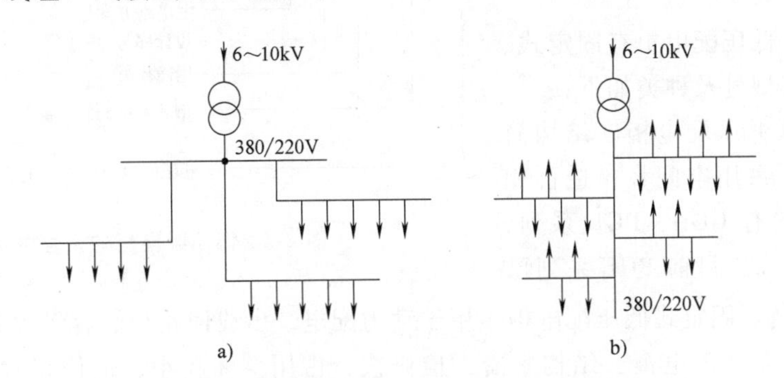

图 2-5　树干式、放射式混合接线

a）低压母线放射式接线　b）“变压器-干线组”接线

5. 链接式

链接式接线的特点基本与树干式相同，这种接线适用于用电设备距离近、容量小的一般设备。链式相连的设备每一回路一般不超过 5 台（配电箱不超过 3 台），且容量不宜超过 10kW，如图 2-6 所示。

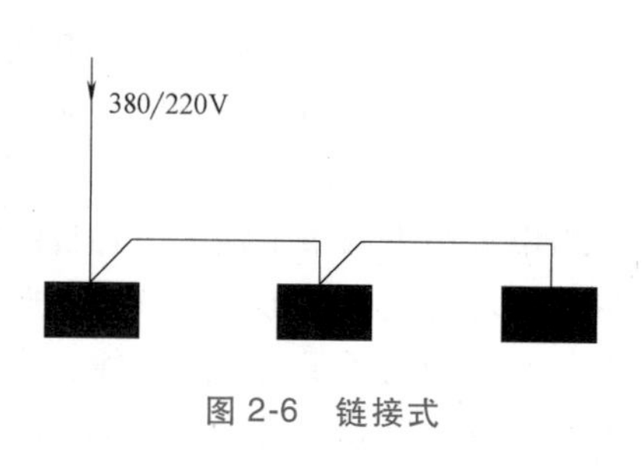

图 2-6 链接式

配电设计时，配电线路（无论高压线路还是低压线路）的接线方式应力求简单。运行经验证明：配电系统如果接线复杂，层次过多，不仅投资较大，维护不便，而且电路串联的元件过多，会使因误操作或元件故障而产生的事故增多，且事故处理和恢复供电的操作也比较麻烦，延长停电时间。另外接线复杂，层次过多，会造成配电级数多，继电保护级数也会相应增多，保护动作时间也相对延长，这对供配电系统的故障保护也十分不利。因此《供配电系统设计规范》（GB 50052—2009）规定：供配电系统应简单可靠，同一电压的配电级数高压不宜多于两级，低压不宜多于三级。

2.2.2 配电箱（柜）

配电箱（柜）是集中、切换、分配电能的设备，具有方便停、送电，计量和判断停、送电的作用。

配电箱（柜）一般由箱（柜）体、开关（断路器）、保护装置、监视装置、电能计量表以及其他二次元器件组成。配电柜安装在发电站、变电站的进线与馈线处以及用电量较大的进线处；配电箱则安装在用电容量较小用户的进线处以及用户的二级或三级配电处。

配电箱（柜）按照负荷类型可分为照明配电箱（柜）和动力配电箱（柜），按电压等级分为高压配电柜和低压配电柜。目前配电柜均为铁质的柜；配电箱多为铁质箱体，仅个别终端配电箱箱体为铁质的，面板为 PVC 材质。

1. 低压配电柜的型号及种类

低压配电柜的型号按图 2-7 所示的规则表示。

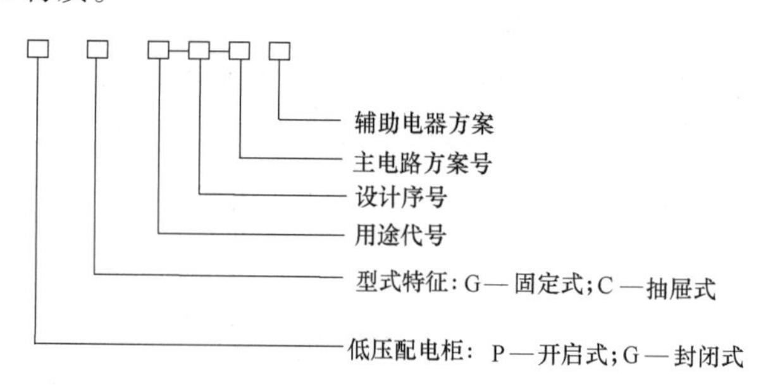

图 2-7 低压配电柜的型号表示

按结构分，低压配电柜有固定式、抽屉式两种，其型号及种类如下：

（1）固定式低压配电柜　结构简单，检修方便，占用空间大，造价相对较低。常用的有 GGD、PGL 系列，如图 2-8a、b 所示。目前 PGL 系列已被 GGD 系列代替。固定式低压配电柜多用于动力配电，出线回路少、容量大。

（2）抽屉式低压配电柜　结构紧凑，检修快，占用空间较小，造价相对较高。常用的有 GCK、GCS 等系列，如图 2-8c 所示。GCK 系列主要用于动力中心、控制中心，也可用于变配电室的低压馈线；GCS 系列主要用于普通变配电室的低压馈线、建筑物配电容量大且出线回路多的一级配电，也可用于控制中心、动力中心。

低压配电柜内常见的低压电器有刀开关、断路器、熔断器、电流互感器等。

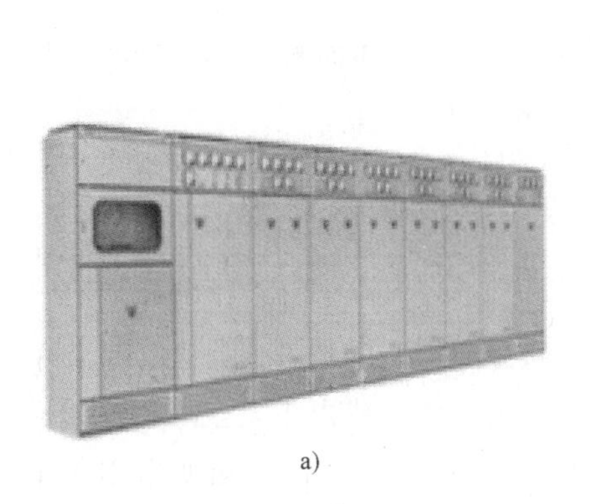
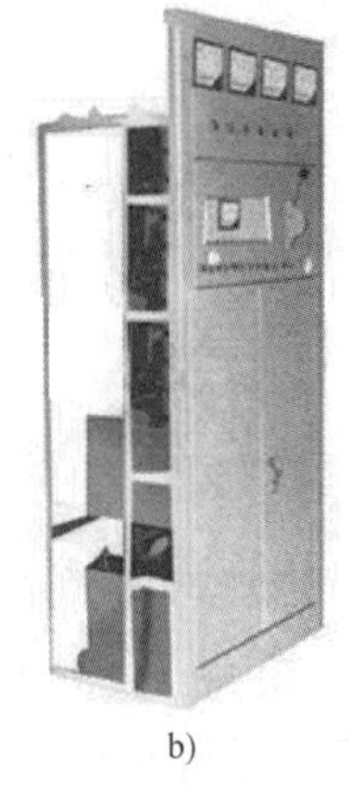

a)　　b)　　c)

图 2-8　低压配电柜

a）GGD 低压封闭固定式配电柜　b）PGL 低压开启固定式配电柜　c）GCK、GCS 低压封闭抽屉式配电柜

2. 高压开关柜的型号及种类

高压开关柜的型号按图 2-9 所示的规则表示。

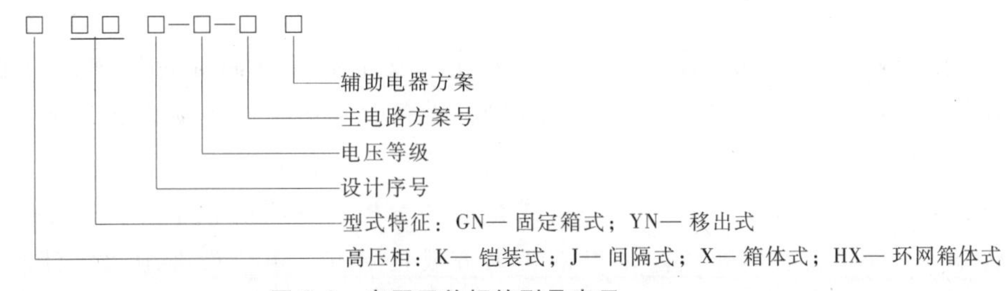

图 2-9　高压开关柜的型号表示

按结构分，高压柜有箱型固定式、铠装移出式、间隔封闭式，其型号及种类表示如下：

（1）箱型固定式高压配电柜　结构简单，造价相对较低，元器件均为固定安装。常用的有 XGN、HXGN 系列，如图 2-10a 所示。

a)　　b)　　c)

图 2-10　高压开关柜

a）XGD、HXGD 箱型（环网）高压开关柜　b）KYN 高压铠装移出式开关柜　c）JYN 高压间隔封闭式开关柜

（2）铠装移出式开关柜（也称手车柜） 断路器及仪表装于手推车上，手推车整体可移出进行检修，造价相对较高。常用的有 KYN 系列，如图 2-10b 所示。

（3）间隔封闭式开关柜 断路器装于手推车上，但仪表装于柜体面板上，手推车整体可移出进行检修，造价相对较高。常用的有 JYN 系列，如图 2-10c 所示。

2.2.3 变配电站（室）

变配电是电力系统中非常重要的环节，是接受、变换和分配电能的环节，是企、事业单位的动力枢纽。目前新建项目由于场地的限制，或为考虑周边环境，或出于安全考虑多建成室内变配电站（室）或箱式变配电站（简称箱变）。室内变配电站（室）和箱变适用于市内居民密集的地区和周围空气不易受到污染的地区。

一般情况下，由于 10kV 变配电设施的容量不大，且高压、低压、变压器三部分合为一室，所以常称为变配电室。高于 10kV 的大容量的变配电设施分为高压室、低压室、变压器室，且常设有电容器室、值班室、工具室，因此高于 10kV 的大容量变配电设施称为变配电站或称变配电所。

变配电站（室）的选址应从经济、技术、安全等各方面综合考虑，满足以下要求：接近负荷中心；进出线方便；接近电源侧；设备运输方便；不应设在有剧烈振动或高温的场所；不宜设在多尘或有腐蚀性气体的场所，当无法远离时，不应设在污染源的盛行风向的下风侧；不应设在厕所、浴室或其他经常积水场所的正下方，且不宜与上述场所相贴邻；不应设在有爆炸危险环境的正上方或正下方；不应设在地势低洼和可能积水的场所。

大体量建筑（高层或单层面积大的多层）是民用建筑发展的趋势。单体建筑面积大，用电负荷相对较大，变配电室多设于民用建筑内部。设于民用建筑内部的变配电室应符合下列要求：

1）高层主体建筑内部的变配电室不宜设置装有可燃性油的电气设备。当受条件限制必须设置有可燃性油的电气设备时，应设在底层靠外墙部位，且不应设在人员密集场所的正上方、正下方、贴邻和疏散出口两旁。同时要按《建筑设计防火规范》（GB 50016—2014）的有关规定，采取相应的防火措施。

2）多层建筑中，装有可燃性油的电气设备的变配电室应设置在底层靠外墙的部位，且不应设在人员密集场所的正上方、正下方、贴邻和疏散出口的两旁。同时要按《建筑设计防火规范》（GB 50016—2014）的有关规定，采取相应的防火措施。

设于建筑物内部的变配电室，常受空间的限制，变配电设备安装紧凑，因此高低压设备、变压器常选用封闭带防护外壳的型号。封闭的高低压柜与带防护外壳的变压器可以并排放置，如图 2-11 所示的某 10kV 变配电室的布置。

变配电室内的高压柜、变压器柜、低压配电（电容器）柜的布置应满足设备检修所需要的距离。

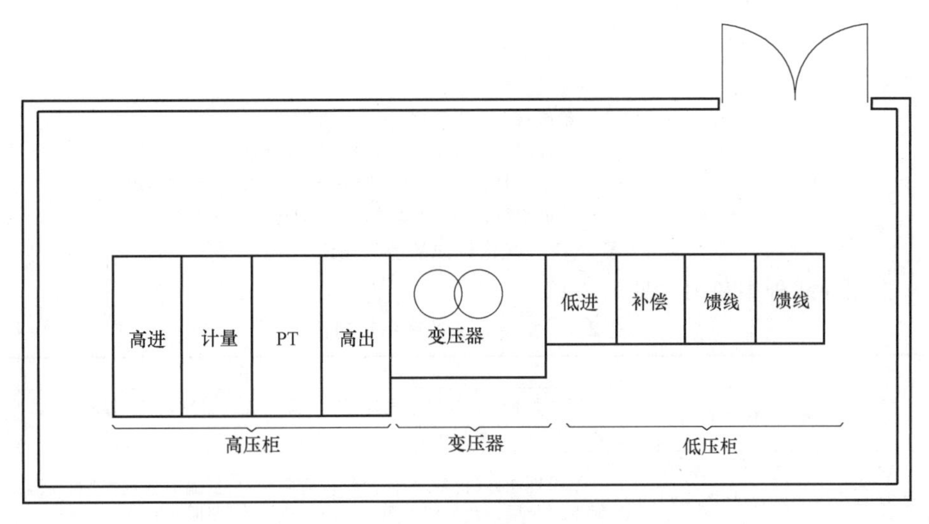

图 2-11 某 10kV 变配电室布置示意图

课题 3 建筑电气照明系统

1. 熟悉常用导线和电缆。
2. 熟悉室内配电线路的布置与敷设。
3. 了解常用的电光源及其特点；熟悉照明器具。
4. 熟悉常用的控制电器和保护电器；

2.3.1 室内常用导线与电缆

1. 常用导线

常用导线可分为裸导线和绝缘导线。裸导线主要用于架空线路，绝缘导线用于一般动力和照明线路。绝缘导线的种类很多，按线芯材料分为铜芯和铝芯；按线芯股数分为单股和多股；按线芯结构分为单芯、双芯和多芯；按绝缘材料分为橡胶绝缘和聚氯乙烯绝缘等。

（1）裸导线的型号表示　裸导线的型号按图 2-12 所示的规则表示。

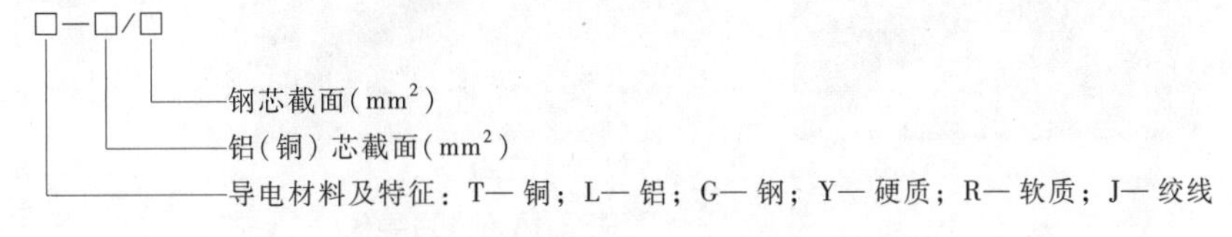

图 2-12 裸导线的型号表示

（2）绝缘导线的型号表示　绝缘导线的型号按图 2-13 所示的规则表示。

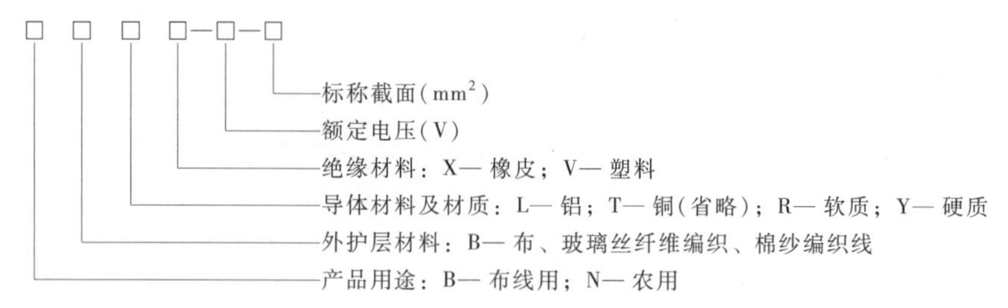

图 2-13　绝缘导线的型号表示

（3）常用导线种类和用途见表 2-1。

表 2-1　常用导线的种类和用途

型号	含　义	用　途
BX BLX	橡胶绝缘电线(图 2-14a)	弯曲性能好,对气温适应较广,固定敷设于室内或室外,明敷、暗敷或穿管,作为设备安装用线
BV BLV	聚氯乙烯绝缘电线(图 2-14b)	绝缘性能好,价格便宜,对气候适应性差,低温时变硬发脆,高温或日光照射下绝缘层老化加快。用于室内一般动力、照明线路
BVR	铜芯聚氯乙烯绝缘软电线(图 2-14c)	多芯铜线,较软,方便施工,用于安装时要求柔软的场所,如各种狭窄空间
BVVB BLVVB	聚氯乙烯绝缘聚氯乙烯护套铜芯(铝芯)扁护套线(图 2-14d)	固定敷设于要求机械防护较高,潮湿等场合,可明敷或暗敷
RVB	两芯平型铜芯聚氯乙烯绝缘软线(图 2-14e)	供各种移动电器、仪表、电信设备、自动化装置接线用,也用于内部安装用线。安装环境温度不低于-15℃。用于中轻型移动电器、仪器仪表、家用电器、动力照明等要求柔软的地方
RVS	两芯铜芯聚氯乙烯绞型连接软线(图 2-14f)	供各种移动电器、仪表、电信设备、自动化装置接线用,也用于内部安装用线。安装环境温度不低于-15℃。用于中轻型移动电器、仪器仪表、家用电器、动力照明等要求柔软的地方

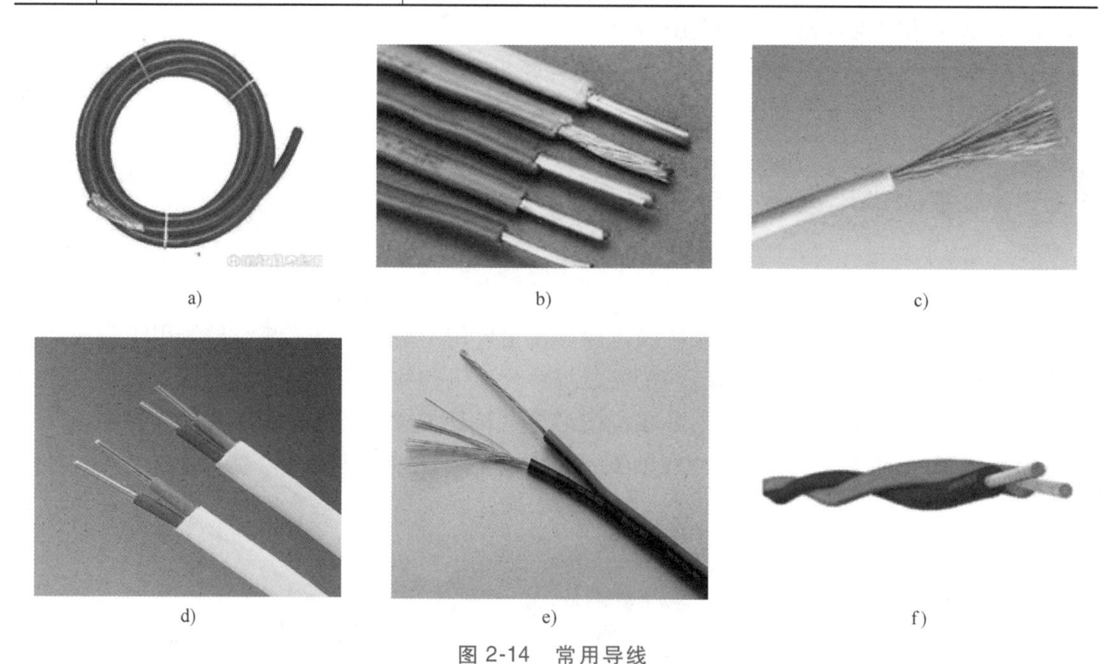

图 2-14　常用导线

a）橡胶绝缘电线　b）聚氯乙烯绝缘电线　c）铜芯聚氯乙烯绝缘软电线　d）聚氯乙烯绝缘聚氯乙烯护套铜芯扁护套线　e）两芯平型铜芯聚氯乙烯绝缘软线　f）两芯铜芯聚氯乙烯绞型连接软线

2. 常用的电缆

电缆是一种多芯导线。电缆的种类很多，主要有电力电缆、控制电缆、通信电缆等。下面主要介绍电力电缆的结构和型号表示方法。

(1) 常用电力电缆的结构　电力电缆由线芯、绝缘层和保护层组成，其结构如图 2-15 所示。

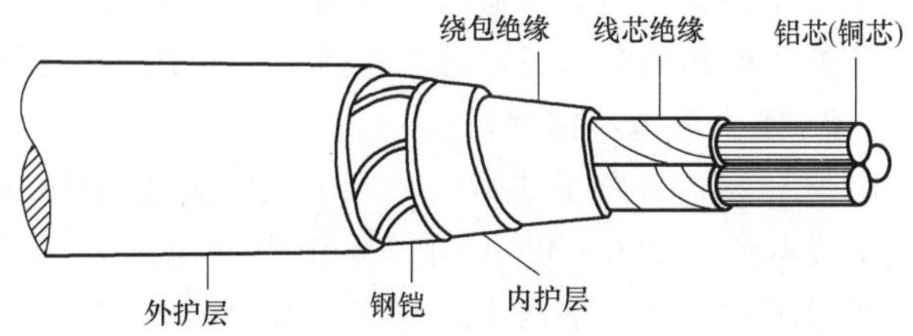

图 2-15　电力电缆结构示意图

1) 线芯。用来传导电流，常用材料是高电导率的铜和铝，芯数有单芯、二芯、三芯、四芯和五芯共五种。

2) 绝缘层。保证导电线芯之间、导电线芯与外界的绝缘。

3) 保护层。内护层保护绝缘层不受潮湿，防止电缆浸渍剂外流及轻度机械损伤。外护层保护内护层，防止内护层受机械损伤和化学腐蚀。

(2) 电力电缆的型号　电力电缆的型号比较复杂，一般由五部分组成，如图 2-16 所示，其型号组成及含义见表 2-2。

电力电缆型号表示

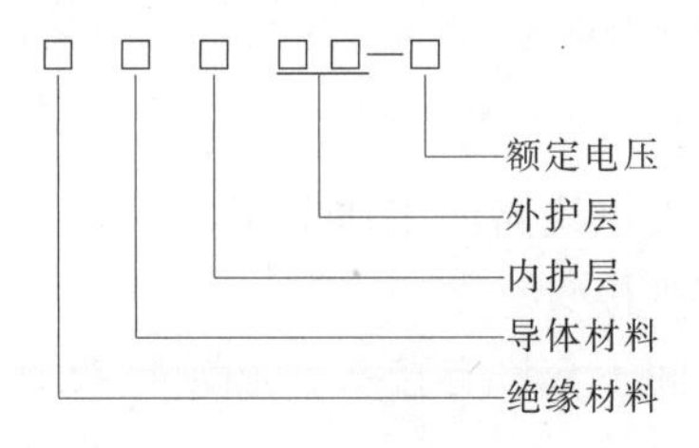

图 2-16　电力电缆的型号表示

表 2-2　电力电缆型号组成及含义

绝缘代号	导体代号	内护层代号	特征代号	外护层代号	
				第一数字	第二数字
Z—纸绝缘 X—橡皮绝缘 V—聚氯乙烯 YJ—交联聚乙烯	T—铜(省略) L—铝	Q—铅包 L—铝包 H—橡套 V—聚氯乙烯 Y—聚乙烯	D—不滴流 P—贫油式 F—分相铅包	2—双钢带 3—细圆钢丝 4—粗圆钢丝	1—纤维绕包 2—聚氯乙烯 3—聚乙烯

如 VV42-10-3×50 表示铜芯、聚氯乙烯绝缘、粗钢线铠装、聚氯乙烯护套、额定电压 10kV、3 芯、标称截面积 50mm^{2}的电力电缆。

2.3.2 室内配电线路的布置与敷设

室内配电系统是指从建筑配电箱或配电室至各楼层分配电箱或各楼层用户单元开关之间的供电线路，属于低压配电线路。

1. 配电要求

要求供电可靠；电压质量高；配电线路力求接线简单，操作方便，安全，具有一定的灵活性，并能适应用电负荷的发展需要；多层建筑宜分层设置配电箱，每套房间宜有独立的电源开关，单相用电设备应适当配置，力求达到三相负荷平衡。

2. 室内配电线路的敷设

电缆与设备连接

(1) 室内线路配线类型　当干线电流在200A及以下时，采用绝缘电线；当干线电流在200~400A时，采用电线电缆；当干线电流在400A以上时，采用封闭式母线。室内线路配线类型如图2-17所示。

a)

b)

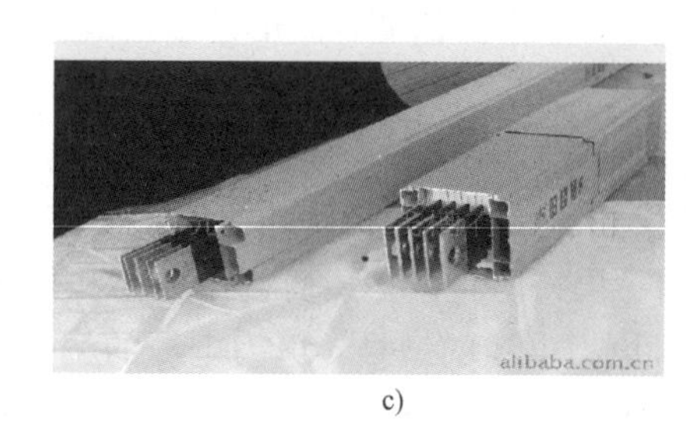

c)

图2-17　室内线路配线类型

a) 绝缘电线　b) 电线电缆　c) 封闭式母线

(2) 室内线路敷设一般要求

1) 所用导线的额定电压应大于线路的工作电压。

2) 导线敷设时，应尽量减少接头。

3) 穿管导线和槽板配线中间不允许有接头，必须接头时，应把接头放在接线盒、开关盒或灯头盒内。

4) 导线在连接和分支处，不应受机械力的作用，导线与电器端子的连接要牢靠压实。

5) 各种明配线应垂直和水平敷设，且要求横平竖直，其偏差应符合有关规定。一般导线水平高度距地不应小于2.5m，垂直敷设不应低于1.8m，否则应加管、槽保护，以防机械损伤。

6) 明配线穿墙时应采用经过阻燃处理的保护管保护，穿过楼板时应采用钢管保护，其保护高度与楼面的距离不应小于1.8m，但在装设开关的位置，可与开关高度相同。

7) 入户线在进墙的一段应采用额定电压不低于500V的绝缘导线；穿墙保护管的外侧，应有防水弯头，且导线应弯成滴水弧状后才能引入室内。

8) 电气线路经过建筑物、构筑物的沉降缝或伸缩缝时，应装设两端固定的补偿装置，导线应留有余量。

9) 配线工程施工中，电气线路与管道的最小距离应符合有关规定。

10) 配线工程施工结束后，应将施工中造成的建筑物、构筑物的孔、洞、沟、槽等修补完整。

(3) 常用的室内线路敷设方式

1) 钢管配线。导线穿钢导管敷设，适用于建筑物内明、暗敷设工程，不适用于具有酸、碱等腐蚀介质场所的配管工程。

钢管配线常使用的钢管有水煤气钢管、焊接钢管，电线管（管壁较薄、管径以外径计算）、普利卡金属管和金属软管（俗称蛇皮管）等。

管路敷设时应尽量减少中间接线盒，在管路较长或转弯时可加装接线盒。管路水平敷设时，高度不应低于2.0m；垂直敷设时，不低于1.5m（1.5m以下应加保护管保护）。管路较长时，超过下列情况时应加接线盒：管路无弯时，30m；管路有一个弯时，20m；管路有两个弯时，15m；管路有三个弯时，8m。当无法加装接线盒时，应将管径加大一号。穿钢管暗敷布线如图2-18所示。

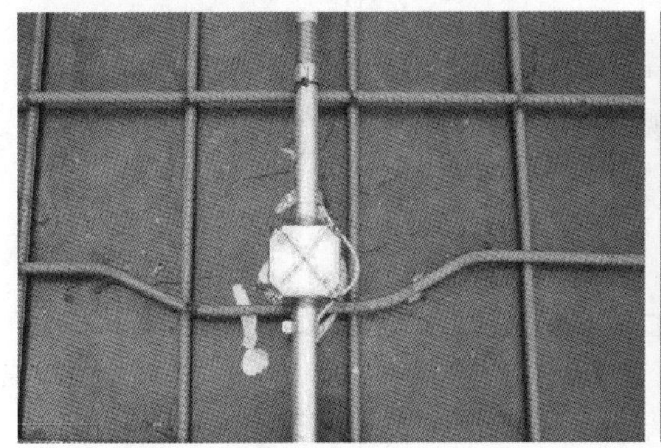

图2-18 穿钢管暗敷布线

2）塑料管配线。塑料管有硬塑料管、半硬塑料管、塑料波纹管、软塑料管等。硬质塑料管（PVC管）适用于民用建筑或室内有酸、碱腐蚀性介质的场所，但环境温度在40℃以上的高温场所或在经常发生机械冲击、碰撞、摩擦等易受机械损伤的场所不应使用。半硬塑料管适用于正常环境一般室内场所，不应用于潮湿、高温和易受机械损伤的场所。混凝土板孔布线应用塑料绝缘电线穿半硬塑料管敷设。建筑物顶棚内，不宜采用塑料波纹管；现浇混凝土内也不宜采用塑料波纹管。

管路敷设时，若采用套管连接，则套管长度为连接管径的1.5~3倍，套管口用专用塑料管黏接剂粘接。当采用插入连接时，用两个管径相同的管子，将一个管子端头加热软化后，把另一个端头涂胶的管子插入而形成连接。插入的长度为管径的1.1~1.8倍。直管每隔30m应加装补偿装置，做法如图2-19所示。塑料管引出地面时，应用钢管保护，或用专用过渡接头连接钢管与塑料管，由钢管引出地面，做法如图2-20所示。

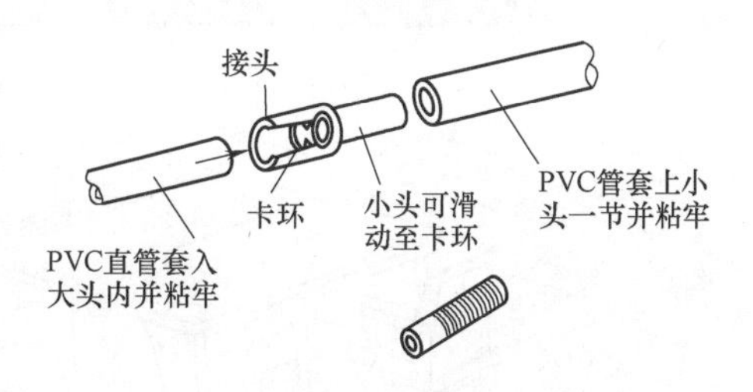

图2-19 塑料管直管补偿装置安装示意图

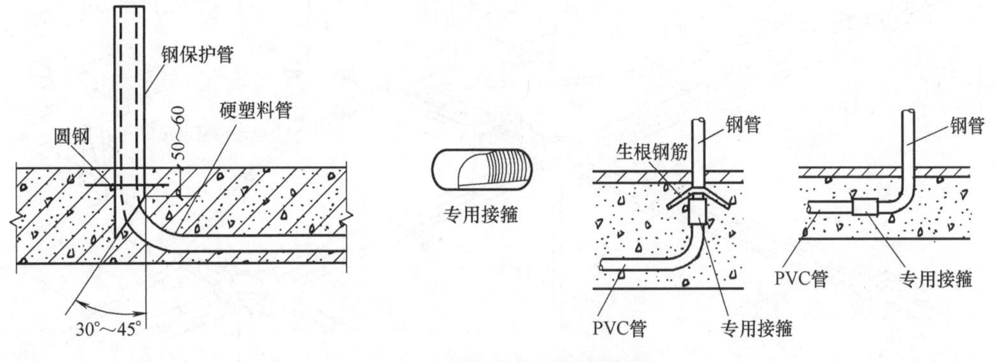

图2-20 塑料管引出地面做法

管与盒、箱连接时，一般同材质的管、盒才能连接，应一管一孔，管口露出盒、箱应小于5mm。管路进盒、箱应采用端接头与内锁母连接，做法如图2-21所示。

3）线槽配线。配线用线槽主要有塑料线槽和金属线槽。线槽配线适用于正常环境中室内明布线，钢制线槽不宜在有腐蚀性气体或液体环境中使用。线槽由槽底，槽盖及附件组成，外形美观，可对建筑物起到一定的装饰作用。如图2-22为塑料线槽在室内布置示意图，图2-23为地面内暗装金属线槽配线示意图。

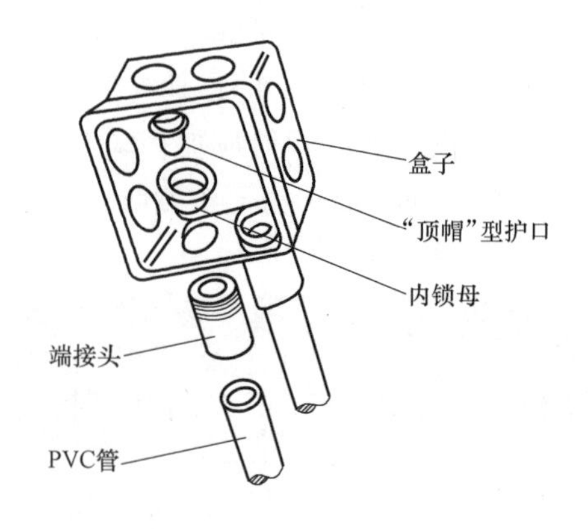

图2-21 管子与接线盒连接示意图

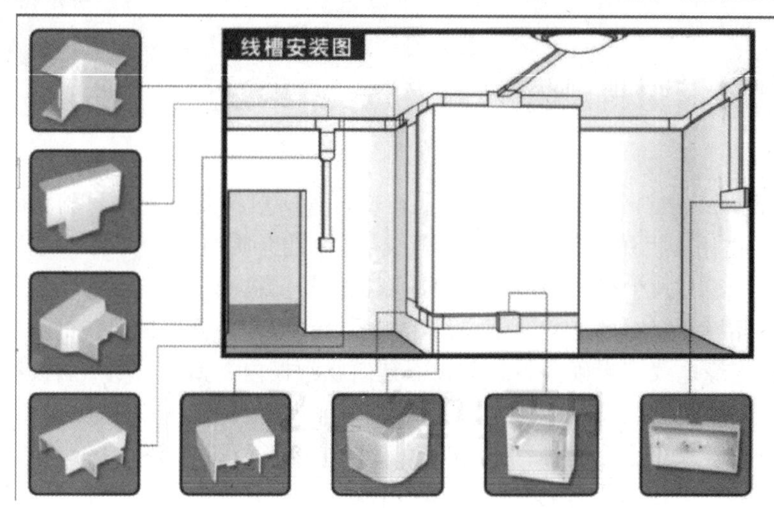

图2-22 塑料线槽在室内布置示意图

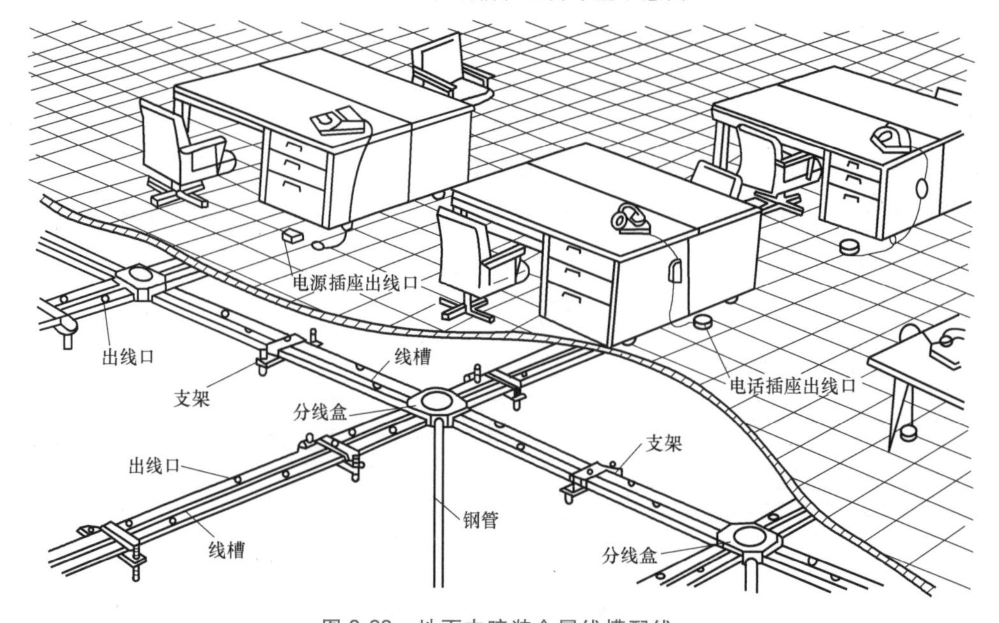

图2-23 地面内暗装金属线槽配线

4）电缆桥架配线。电缆桥架可以用来敷设电力电缆、控制电缆等，适用于电缆数量较多或较集中的室内外及电气竖井内等场所架空敷设，也可以在电缆沟和电缆隧道内敷设。电缆桥架把电缆从配电室或控制室送到用电设备。

电缆桥架按形式分为梯级式、托盘式、槽式、组合式；按材料分为钢制、铝合金制和玻璃钢制电缆桥架。托盘式电缆桥架的结构和空间布置如图 2-24 所示。槽式电缆桥架的结构和空间布置如图 2-25 所示。

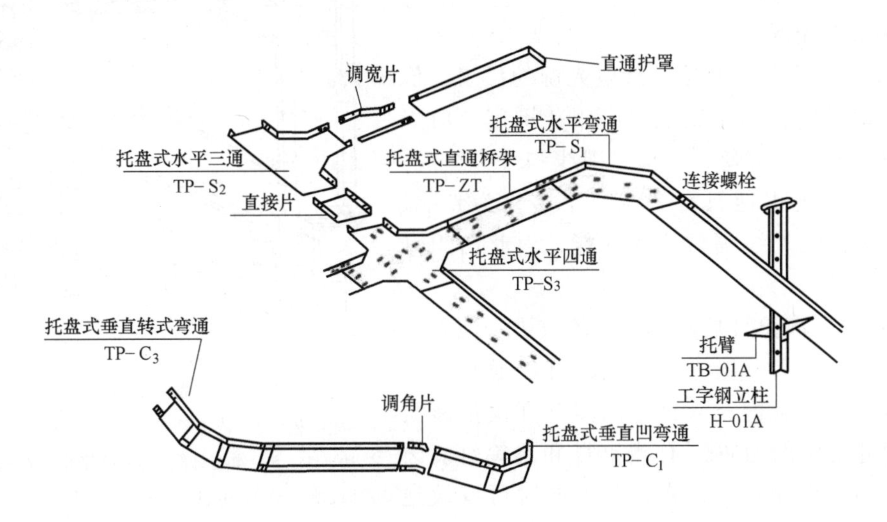

图 2-24 托盘式电缆桥架的结构和空间布置

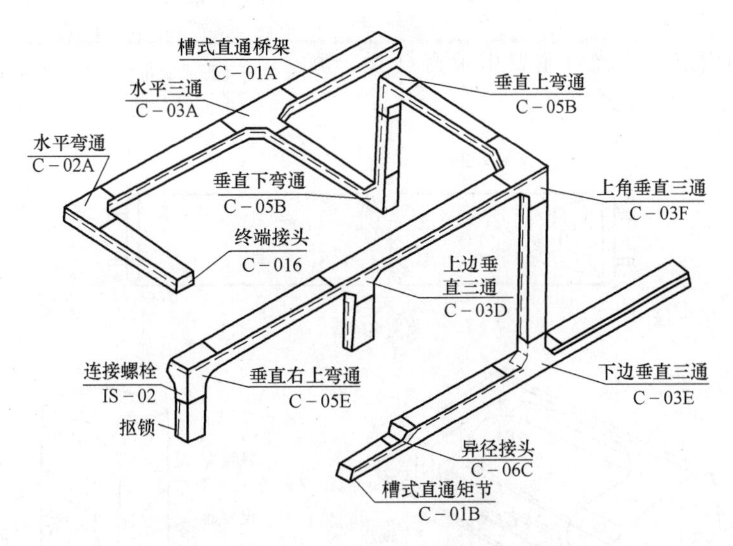

图 2-25 槽式电缆桥架的结构和空间布置

5）封闭式母线配线。封闭式插接母线（又称母线槽）配线是将电源母线封闭安装在特制的金属槽内后，再进行敷设的配电线路。由于它具有体积小、绝缘强度高、传输电流大、性能稳定、供电可靠、规格齐全、施工方便等特点，现已广泛用于高层建筑和多层厂房等建筑。图 2-26 为封闭插接母线安装示意图。

2.3.3 电光源与照明器具

1. 电光源

常用电光源有三大类，即热辐射光源、气体放电光源和场致发光光源。

（1）热辐射光源

1）白炽灯。白炽灯是第一代电光源的代表，价格便宜，启动迅速，便于调光，应用范围广。白炽灯主要由玻璃泡管、灯丝、支架、引线和灯头组成。由于输入白炽灯的电能只有20%以下转化为光能，80%以上转化为红外线辐射能和热能，因此白炽灯的发光效率不高。

2）卤钨灯。卤钨灯是对白炽灯的改进。泡壳多采用石英玻璃，灯头一般为陶瓷制，灯丝通常做成螺旋形直线状，灯管内充入适量的氩气和微量卤素碘或溴，因此常用的卤钨灯有碘钨灯和溴钨灯。卤钨灯比普通白炽灯光效高，寿命长；同时可有效地防止泡壳发黑，光能量维持性好。

（2）气体放电光源

1）荧光灯。

① 荧光灯的构造。荧光灯主要由荧光灯管、镇流器和启动器组成，如图2-27所示。

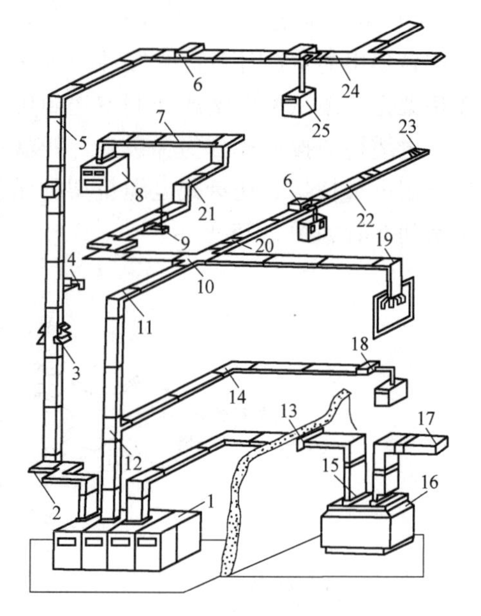

图2-26 封闭插接母线安装示意图

1—配电柜 2—特殊母线 3—支承器 4—中心主承配件 5—伸缩母线 6—插接箱 7—普通型母线槽 8—分电盘 9—吊架 10—十字形水平弯头 11—L形垂直弯头 12—T形垂直弯头 13—穿墙用配件 14—L形水平弯头 15—馈电母线 16—变压器 17—高压母线 18—终端母线 19—接线母线 20—变容量接头 21—Z形垂直弯头 22—带插孔母线 23—终端盖 24—T形水平弯头 25—分线箱

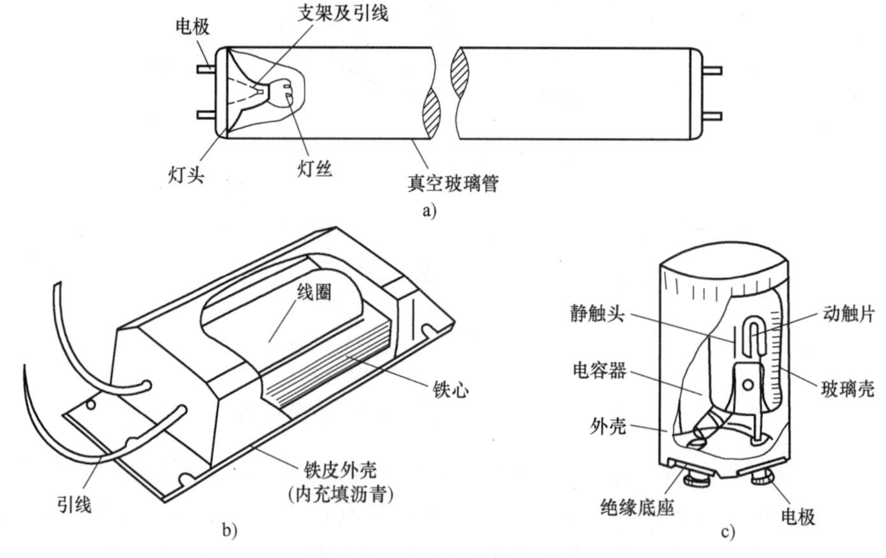

图2-27 荧光灯结构示意图

a）灯管 b）镇流器 c）启动器

② 荧光灯的工作原理。图2-28是荧光灯的接线原理图。当合上电源开关时，线路电压加在启动器的两个电极上，产生辉光放电，启动器电极U形双金属片动触片膨胀而张开，与静触片接触，从而接通电路。电路刚接通时，镇流器、灯丝和启动器构成通路。与此同时，灯丝由于通过电流而加热，当灯丝的温度升高到800～10000℃时会发射大量的电子。这时，由于启动器两极闭合，两极间电压为零，辉光放电消失，管内温度降低；双金属片自动复位，两极断开。在两极断开的瞬间，电路电流突然切断，镇流器产生很大的自感电动势，与电源电压叠加后作用于灯管两端。灯丝受热发射出来的大量电子，在灯管两端高电压作用下，以极大的速度由低电势端向高电势端运动。在加速运动的过程中，碰撞管内氩气分子，使之迅速电离。氩气电离生热，热量使水银产生蒸气，随之水银蒸气也被电离，并发出强烈的紫外线。在紫外线的激发下，管壁内的荧光粉发出近乎白色的可见光。

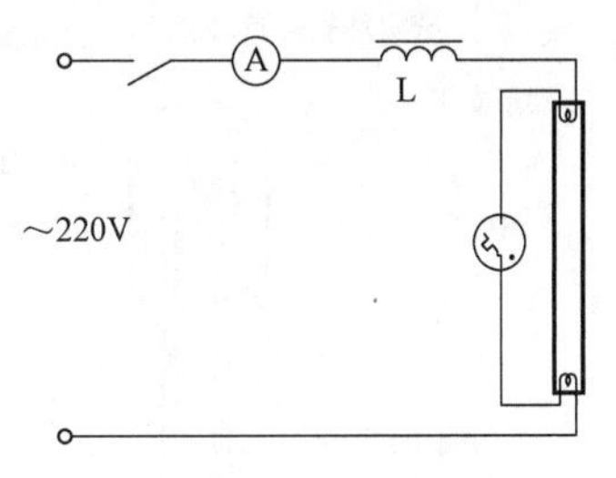

图2-28 荧光灯的接线原理图

荧光灯具有光色好、光效高、寿命长、表面温度低等优点，且光色为冷色光，能创造安静的气氛，广泛应用于教室、阅览室、办公室等场合。

2）高压水银荧光灯。高压水银荧光灯又称高压汞灯，其发光原理和荧光灯一样，只是构造上增加一个内管，外形结构如图2-29所示。高压汞灯是一种功率大、发光效率高的光源，常用于空间高大的建筑物中，悬挂高度一般在5m以上。由于它的光色差，在室内照明中可与白炽灯、碘钨灯等光源混合使用。

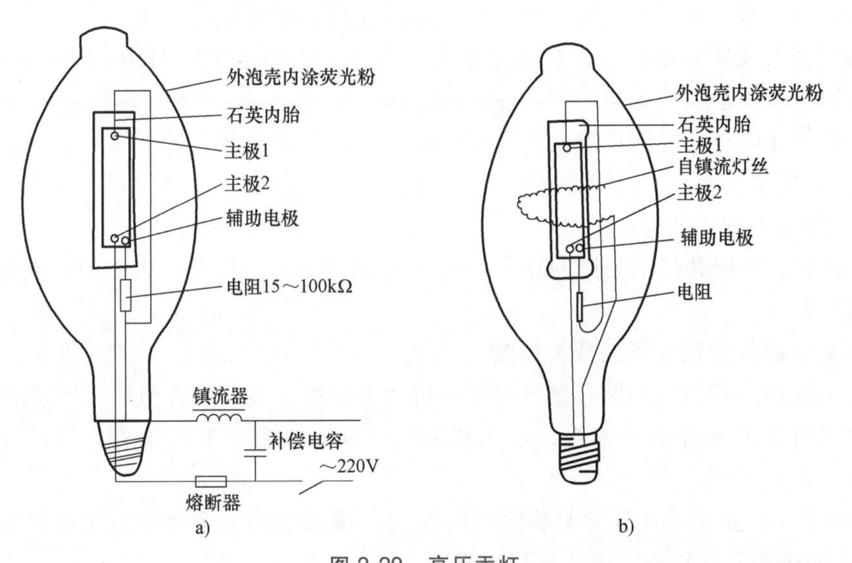

图2-29 高压汞灯

a）镇流式高压汞灯 b）自镇流高压汞灯

（3）场致发光光源 LED灯是注入式电致发光光源的代表照明器。图2-30所示为发光二极管的外形及构造。和普通光源相比，它有工作寿命长、耗电低、响应时间快、体积小、重量轻、耐抗击、易于调光调色、无污染等优点，应用十分广泛。

2. 照明器具

照明器具的种类很多，常用的有灯具、开关、灯座、插座、挂线盒等。

（1）灯具　灯具是使电光源发出的光进行再分配的装置。其作用是使电光源发出的光通量按需要方向照射，遮挡刺眼的光线防止眩光，保护灯泡或灯管等。图 2-31 所示为常见灯具的种类及外形。

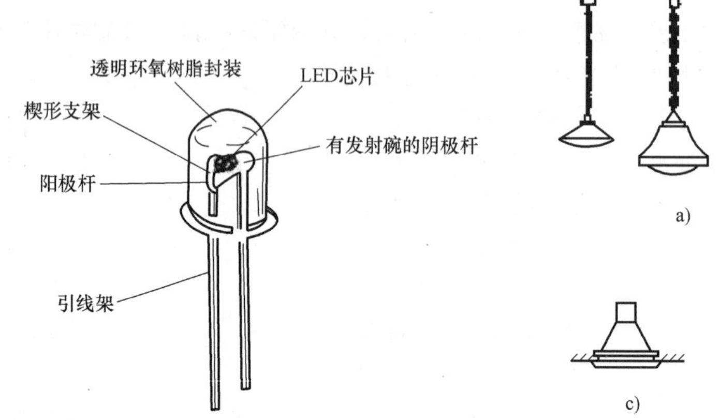

图 2-30　发光二极管的外形及构造图

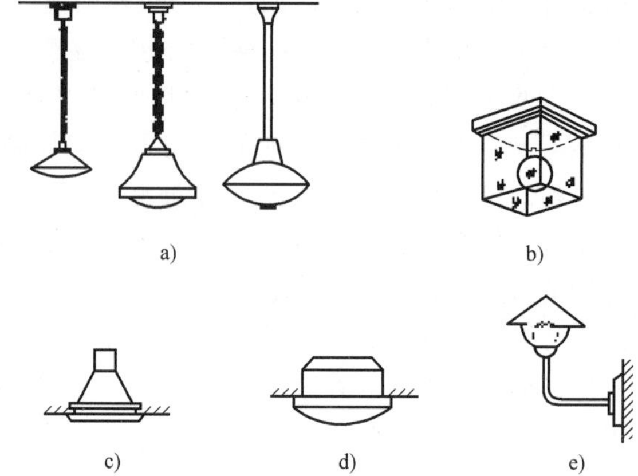

图 2-31　常见灯具的种类及外形

a）悬挂式　b）吸顶式　c）嵌入式　d）半嵌入式　e）壁式

（2）开关　根据安装方式分为明装式和暗装式；按其结构分为单极开关、双极开关、三极开关、单控开关、双控开关、多控开关等。

开关安装与接线的一般规定有：

1）要求同一场所的开关切断方向一致，操控灵活，导线压接牢固。

2）翘板式开关距地面高度设计无要求时，应为 1.3m；距门口 150～200mm。开关不得置于单扇门后。

3）开关位置应与灯位相对应，并列安装的开关高度应一致。同一室内安装相同型号的开关插座）高度应一致，其高度差不应大于 5mm；并排安装相同型号开关的高度差不应大于 1mm，且控制有序不错位。

4）在易燃、易爆和特别潮湿的场所，开关应分别采用防爆型、密闭型，或安装在其他场所进行控制。

5）灯具电源的相线必须经开关控制。

6）开关连接的导线宜在圆孔接线端子内折回头压接（孔径允许折回头压接时）。

7）多联开关不允许拱头连接，应采用缠绕或 LC 型压接帽压接总头后，再进行分支连接。

（3）插座　按安装方式分为明装式和暗装式；按其结构分为单相双极双孔、单相三极三孔、三相四极四孔和组合式多孔多用插座等。

插座安装与接线的一般规定有：

1）车间及实验室等工业用插座，除特殊场所设计另有要求外，距地面不应低于 0.3m。

2）在托儿所、幼儿园及小学校等儿童活动场所应采用安全插座。采用普通插座时，其安装高度不应低于 1.8m。

3）同一室内安装的插座高度应一致；成排安装的插座高度应一致。

4）地面安装插座应有保护盖板；专用盒的进出导管及导线的孔洞，用防水密闭胶严密封堵。

5）在特别潮湿和有易燃、易爆气体及粉尘的场所不应装设插座，如有特殊要求应安装防爆型的插座，且有明显的防爆标志。

6）单相两孔插座有横装和竖装两种。横装时，面对插座左零右火；竖装时，面对插座的上火下零。

7）单相三孔、三相四孔及单相五孔插座的（PE）线均应接在上孔，插座保护接地端子不应与工作零线端子连接。

8）当接插有触电危险家用电器的电源时，采用能断开电源的带开关插座，开关断开相线。

9）不同电源种类或不同电压等级的插座安装在同一场所时，外观与结构应有明显区别，不能互相代用，使用的插头与插座应配套。同一场所的三相插座相序一致。

10）插座箱内安装多个插座时，导线不允许拱头连接，宜采用接线帽或缠绕形式接线。

（4）挂线盒　挂线盒的作用是用来悬挂吊线或连接线路的，一般有塑料和瓷质两种。

（5）灯座　灯座的作用是固定灯泡或灯管，并供给电源。按其结构形式可分为螺口和卡口灯座。

2.3.4 常用的控制电器与保护电器

常用控制与保护电器

1. 闸刀开关

闸刀开关又称刀开关或隔离开关。常见的胶盖刀开关广泛用在照明电路和小容量（5.5kW）又不频繁起动的电机动力电路中。闸刀开关的结构如图2-32所示。

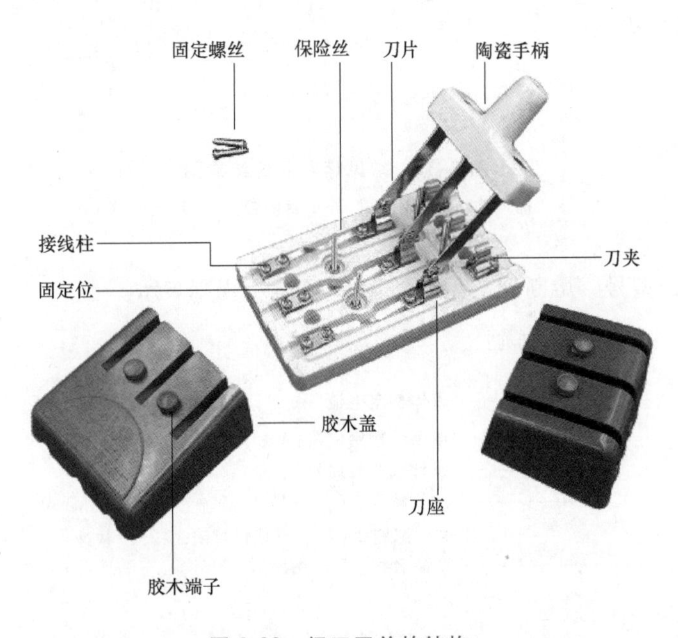

图2-32　闸刀开关的结构

2. 熔断器

熔断器俗称保险，串接在被保护的电路中，用于电路的短路保护和严重过载保护，它主要由熔体和熔座两部分组成。

（1）熔断器的分类　常见的熔断器有插入式，如 RC1A 系列，主要用于照明电路的短路保护；螺旋式，如 RL6、RL7、RLS2 系列，主要用于电动机电路的短路保护；封闭管式，如无填料熔断器、有填料熔断器、快速熔断器；自复式熔断器，是一种新型熔断器，一般与断路器配合使用。图 2-33 为几种常见熔断器的结构图。

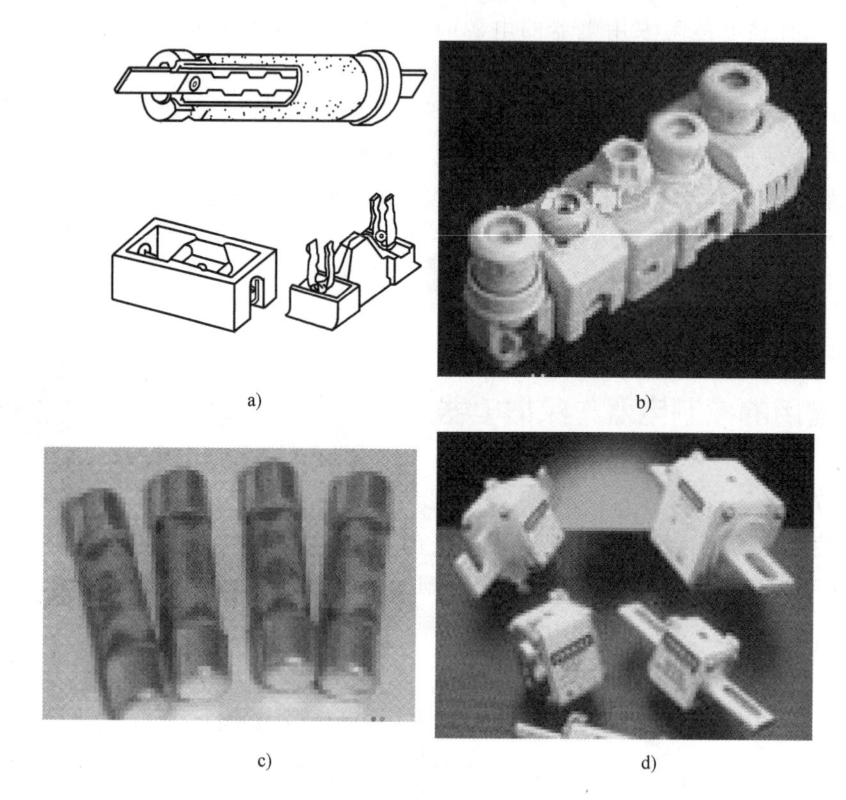

图 2-33　常见熔断器的结构图

a）插入式　b）螺旋式　c）封闭管式　d）自复式

（2）熔断器的型号　熔断器的型号按图 2-34 所示规则表示。

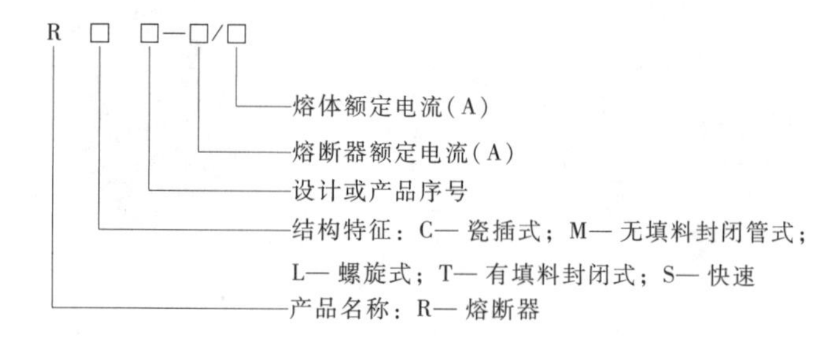

图 2-34　熔断器的型号表示

3. 断路器

（1）断路器的分类　低压断路器是一种能通断负荷电流，并能对电气设备进行过载、短路、失压、欠压等保护的低压开关电器。其形式主要有塑壳式断路器和框架式断路器，如图 2-35 所示。

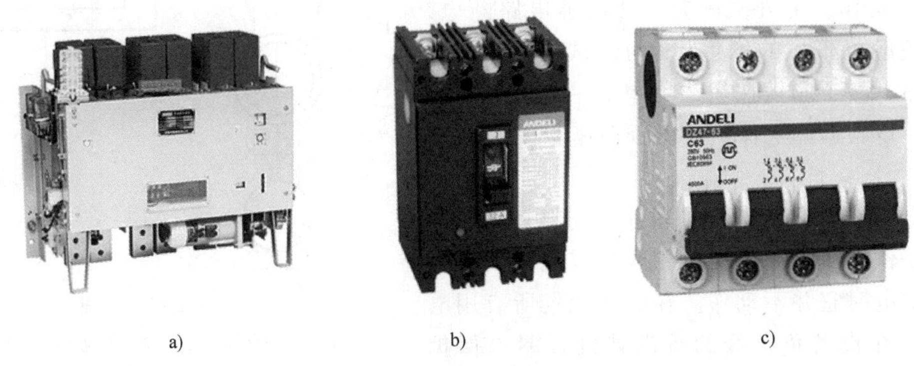

a)　b)　c)

图 2-35　常见低压断路器

a）DW15 系列框架式断路器　b）DZ20 系列塑壳式断路器　c）DZ47 系列微型塑壳式断路器

框架式断路器（图 2-35a）为敞开式结构，广泛应用于工业企业变电所及其他变电场所，其产品有 DW15、DW16、ME 等系列，额定电流可高达 4000A。

塑壳式断路器（图 2-35b）为封闭结构，广泛用于变（配）电、建筑照明线路中，其产品系列有 DZ10、DZ12、DZ15、DZ20、CM1、M 等系列。

微型塑壳式断路器（图 2-35c）常用于建筑照明线路中，其产品系列有 C65N、DZ47、S500、NC 等。

（2）断路器的安装要求

1）低压断路器一般垂直安装，但也可根据产品允许情况横装。

2）低压断路器必须符合上进下出的原则，无特殊情况不允许倒进线，以免发生触电事故。

3）电压断路器上、下、左、右的距离应满足有关规定，有利于散热，保证开关的正常工作。

4. 漏电保护器

漏电保护器是一种自动保护电器。当在低压线路或电器设备上发生人身触电、漏电和单相接地故障时，漏电保护器便快速地切断电源，保护人身和电气设备的安全。

（1）漏电保护器的分类　漏电保护器的分类方法较多，按动作原理分为电压型、电流型和脉冲型；按脱扣器型式分为电磁式和电子式；按功能分为漏电继电器、漏电断路器、漏电保护开关及漏电保护插座等。

（2）漏电保护器的工作原理　漏电保护器工作原理如图 2-36 所示。当线路正常工作时，主电路三相电流瞬时值之和等于零，没有零序电流，零序电流互感器副绕组 3 中没有电流信号输出，脱扣线圈 5 中没有电流，永久磁铁 4 对衔铁 6 的吸力略大于弹簧 7 对衔铁的拉力，衔铁处于闭合位置，电气设备正常工作。

当电气设备的绝缘损坏或漏电时，主电路的三相电流瞬时值之和不为零，出现零序电流，在零序电流互感器环形铁芯 2 中产生磁通，从而在绕组 3 中产生感应电动势，与脱扣线

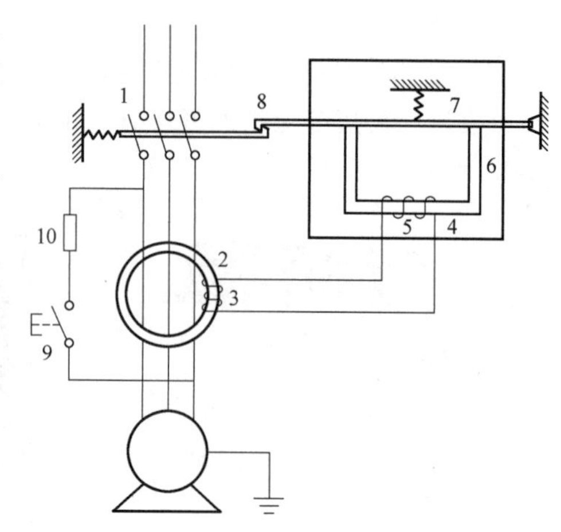

图 2-36　漏电保护器工作原理示意图
1—主开关　2—环形铁芯　3—绕组　4—永久磁铁
5—脱扣线圈　6—衔铁　7—弹簧　8—脱扣机构
9—测试按钮　10—限流电阻

圈 5 形成回路，产生电流，这个电流产生的磁通与永久磁铁的磁通叠加产生去磁作用，使永久磁铁对衔铁 6 的吸引力下降，当电流信号足够大时，衔铁 6 在弹簧 7 的作用下被释放，使主开关的脱扣机构 8 动作，主开关断开，使故障电路断电，从而避免触电事故的发生。9 为测试按钮，在安装接线后，按下测试按钮，可制造一短暂人工漏电情况，以检验漏电保护器能否动作。10 是限流电阻。

漏电保护器只有当相线和地之间有短路、漏电时才动作；当相线之间或相线与零线之间发生短路、漏电时它并不动作。在施工现场所有用电设备必须在设备负荷线的首端处设置漏电保护器。漏电保护器应装设在配电箱电源隔离开关的负荷侧和开关箱电源隔离开关的负荷侧。另外，在潮湿、高温、多尘、有腐蚀气体、激烈振动的场所使用时，要采取保护措施，不断检查保护器是否正常。

课题 4　建筑防雷与接地

学习目标

1. 了解建筑防雷装置的组成。
2. 了解建筑物的防雷保护措施。
3. 熟悉接地和接零的作用及分类。
4. 熟悉低压配电系统的接地形式。
5. 了解等电位连接的作用及分类。

2.4.1　建筑防雷

1. 建筑防雷装置的组成

防雷装置的作用是将雷云电荷或建筑物感应电荷迅速引导入地，以保护建筑物、电气设备及人身不受损害。其主要由接闪器、引下线、接地装置和避雷器等组成，如图 2-37 所示。

（1）接闪器　接闪器是引导雷电流的装置。接闪器的类型主要有避雷针、避雷线、避雷带（网）等。

（2）引下线　引下线是将雷电流引入大地的通道（图 2-37）。引下线的材料多采用镀锌扁钢或圆钢。

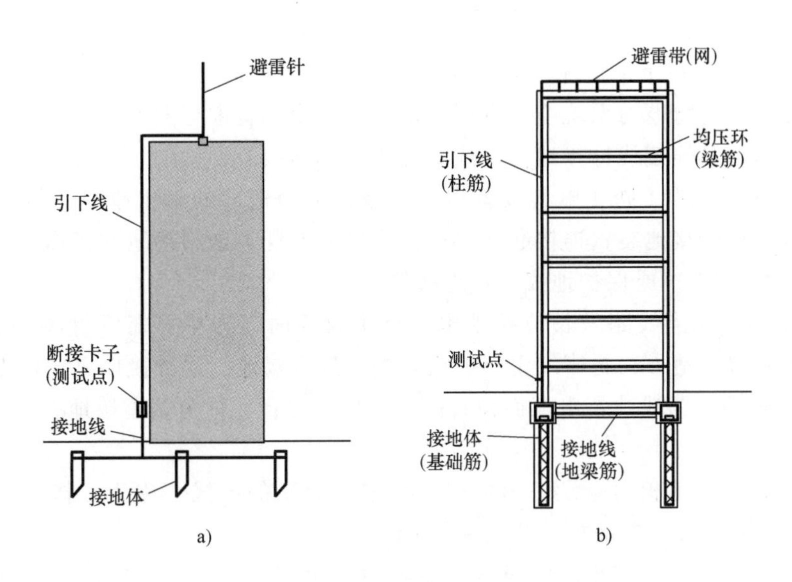

图 2-37　建筑防雷系统的组成

a）人工设置防雷装置　b）利用建筑钢筋设置的防雷装置

（3）接地装置　接地装置可迅速使雷电流在大地中流散。接地装置按安装形式分为垂直接地体和水平接地体。现在的建筑防雷，常用钢筋混凝土基础内的钢筋或地下管道作为接地体，此方式能够满足接地电阻及埋设深度的要求，节省金属导体，效果比较好。

（4）避雷器　避雷器用来防护雷电沿线路侵入建筑物内，以免电气设备损坏。常用避雷器的形式有阀式避雷器、管式避雷器、金属氧化物避雷器、保护间隙和击穿保险器等。

2. 建筑物的防雷保护措施

（1）直击雷及其防护措施　防直击雷最有效的措施是将与接地装置有效连接的接闪装置，安装在建筑物的最高点，如屋脊或屋角等最易受雷击的地方。当高空出现雷云的时候，接闪装置把雷电集中到它上面，并迅速导入大地，从而有效地保护建筑物。

（2）间接雷及其防护措施　雷电感应是附近有雷云或落雷所引起的电磁作用的结果，分为静电感应和电磁感应两种。屏蔽措施可采用混凝土结构中的顶板、地板的建筑钢筋与墙面、窗口的金属防护网构成一个屏蔽网。

（3）雷电波侵入及其防护措施　架空线路在直接受到雷击或因附近落雷而感应出过电压时，如果在中途不能使大量电荷入地，它们就会侵入建筑物内，破坏建筑物和电气设备。防止雷电波侵入的方法是把进入建筑物的各种线路等管道尽量全线埋地引入，并在入户端将电缆的金属外皮、钢管与接地装置连接。

2.4.2　接地

接地就是将电气设备的某些部位、电力系统的某点与大地相连，提供故障电流及雷电流的泄流通道，稳定电位，提供零电位参考点，以确保电力系统、电气设备的安全运行，同时确保电力系统运行人员及其他人员的人身安全。

1. 接地

（1）工作接地　在正常情况下，为保证电气设备的可靠运行并提供部分电气设备和装置所需要的相电压，将电力系统中的电源中性点通过接地装置与大地直接相连，这种接地方式称为工作接地，其连接线称接地母线或零母线（接地线）。

（2）保护接地　为了防止电气设备由于绝缘损坏而造成的触电事故，将电气设备的金属外壳通过接地线与接地装置连接起来，这种为保护人身安全的接地方式称为保护接地，其连接线称保护线（PE）或保护地线、接地线等。

（3）重复接地　当线路较长或接地电阻要求较高时，为尽可能降低零线的接地电阻，除电源中性点直接接地外，将零线上一处或多处再进行接地，这种接地方式称为重复接地。

（4）防雷接地　为泄掉雷电流而设置的防雷接地装置，称为防雷接地。

2. 接零

（1）工作接零　单相用电设备为取得单相电压而接的零线，称为工作接零。其连接线称中性线（N）或零线，与保护线共用的称 PEN 线。

（2）保护接零　为了防止电气设备因绝缘损坏而使人身遭受触电危险，将电气设备的金属外壳与电源的中性线（俗称零线）用导线连接起来，称为保护接零。其连接线称保护线（PE）或保护零线；与工作零线共用的称 PEN 线。

3. 低压配电系统的接地形式

低压配电系统是电力系统的末端，几乎遍及建筑的每一角落，平常使用最多的是 380/220V 的低压配电系统。从安全用电等方面考虑，低压配电系统有三种接地形式——IT 系统、TT 系统、TN 系统。TN 系统又分为 TN-S 系统、TN-C 系统、TN-C-S 系统三种形式。

（1）IT 系统　IT 系统电源的所有带电部分都与地隔离，或有一点（中性点）通过阻抗接地，电气装置的外露可导电部分被单独地或集中地接地。IT 系统如图 2-38 所示。

IT 系统适用于人身电击、电气爆炸和火灾等电气危险大的特殊场所，也适用于对供电不间断要求高的电气装置，如医院手术室、矿井下等。

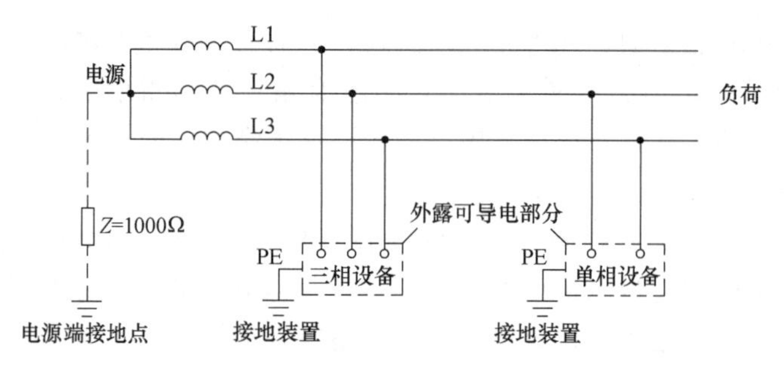

图 2-38　IT 系统

（2）TT 系统　TT 系统电源只有一点（中性点）直接接地，而电气装置的外露可导电部分则是被接到独立于电源系统接地的接地极上，如图 2-39 所示。

在无等电位联结作用的户外装置，如路灯装置，应采用 TT 系统来供电。TT 系统的优点是不存在 TN 系统中的故障蔓延现象，缺点是必须装设高灵敏的接地故障保护电器。

（3）TN 系统　TN 系统在电源端处一点（中性点）直接接地，而装置的外露可导电部分是利用保护导体连接到那个接地点上。

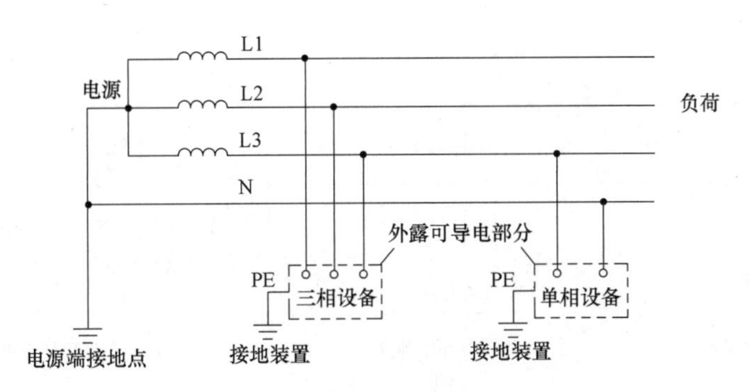

图 2-39 TT 系统

按照中性导体与保护导体的配置，TN 系统又有三种类型：

1）TN-S 系统：整个系统中，全部采用单独的保护导体，如图 2-40 所示。

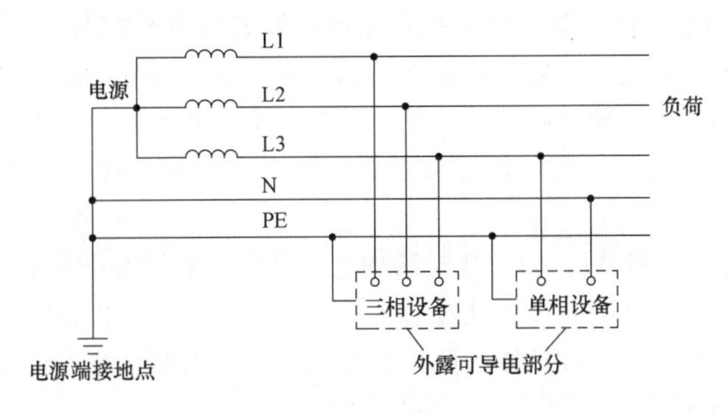

图 2-40 TN-S 系统

2）TN-C 系统：在整个系统中，中性导体的功能与保护导体的功能合并在一根导体中（PEN 导体），如图 2-41 所示。

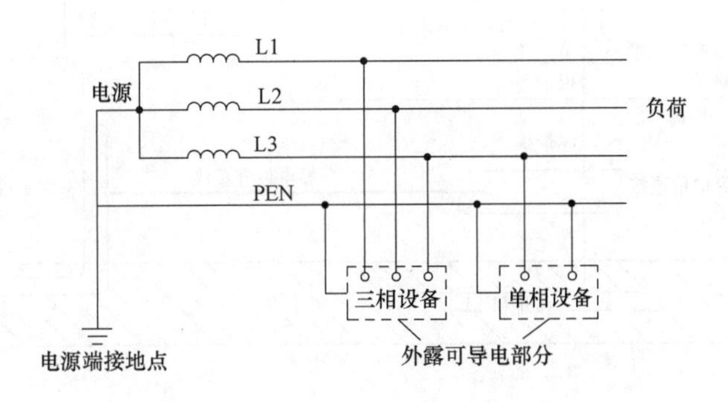

图 2-41 TN-C 系统

3）TN-C-S 系统：在系统中，一部分中性导体的功能与保护导体的功能合并在一根导体中，如图 2-42 所示。

对 TN 系统，在同一电源供电的范围内，所有的 PE 导体或 PEN 导体都是连通的，其上的故障电压可在各个装置间互窜，对此需要采取等电位联结措施加以防范。

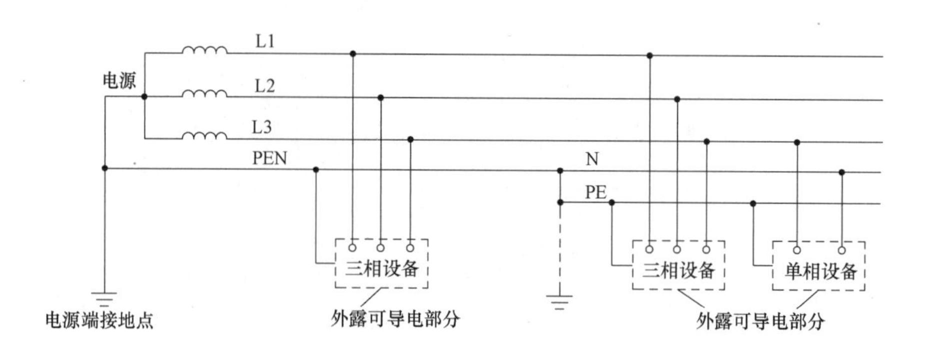

图 2-42 TN-C-S 系统

4. 等电位连接

（1）等电位连接的概念　等电位连接就是电气装置的各外露导电部分和装置外导电部分的电位实质上相等的连接。等电位连接能够消除或减少各部分之间的电位差，减少保护电器动作不可靠的危险性，消除或降低从建筑物外窜入电气装置外露导电部分上的危险电压。

（2）等电位连接的种类　等电位连接主要包括总等电位连接、局部等电位连接、辅助等电位连接。

1）总等电位连接（MEB）：同一建筑物内电气装置、各种金属管道、建筑物金属支架、电气系统的保护接地线、接地导体等通过总等电位连接端子板互相连接，以消除建筑物内各导体间的电位差。总等电位连接导体一般设置在配电室、电缆竖井等位置。建筑物内总等电位连接方式如图 2-43 所示。

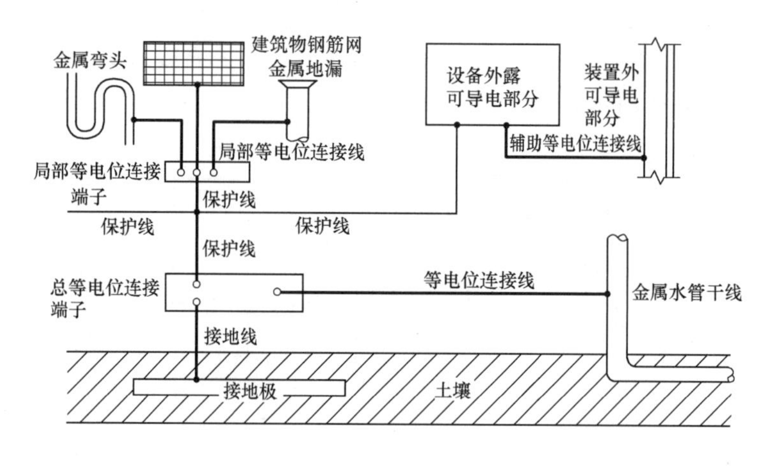

图 2-43 建筑物内总等电位连接

2）局部等电位连接（LEB）：当电气装置或电气装置一部分的接地故障保护的条件不能满足时，在局部范围内将各可导电部分连接。局部等电位连接导体一般设置在卫生间、游泳馆更衣室、盥洗室等位置。卫生间局部等电位连接方式如图 2-44 所示。

3）辅助等电位连接（SEB）：将两个及以上可导电部分，进行电气连接，使其故障接触电压降至安全限值以下。

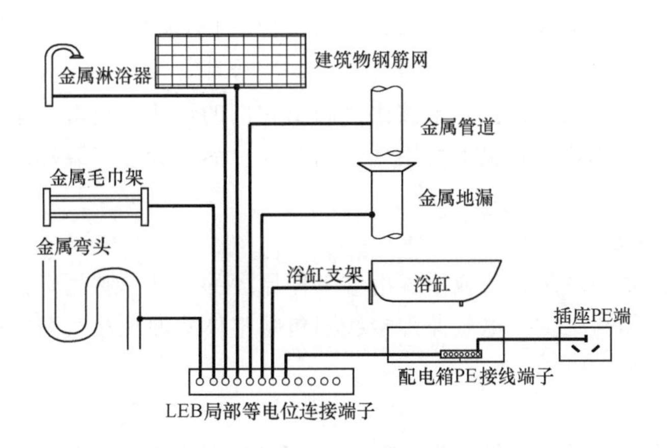

图 2-44　卫生间局部等电位连接

课题 5　建筑电气照明工程施工图

1. 熟悉建筑电气照明工程施工图组成。

2. 掌握建筑电气施工图的识读方法。

建筑电气技术人员必须依据电气施工图进行施工、购置设备材料、编制审核工程概预算，以及进行电气设备的运行、维护和检修，因此，作为建筑电气的技术人员，必须熟悉建筑电气施工图的组成和绘制方法，能够识读一般建筑电气施工图。

2.5.1 建筑电气照明工程施工图的组成

建筑电气施工图由首页、电气系统图、电气平面图、电气原理接线图、设备布置图、安装接线图和大样图等组成。

1. 首页

首页主要包括图纸目录、设计说明、图例及主要材料表等。图纸目录包括图纸的名字和编号。设计说明主要阐述该电气工程的概况、设计依据、基本指导思想、图纸中未能表明的施工方法、施工注意事项、施工工艺等。图例及主要材料表一般包括该图纸内的图例、图例名称、设备型号规格、设备数量、安装方法、生产厂家等。

2. 电气系统图

电气系统图是表现整个工程或工程一部分的供电方式的图纸，它集中反映电气工程的规模。

3. 电气平面图

电气平面图是表现电气设备与线路平面布置的图纸，它是进行电气安装的重要依据。电气平面图包括电气总平面图、电力平面图、照明平面图、变电所平面图、防雷与接地平面图等。

电力及照明平面图表示建筑物内各种设备与线路之间的平面布置关系、线路敷设位置、敷设方式、线管与导线的规格、设备的数量、设备型号等。

在电力及照明平面图上，设备并不按比例画出它们的形状，通常采用图例表示，导线与设备的垂直距离和空间位置一般也不另用立面图表示，而是标注安装标高，以及附加必要的施工说明。

4. 电气原理接线图

电气原理接线图是表现某设备或系统电气工作原理的图纸。它用来指导设备与系统的安装、接线、调试、使用与维护。电气原理接线图包括整体式原理接线图和展开式原理接线图两种。

5. 设备布置图

设备布置图是表现各种电气设备之间的位置、安装方式和相互关系的图纸。设备布置图主要由平面图、立面图、断面图、剖面图及构件详图等组成。

6. 安装接线图

安装接线图是表现设备或系统内部各种电气组件之间连线的图纸，用来指导接线与查线，它与原理图相对应。

7. 大样图

大样图是表现电气工程中某一部分或一部件的具体安装要求与做法的图纸。其中大部分大样图选用的是国家标准图。

2.5.2 建筑电气施工图的常用图例及标注

1. 一般规定

1）连接导线在电气图中使用非常多，在施工图中为了使表达的意义明确并且整齐美观，连接线应尽可能水平和垂直布置，并尽可能减少交叉。

2）导线可以采用多线和单线的表示方法。每根导线可以单独绘制表示，如图2-45a所示。图中导线的根数也可用短斜线加数字的方法来表示，如图 2-45b 所示。

3）在建筑电气施工图中的电气元件和电气设备并不采用按比例绘制其形状和尺寸，而是采用图形符号进行绘制。

4）为了进一步对设计意图进行说明，在电气工程图上往往还有文字标注和文字说明，对设备的容量、安装方式、线路的敷设方法等进行补充说明。

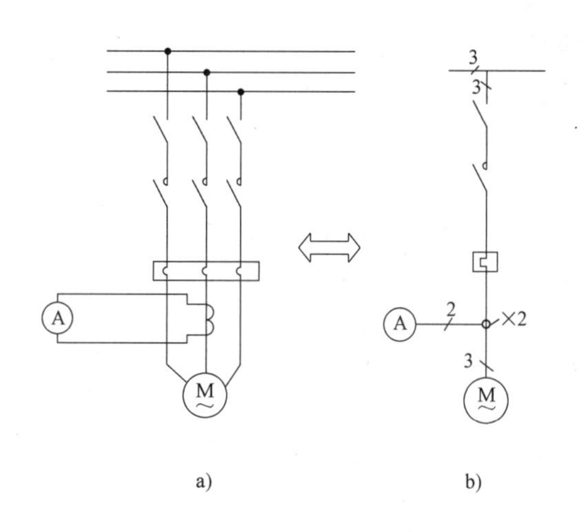

图 2-45 导线的表示方法

a）多线表示 b）单线表示

2. 建筑电气照明工程施工图常用图例

建筑电气照明工程施工图中有大量的图例，在掌握一定的建筑电气工程设备知识和施工知识基础上，认识图例是识读施工图的前提。图形符号具有一定的象形意义，比较容易和设备相联系认读，表2-3为建筑电气施工图常用图形符号。

表2-3 建筑电气施工图常用图形符号

序号	图例	说明	序号	图例	说明
1		电力配电箱	17		风扇开关
2		照明配电箱	18		单管荧光灯
3		一般配电箱符号	19		双管荧光灯
4		事故照明配电箱	20		花灯
5		断路器箱	21		壁灯
6		单相带熔丝两极插座	22		顶棚灯
7		单相两极插座	23		负荷开关
8		单相带接地三极插座	24		断路器
9		单相密闭两极插座	25		隔离开关
10		三相四极插座	26		带熔丝负荷开关
11		单相两极加三极插座	27		熔断器
12		单控两联开关	28		线圈
13		单控单联开关	29		触点开关
14		单控单联密闭开关	30		电压互感器
15	t t	单控延时开关	31		变压器
16		双控单联开关	32		电流互感器

3. 建筑电气照明工程施工图常用标注

(1) 线路的文字标注　线路的文字标注表示线路的性质、规格、数量、功率、敷设方法、敷设部位等。其基本格式为

$$a\text{-}b(c \times d)\text{-}e\text{-}f$$

式中　a——回路编号；

b——导线或电缆型号；

c——导线根数或电缆的线芯数；

d——每根导线标称截面面积（mm^2）；

e——线路敷设方式，见表 2-4；

f——线路敷设部位，见表 2-4。

例：WL1-BV(3×2.5)-SC15-WC

WL1 为照明支线第 1 回路，铜芯聚氯乙烯绝缘导线 3 根，标称截面面积 $2.5mm^2$，穿管径为 15mm 的焊接钢管敷设，在墙内暗敷设。

表 2-4 电气施工图文字标注符号

表达线路敷设方式的符号	表达线路敷设部位的符号	表达照明灯具安装方式的符号
SC—穿焊接钢管敷设	AB—沿或跨梁(屋架)敷设	SW—线吊式
MT—穿普通碳素钢电线套管敷设	AC—沿或跨柱敷设	CS—链吊式
CP—穿可挠金属电线保护套管敷设	CE—沿吊顶或顶板面敷设	DS—管吊式
PC—穿硬塑料导管敷设	SCE—吊顶内敷设	W—壁装式
FPC—穿阻燃半硬塑料导管敷设	WC—沿墙面敷设	C—吸顶式
KPC—穿塑料波纹电线管敷设	RS—沿屋面敷设	R—嵌入式
CT—电缆托盘敷设	CC—暗敷设在顶板内	CR—吊顶内安装
CL—电缆梯架敷设	BC—暗敷设在梁内	WR—墙壁内安装
MR—金属槽盒敷设	CLC—暗敷设在柱内	S—支架上安装
PR—塑料槽盒敷设	WC—暗敷设在墙内	CL—柱上安装
M—钢索敷设	FC—暗敷设在地板或地面下	HM—座装
DB—直埋敷设		
TC—电缆沟敷设		
CE—电缆排管敷设		

（2）用电设备的文字标注　用电设备的文字标注表示用电设备的编号、容量等参数。其基本格式为

$$\frac{a}{b}$$

式中　a——设备的工艺编号；

b——设备的容量（kW）。

（3）配电设备的文字标注　配电设备的文字标注表示配电箱等配电设备的编号、型号、容量等参数。其基本格式为

$$a\text{-}b\text{-}c \text{ 或 } a\frac{b}{c}$$

式中　a——设备编号；

b——设备型号；

c——设备容量（kW）。

（4）灯具的文字标注　灯具的文字标注表示灯具的类型、型号、安装高度、安装方法等。其基本格式为

$$a\text{-}b\frac{c\times d\times L}{e}f$$

式中 a——同一房间内同型号灯具个数；
b——灯具型号或代号；
c——灯具内光源的个数；
d——每个光源的额定功率（W）；
L——光源的种类；
e——安装高度（m）（当为“—”时表示吸顶安装）；
f——安装方式。

2.5.3 建筑电气施工图的识读

1. 识图步骤

阅读建筑电气工程图，除了应该了解建筑电气工程图的特点外，还应该按照一定的阅读顺序进行阅读，这样才能比较迅速、全面地读懂图纸，以完全实现读图的意图和目标。一套建筑电气工程图所包括的内容比较多，图纸往往有很多张，一般应按以下顺序依次阅读，有时还应进行对照阅读。

（1）看图纸目录及标题栏 了解工程名称、项目内容、设计日期、工程全部图纸数量、图纸编号等。

（2）看总设计说明 了解工程总体概况及设计依据，了解图纸中未能表达清楚的各有关事项，如供电电源的来源、电压等级、线路敷设方式，设备安装高度及安装方式，补充使用的非国标图形符号，施工时应注意的事项等。有些分项局部问题会在各分项工程的图纸上说明，看分项工程图纸时，要先看设计说明。

（3）看电气系统图 各分项工程的图纸中都包含有系统图，如变配电工程的供电系统图、电力工程的电力系统图、电气照明工程的照明系统图以及电缆电视系统图等。看系统图的目的是了解系统的基本组成，主要电气设备、元件等连接关系以及它们的规格、型号、参数等，掌握该系统的基本概况。

（4）看电路图和接线图 了解各系统中用电设备的电气自动控制原理，以指导设备的安装和控制系统的调试工作。因为电路图多是采用功能布局法绘制的，所以看图时应依据功能关系从上至下或从左至右一个回路、一个回路地阅读。若能熟悉电路中各电器的性能和特点，对读懂图纸将会有很大的帮助。在进行控制系统的配线和调校工作中，还可配合阅读接线图和端子图。

（5）看电气平面布置图 平面布置图是建筑电气工程图纸中的重要图纸之一，如变配电所设备安装平面图（还应有剖面图）、电力平面图、照明平面图、防雷与接地平面图等，它们都是用来表示设备安装位置，线路敷设部位、敷设方法以及所用导线型号、规格、数量等的，是安装施工、编制工程预算的主要依据图纸。

（6）看安装大样图 安装大样图是按照机械制图方法绘制的用来详细表示设备安装方法的图纸，也是用来指导施工和编制工程材料计划的重要图纸。特别是对于初学安装的人员来说，大样图更显重要，甚至可以说是不可缺少的。

（7）看设备材料表 设备材料表提供了该工程所使用的主要设备、材料的型号、规格和数量。

严格地说，阅读工程图纸的顺序并没有统一的硬性规定，可以根据需要，自己灵活掌握，并应有所侧重。有时一张图纸需反复阅读多遍。为更好地利用图纸指导施工，使之安装质量符合要求，阅读图纸时，还应配合阅读有关施工及检验规范、质量检验评定标准以及全国通用电气装置标准图集，以详细了解安装技术要求及具体安装方法。

2. 电气施工图读图实例

（1）电气照明系统图和平面图识读 某学校教学楼是集教学与办公为一体的综合楼，建筑面积六千多平方米，主楼（教学用）六层，办公楼四层。该楼配套的电气工程项目主要有电气照明系统、照明远方控制系统、配电系统、应急照明系统、防雷接地系统、有线电视系统、电话系统、音响广播系统、电铃系统、网络系统等。

本课题主要讲电气照明施工图，现以该教学楼的办公楼部分电气照明系统为例，讲解办公楼的照明系统图（图2-46）和照明平面图（图2-47）。

1）办公楼的照明系统图。如图2-46所示，该照明系统图表示了办公楼整体的电气联系，其供电方式为链接式。虚线框表示楼层和配电箱。电源引自教学楼低压配电室AA3号配电柜，进入AL-1-4配电箱。电源进线处标注“WLM32-VV（5×16）敷设于电缆沟内”，其中，“WLM32”表示出自3号配电柜（AA3）第二条回路的照明干线；“VV（5×16）”表示进线的型号规格，VV表示聚氯乙烯绝缘聚氯乙烯护套的塑料电缆，5根16mm^{2}的线芯，三根相线，一根中性线，一根保护线；在电缆沟内敷设。在一层111教员休息室内有一个编号为AL-1-4的配电箱，其中，“AL”表示照

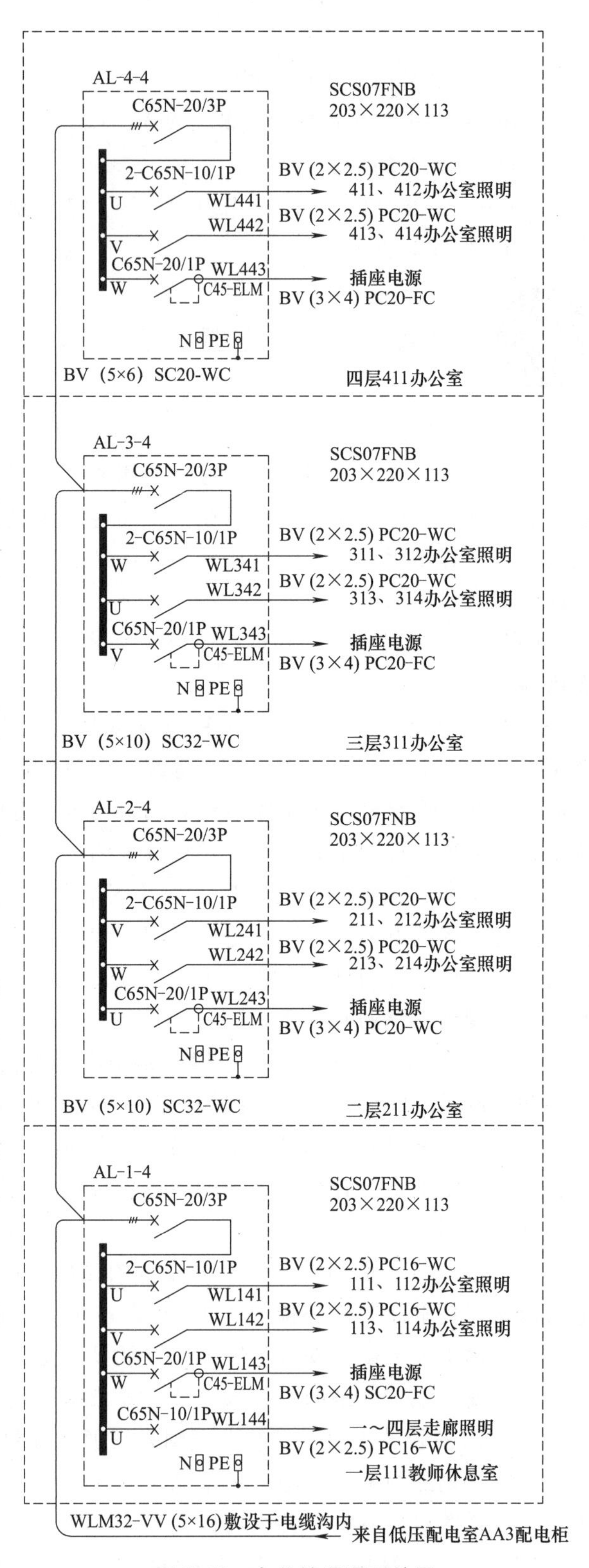

图2-46 办公楼照明系统图

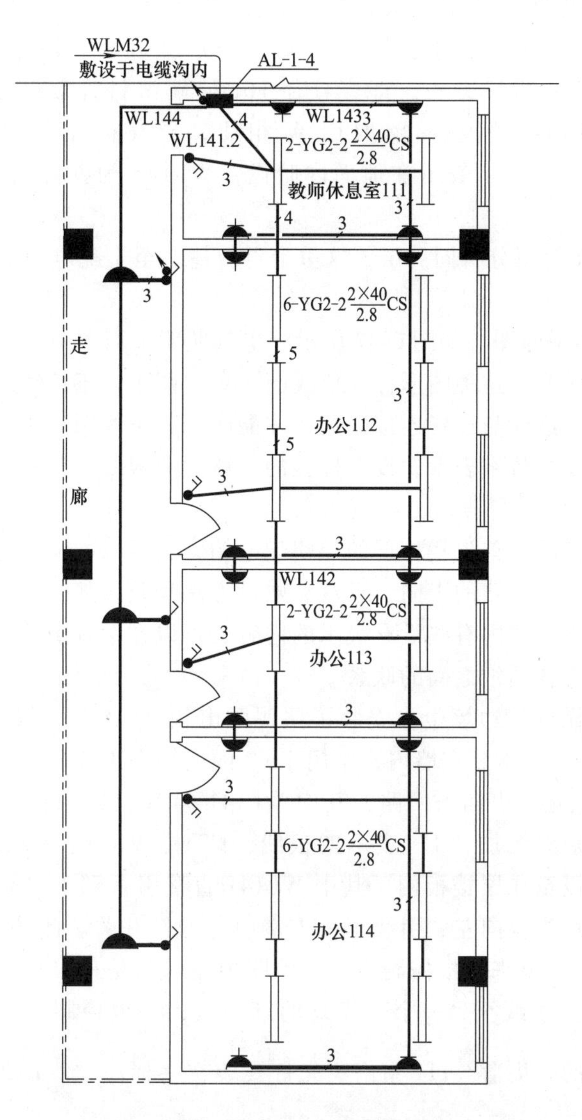

图2-47 办公楼一层照明平面图

明配电箱；“1”表示楼层编号，即一层；“4”表示配电箱编号，即第四号配电箱（在教学楼的主楼一层还有1、2、3号配电箱）。配电箱右上角的文字“SCS07FNB203×220×113”表示配电箱的型号与规格。配电箱内，电源进线三根相线接在断路器C65N-20/3P的一端，中性线和保护线分别接在配电箱右下角的“N”中性线接线端子板和“PE”保护线接线端子板，这是配电箱的一般接线方法。断路器C65N-20/3P是一种微型断路器，额定电流为20A，“3P”表示三极。该断路器是配电箱内总开关，其引出线分为四个回路——WL141、WL142、WL143、WL144，“WL”表示照明支路，前两位数字“14”表示配电箱所在楼层及其编号，第三位数字“1”“2”“3”“4”分别表示回路编号。每个回路都有断路器控制，WL141与WL142使用的是断路器C65N-10/1P，“1P”表示单极，WL143使用的是断路器C65N-20/1P和漏电保护器C45-ELM。WL141与WL142分别取用U相线和V相线，中性线取自“N”中性线接线端子板，导线标注“BV（2×2.5）PC16-WC”。在导线的标注中，“BV”表示塑料绝缘铜芯线；“（2×2.5）”表示2根导线线芯截面面积均为2.5mm^2，“PC16”表示敷设方法，即穿管径16mm硬塑料管敷设；“WC”表示敷设部位，即墙内暗设。WL143插座回路取用W相线，导线标注中“SC20”表示穿管径20mm焊接钢管敷设，“FC”表示在地面内暗设。WL144为办公楼走廊灯供电，线路取用U相线。

二~四层配电箱系统图分析同一层，这里不再叙述。至于配电箱的位置，只能在照明平面图中查阅。

2）办公楼的照明平面图。如图2-47所示，电气照明平面图中，每个回路只用一条图线与相应的设备图例相联系，这种图形称为单线图。单线图不同于接线图：接线图需要把回路内每条根导线画出来，这样与设备连接的关系才能明确；单线图只用一条图线表示，导线的根数可以通过画短斜线和数字表示，没有标注的一般为两根线，若是单相插座回路，则为三根导线。

阅读电气照明施工图，首先找该层的照明配电箱，然后以配电箱为中心，沿着各条支路识读。阅读主要内容有：线路的走向、根数、敷设方法和敷设部位等；设备的安装部位、安装方法等。另外，在平面图内有些没有表示的内容，可以在系统图、详图、图例表等其他图纸中找到，所以要注意各图纸之间的联系。

在教师休息室的靠近门边墙上，安装了照明配电箱AL-1-4，通过查阅该套图纸的图例表，该箱底边距地1.4m，暗装在墙内，距门1m。配电箱旁边带箭头的黑点，表示由此向上（二层）配线。从配电箱引出四条回路，其中WL141和WL142支路走向相同，因此用一条图线表示，图线上用短斜线加“4”表示四根线，即U、V、N、N线。这些线从配电箱引出，沿墙穿管向上敷设至二层楼板内。其中WL141直接引入到111室二层楼板靠近门的荧光灯灯头盒内，由该灯头盒向左，引线至111室门边的灯开关。此开关为单控双联灯开关，进去一根相线（U线），出来两根控制线，因此图中显示的是三根线，灯开关暗装底边距地1.3m。由灯光盒向右，引线至另一个荧光灯的灯头盒，一根控制线，一根零线；向下，引线至112室内荧光灯的灯头盒。111室内荧光灯安装文字标注“$2\text{-YG2-2}\,\frac{2\times40}{2.8}\text{CS}$”：“2”表示两盏灯具，“YG2-2”表示荧光灯型号；“2×40”表示每盏荧光灯内有两根40W的灯管；“CS”表示安装方法，即链吊式安装。在112室内，仍然是U相线为荧光灯供电。六个荧光灯分成两组由单控双联灯开关控制，由导线的根数可以判断出靠门的一排三盏荧光灯为一组，其余三盏的为另一组。WL142经111、112室二层楼板引向113室二层楼板靠近门的灯头盒，引线为两根导线，即V线和N线，接下来荧光灯线路的分析和111、112室的一样，不再叙述。

插座回路WL143在平面图中没有标出敷设方法，可以在系统图中查找，查询出的敷设方法为3根4mm^{2}塑料绝缘铜芯导线穿直径20mm的焊接钢管在地面内敷设。单相带接地极插座暗装在墙内，底边距地0.3m。

走廊灯供电回路WL144由二层楼板引至靠近111室走廊内的灯头盒，由此灯头盒分别引线至附近声光控制灯开关和其他走廊灯的灯头盒。从靠近111室门的声光控制灯开关接线盒内，向上引线至二层相同位置的声光控制灯开关接线盒内，为二层走廊灯供电，同时向三层相同位置的声光控制灯开关接线盒引线，直至四层走廊。

其他层的照明平面图与一层大致相同，这里不再赘述。

在读图中会遇到很多图例，一般一套图纸内的图例大部分都在主要设备材料表或图例表中显示，所以读图时应多结合图例表。电气工程图例很多，但经常使用的不多，在平时练习和实践中逐渐掌握那些常用的图例，对我们读图是很有帮助的。

（2）防雷接地平面图识读

1）防雷工程平面图。

① 本建筑防雷按三类防雷建筑物考虑，用 ϕ10 镀锌圆钢在屋顶周边设置避雷网，每隔 1m 设置一处支持卡子，做法见国标 15D501 图集。

② 利用构造柱内主筋作为防雷引下线，共分 8 处分别引下，要求作为引下线的构造柱主筋自下而上通长焊接，上面与避雷网连接，下面与基础钢筋网连接，施工中注意与土建密切配合。

③ 在建筑物四角设接地测试点板，接地电阻小于 10Ω，若不满足应另设人工接地体，做法见国标 15D501 图集。

④ 所有凸出屋面的金属管道及构件均应与避雷网可靠连接。

图 2-48 所示为一住宅楼的屋顶防雷平面图。

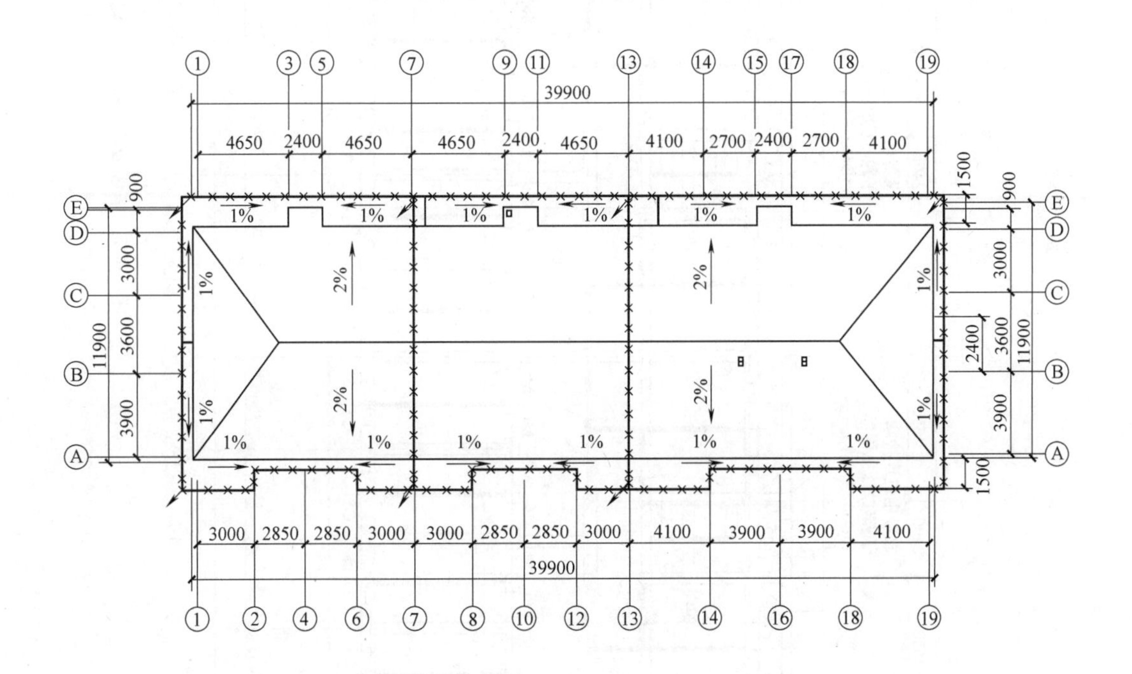

图 2-48 屋顶防雷平面图

2）接地平面图。图 2-49 所示为总等电位连接平面图，由于整个连接体都与作为接地体的基础钢筋网相连，可以满足重复接地的要求，故没有另外再做重复接地。大部分做法采用标准图集，图中给出了标准图集的名称和页数。

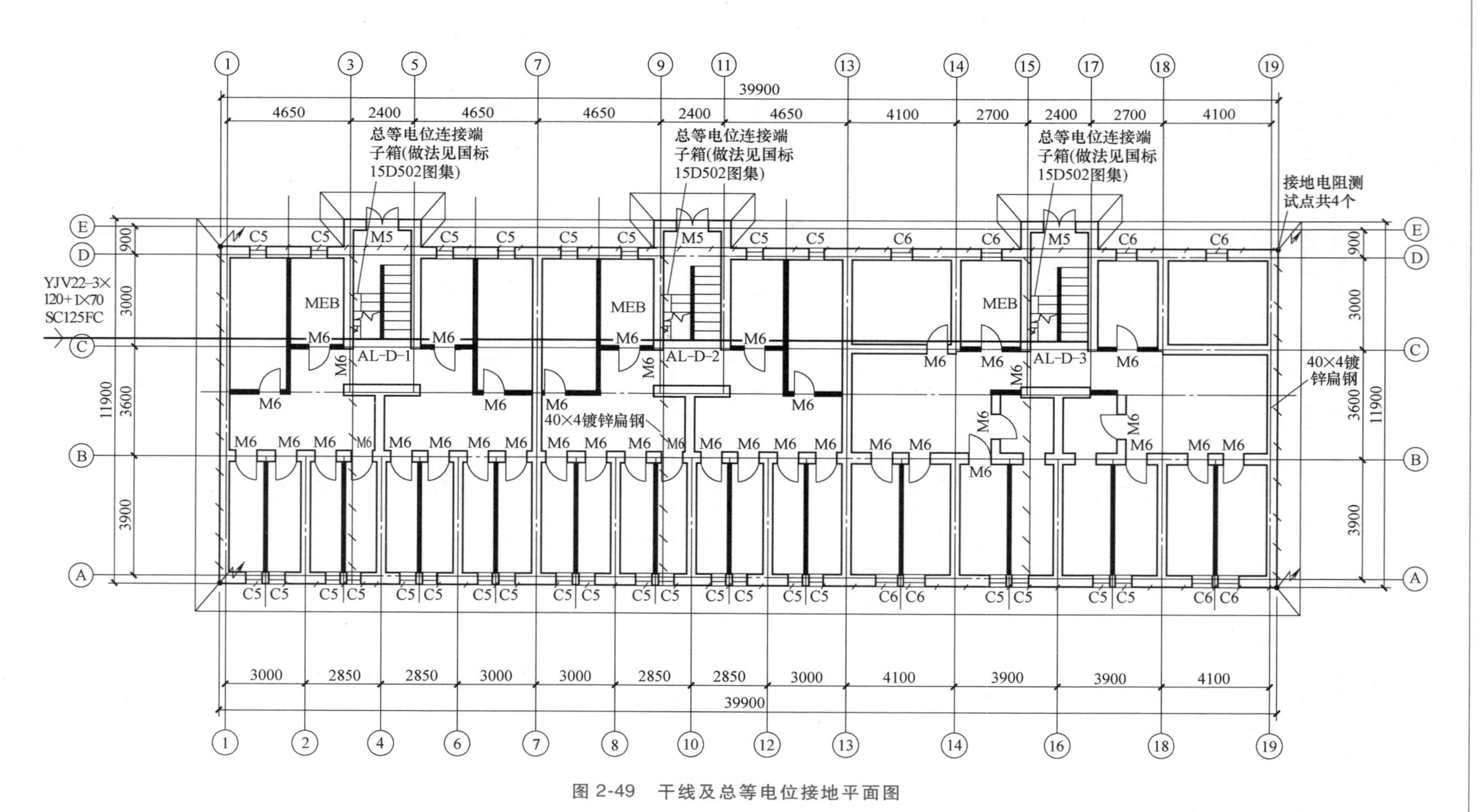

图 2-49 干线及总等电位接地平面图

单元小结

电力系统是由发电厂、电力网和电力用户组成的统一整体，必须安全可靠。根据供电可靠性及中断供电在政治、经济上所造成的损失或影响的程度，用电负荷分为一级负荷、二级负荷及三级负荷。

民用建筑的供电线路形式与负荷大小、输送距离、负荷分布等因素有关。低压配电系统的配电方式主要有放射式和树干式。由这两种方式组合派生出来供电方式的还有混合式、链接式等。

变（配）电所是建筑供配电系统中的重要组成部分，其主要作用是变换与分配电能。

建筑供配电线路主要有架空线路和电缆线路。

防雷装置主要由接闪器、引下线、接地装置和避雷器等组成。

等电位连接就是电气装置的各外露导电部分和装置外导电部分的电位实质上相等的连接。

建筑电气工程图由首页、电气系统图、平面图、电气原理接线图、设备布置图、安装接线图和大样图等组成。

电气工程施工图识图步骤：①看图纸目录及标题栏；②看总设计说明；③看电气系统图；④看电路图和接线图；⑤看电气平面布置图；⑥看安装大样图；⑦看设备材料表。

复习思考题

一、选择题

1. 导线型号 BLV 的含义是（　　）。

A. 铜芯塑料线　　B. 铝芯塑料线　　C. 铜芯橡皮线　　D. 铝芯橡皮线

2. VV42-10-3×50 表示该电缆的额定电压是（　　）。

A. 42kV　　B. 10kV　　C. 3kV　　D. 50kV

3. 塑料线管敷设，用套管连接时，套管长度为连接管径的（　　）。

A. 1.5~3 倍　　B. 2~3 倍　　C. 4~5 倍　　D. 1~2 倍

4. 翘板式开关距地面高度设计无要求时，应为（　　），距门口为（　　）。

A. 1.5m，15~20mm　　B. 1.4m，1.5~2m

C. 1.3m，200~500mm　　D. 1.3m，150~200mm

5. 单相两孔插座有横装和竖装两种。横装时，面对插座的右极、左极分别接（　　）。

A. L，N　　B. L，PE　　C. N，L　　D. N，PE

6. 当电气装置或电气装置一部分的接地故障保护的条件不能满足时，在局部范围内将各可导电部分连接的方式称为（　　）

A. 总等电位连接　　B. 局部等电位连接　　C. 辅助等电位连接　　D. 混合等电位连接

二、简答题

1. 供配电系统的基本要求是什么？

2. 什么叫电力负荷？电力负荷可分为几类？各自的供电要求是什么？

3. 低压配电线路的接线方式有哪几种？

4. 室内线路敷设的一般要求有哪些？

5. 插座的安装要求有哪些？
6. 断路器的工作原理是什么？
7. 什么是等电位连接？作用是什么？
8. 电气系统图的作用是什么？通过识读系统图可以了解到哪些内容？
9. 导线在电气线路平面图上如何进行文字标注？
10. 照明工程施工图的识图步骤有哪些？

单元3

3

建筑智能化

单元目标

知识目标

1. 了解火灾自动报警系统发展的五个阶段，熟悉火灾自动报警系统基本形式。

2. 掌握火灾自动报警系统的组成和常用设备附件。

3. 了解视频监控系统、入侵报警系统、访客对讲系统的功能及应用，了解智能家居控制系统特点。

4. 掌握视频监控系统、入侵报警系统、访客对讲系统的组成，熟悉智能家居控制系统组成。

技能目标

1. 熟悉火灾自动报警系统常用图例。

2. 能够识读简单的火灾自动报警系统图纸。

3. 能做好土建施工与安装工程施工的配合。

情感目标

1. 培养学生积极向上、乐观的生活态度。

2. 通过火灾自动报警系统、视频监控系统、入侵报警系统、访客对讲系统、智能家居控制系统基本知识的学习，培养学生科学严谨、细致认真的工作态度。

3. 激发学生热爱从事本专业及相关工作的热情。

单元概述

建筑智能化系统包括火灾自动报警系统、视频监控系统、入侵报警系统、访客对讲系统、智能家居控制系统等。本单元主要讲解各系统的功能、系统组成、常用设备等基础知识，介绍火灾自动报警系统施工图及其识读方法，简要介绍火灾报警系统常用设备接线端子代表意义等知识。通过学习，能看懂简单的火灾自动报警系统施工图，做好土建施工与安装工程施工的配合（预留预埋）工作。

课题1　火灾自动报警系统

学习目标

1. 了解火灾自动报警系统发展经历的五个阶段，熟悉火灾自动报警系统基本形式。

2. 掌握火灾自动报警系统组成。

3. 掌握火灾自动报警系统常用设备。

4. 识图火灾自动报警系统施工图。

3.1.1 火灾自动报警系统的组成

1. 火灾自动报警系统发展阶段

火灾自动报警系统是人们为了早期发现和通报火灾，并及时采取有效措施，控制和扑灭火灾而设置在建筑物中或其他场所的一种自动消防设施，是现代消防不可缺少的安全技术设施之一。它经历了五个阶段：

（1）传统多线制开关量式火灾报警系统　特点是：简单、成本低。但有明显的不足：一是因为火灾判断依据仅仅是根据所探测的某个火灾现象参数是否超过其自身设定值（阈值）来确定是否报警，因此无法排除环境和其他干扰因素；二是性能差、功能少，无法满足发展需要；多线制系统费钱费工；不具备现场编程能力；不能识别报警的个别探测器（地址编码）及探测器类型；无法自动探测系统重要组件的真实状态；不能自动补偿探测器灵敏度的漂移；当线路短路或开路时，不能切断故障点，缺乏故障自诊断、自排除能力；电源功耗大等。

（2）总线制可编码火灾报警系统　其中，二总线制系统被广泛使用，其优点是：省钱省工；增设了可现场编程的键盘；具有系统自检和复位功能，火灾地址和时钟记忆与显示功能，故障显示功能，探测点开路、短路时隔离功能；能准确地确定火情部位，增强了火灾探测或判断火灾发生的能力等。但对探测器的工况几乎无大改进，对火灾的判断和发送仍由探测器决定。

（3）模拟量传输式智能火灾报警系统　其特点是：在探测处理方法上做了改进，即把探测器的模拟信号不断地送到控制器去评估或判断，控制器用适当的算法辨别虚假或真实火灾及其发展程度，或探测器受污染的状态。对火警的判断和发送由控制器决定。

（4）分布智能火灾报警系统　探测器具有智能，可对火灾信号进行分析和智能处理，做出恰当的判断，然后将这些判断信息传给控制器；控制器对探测器的运行状态进行监视和控制。由于探测部分和控制部分的双重智能处理，系统运行能力大大提高。

（5）无线火灾自动报警系统　无线火灾自动报警系统由传感-发射机、中继器以及控制中心三大部分组成。以无线电波为传播媒体。探测部分与发射机合成一体，由高能电池供电，每个中继器只接收自己组内的传感-发射机信号。当中继器接到组内某传感器的信号时，进行地址对照，一致时判读接收数据并由中继器将信息传给控制中心，中心显示信号。此系统具有节省布线费及工时，安装开通容易的优点。适合不宜布线的楼宇、工厂、仓库等，也适合改造工程。

2. 火灾自动报警系统组成

火灾自动报警系统是由触发装置、火灾报警装置、火灾警报装置、控制装置、电源等组成。它能够在火灾初期，将燃烧产生的烟雾、热量和光辐射等物理量，通过感温、感烟和感光等火灾探测器变成电信号，传输到火灾报警控制器，并同时显示出火灾发生的部位，记录火灾发生的时间。火灾自动报警系统组成如图 3-1 所示。

（1）触发装置　在火灾自动报警系统中，自动或手动产生火灾报警信号的器件称为触发件，主要包括火灾探测器和手动报警按钮。火灾探测器是能对火灾参数（如烟、温度、火焰辐射、气体浓度等）响应，并自动产生火灾报警信号的器件。手动火灾报警按钮是手动方式产生火灾报警信号、启动火灾自动报警系统的器件。

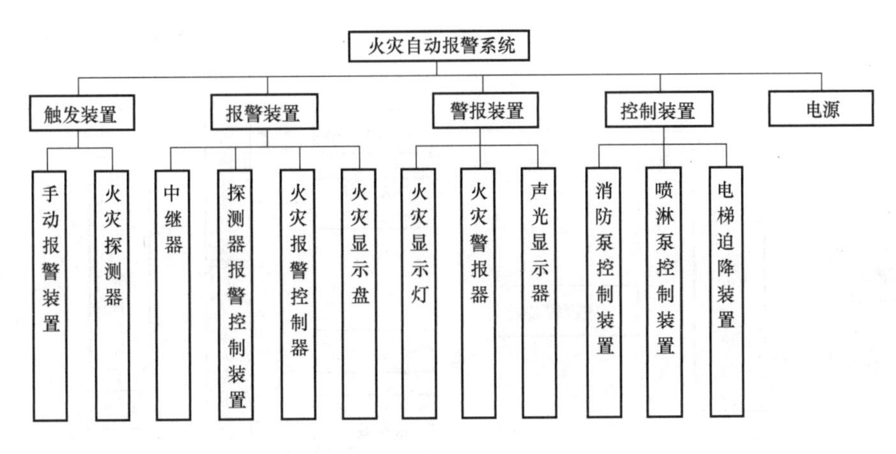

图 3-1 火灾自动报警系统的组成

(2) 火灾报警装置 在火灾自动报警系统中，用以接收、显示和传递火灾报警信号，并能发出控制信号和具有其他辅助功能的控制指示设备称为火灾报警装置。火灾报警控制器担负着为火灾探测器提供稳定的工作电源；监视探测器及系统自身的工作状态；接收、转换、处理火灾探测器输出的报警信号；进行声光报警；指示报警的具体部位及时间；同时执行相应辅助控制等诸多任务。火灾报警装置是火灾自动报警系统中的核心组成部分。

(3) 火灾警报装置 在火灾自动报警系统中，用以发出区别于环境声、光的火灾警报信号的装置称为火灾警报装置。它以声、光音响方式向报警区域发出火灾警报信号，以警示人们采取安全疏散、灭火救灾措施。

(4) 控制装置 在火灾自动报警系统中，当接收到火灾报警后，能自动或手动启动相关消防设备并显示其状态的设备，称为消防控制设备。包括：自动灭火系统的控制装置，室内消火栓系统的控制装置，防烟排烟系统及空调通风系统的控制装置等。消防控制设备一般设置在消防控制中心，以便于实行集中统一控制。

(5) 电源 火灾自动报警系统属于消防用电设备，其主电源应当采用消防电源，备用电源采用蓄电池。系统电源除为火灾报警控制器供电外，还为与系统相关的消防控制设备等供电。

3. 火灾自动报警系统基本形式

根据现行国家标准《火灾自动报警系统设计规范》(GB 50116—2013) 规定，火灾自动报系统的基本形式有三种，即：区域报警系统、集中报警系统和控制中心报警系统。

(1) 区域报警系统 区域报警系统由区域火灾报警控制器和火灾探测器等组成，是功能简单的火灾自动报警系统。区域报警控制器常用于规模小、局部保护区域的火灾自动报警系统。其系统组成如图 3-2 所示。

(2) 集中报警系统 集中报警系统由集中火灾报警控制器、区域火灾报警控制器和火灾探测器等组成，是功能较复杂的火灾自动报警系统。集中火灾报警控制系统常用于规模大的建筑或建筑群的火灾自动报警系统。其系统组成如图 3-3 所示。

(3) 控制中心报警系统 控制中心报警系统由消防控制室的消防控制设备、集中火灾报警控制器、区域火灾报警控制器和火灾探测器等组成。系统容量大，消防设施的控制功能较全，适用于大型建筑的保护。系统组成如图 3-4 所示。

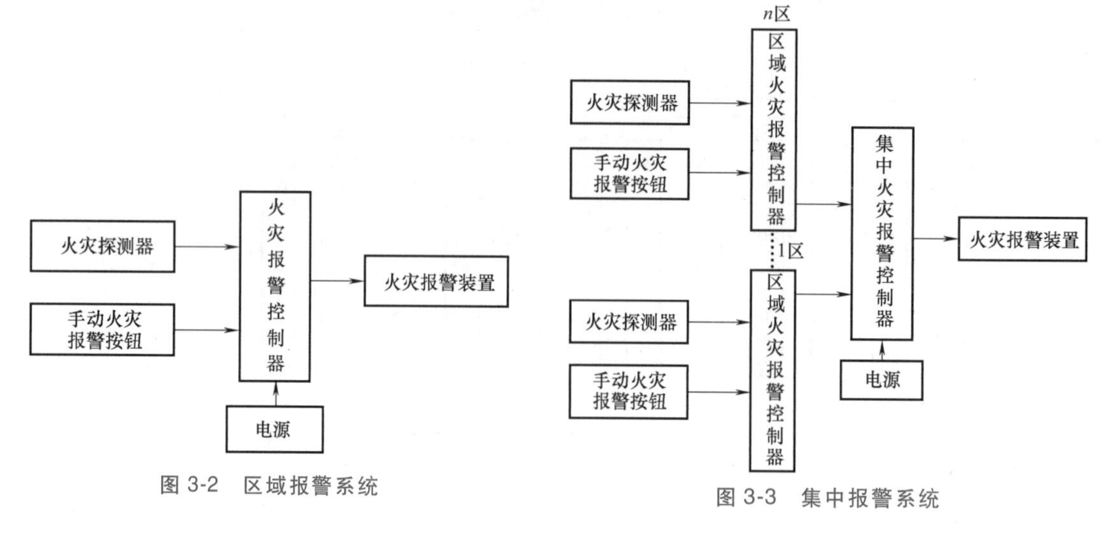

图 3-2　区域报警系统

图 3-3　集中报警系统

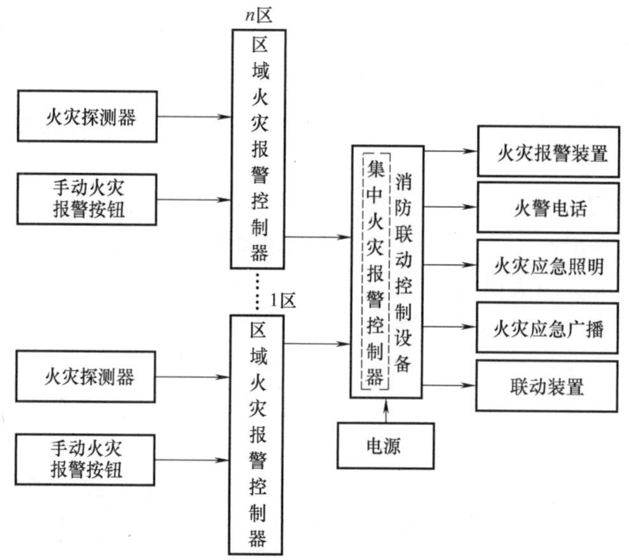

图 3-4　控制中心报警系统

3.1.2 火灾自动报警系统的常用设备

1. 触发器件

（1）火灾探测器　火灾探测器是对火灾现场的光、温、烟、焰火辐射等现象产生响应，发出信号的现场设备。根据其感测的参数不同，分为感烟火灾探测器、感温火灾探测器、感光火灾探测器、可燃气体探测器、复合式火灾探测器等。按结构造型分类可分为点型和线型两类。

1）感烟火灾探测器是感测环境烟雾浓度的探测器，主要有离子感烟探测器、光电感烟探测器等，如图 3-5 和图 3-6 所示。

图 3-5 离子感烟探测器

图 3-6 光电感烟探测器

2）感温火灾探测器是对环境中的温度进行监测的探测器。根据检测温度参数的特性不同分为定温式、差温式、差定温式探测器三类，如图 3-7 和图 3-8 所示。

图 3-7 热敏电阻定温式感温探测器

图 3-8 差定温式感温探测器

3）感光火灾探测器用来探测火焰辐射的红外光和紫外光。感光火灾探测器特别适用于突然起火而无烟雾、温度变化不大的易燃易爆场所，室内外均可使用。感光探测器如图 3-9 所示。

图 3-9 感光探测器

4）可燃气体探测器主要用来探测可燃气体（如天然气等）在某区域内的浓度，在气体达到爆炸危险条件之前发出信号报警。可燃气体探测器如图 3-10 所示。

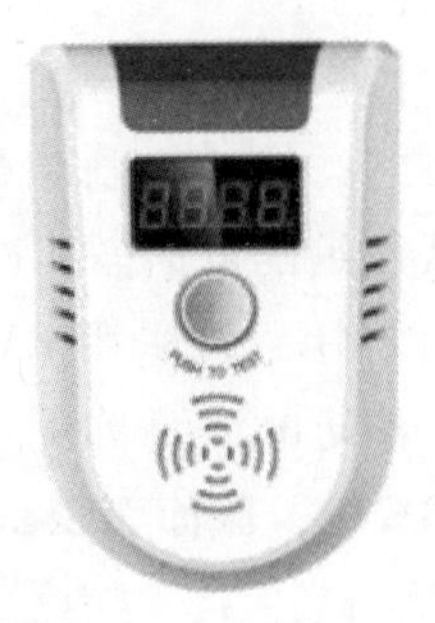

图 3-10 可燃气体探测器

5）复合式火灾探测器的探测参数不止一种，扩大了探测器的应用范围，提高了火灾探测的可靠性。常见的有感烟感温探测器、感光感烟探测器、感光感温探测器等，如图 3-11 和图 3-12 所示。

图 3-11　复合型防爆感烟感温火灾探测器

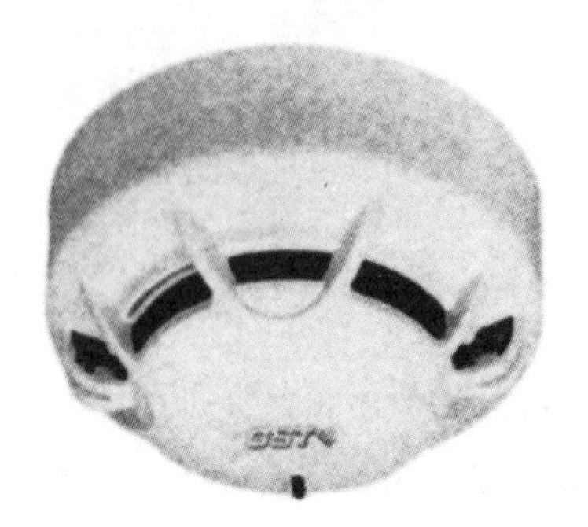

图 3-12　复合型感烟感温火灾探测器

火灾探测器接线端子有：无极性信号二总线接线端子（Z1、Z2）。

布线要求：采用 RVS 双绞线，截面面积≥1.0mm²。

（2）手动报警按钮　手动报警按钮分成两种，一种为不带电话插孔，另一种为带电话插孔。手动报警按钮为红色全塑结构，分底盒与上盖两部分。手动报警按钮设置在公共场所（如走廊、楼梯口）及人员密集的场所。当人工确认火灾发生时，按下按钮上的有机玻璃片，可向控制器发出火灾报警信号，控制器收到信号后，显示报警按钮编号或位置，并通过喇叭发出报警声响。手动报警按钮如图 3-13 所示。

图 3-13　手动报警按钮

手动报警按钮特点：

1）采用无极性信号二总线连接，其地址编码可由电子编码器设定。

2）采用拔插式结构设计，安装简单方便。按钮上的有机玻璃片在按下后可用专用工具复位。

3）按下手动报警按钮玻璃片，可由按钮提供额定 DC60V/100mA 无源输出触点信号，可直接控制其他外部设备。

不带电话插孔手动报警按钮接线端子有：无极性信号二总线接线端子（Z1、Z2）；无源常开输出端子（K1、K2）。

带电话插孔手动报警按钮接线端子有：无极性信号二总线接线端子（Z1、Z2）；无源常开输出端子（K1、K2）；与总线制编码电话插孔或多线制电话主机连接的音频接线端子（TL1、TL2）；与总线制编码电话插孔连接的报警请求线端子（AL、G）。

布线要求：信号线 Z1、Z2 采用 RVS 双绞线，截面面积≥1.0mm²；K1、K2 采用 BV 线，截面面积≥0.5mm²；消防电话线 TL1、TL2 采用 RVVP 屏蔽线，截面面积≥1.0mm²；报警请求线 AL、G 采用 BV 线，截面面积≥1.0mm²。

2. 声光报警器

声光报警器也叫声光讯响器，作用是：当现场发生火灾并被确认后，安装在现场的声光报警器可由消防控制中心的火灾报警控制器启动，发出强烈的声光信号，以达到提醒人员注意的目的。声光报警器如图3-14所示。

安装方式：采用壁挂式安装，底边距地面高度为2.2m。

接线端子有：DC24V电源输入端子（D1、D2）；无极性信号二总线接线端子（Z1、Z2）；外控输入端子（S1、G）。

图3-14 声光报警器

布线要求：信号线Z1、Z2采用RVS双绞线，截面面积≥1.0mm^2；D1、D2采用BV线，截面面积≥1.5mm^2；S1、G采用RV线，截面面积≥0.5mm^2。

3. 控制模块

（1）LD-8300输入模块 输入模块的作用是接收现场装置的报警信号，实现信号向火灾报警控制器的传输。它适用于水流指示器、压力开关、70℃防火阀等。图3-15所示为GST-LD-8300输入模块。

输入模块的接线端子有：无极性信号二总线接线端子（Z1、Z2）；与设备无源常开触点连接的端子（I1、G）。

布线要求：信号线Z1、Z2采用RVS双绞线，截面面积≥1.0mm^2；I1、G采用RV软线，截面面积≥1.0mm^2。

（2）LD-8301单输入/输出模块 此模块用于将现场各种一次动作并有动作信号输出的被动型设备（排烟口、送风口、防火阀等）接入到控制总线上。图3-16所示为GST-LD-8301单输入/输出模块。

接线端子有：无极性信号二总线接线端子（Z1、Z2）；DC24V接线端子（D1、D2）；DC24V输出端子（V+、G），用于向输出触点提供+24V信号；与被控制设备无源常开触点连接端子（I1、G），用于实现设备动作回答确认；模块常开输出端子（NO1、COM1）；模块常闭输出端子（NC1、COM1）。

布线要求：信号线Z1、Z2采用RVS双绞线，截面面积≥1.0mm^2；D1、D2采用BV线，截面面积≥1.5mm^2。V+、I1、G、NO1、COM1、NC1采用RV线，截面面积≥1.0mm^2。

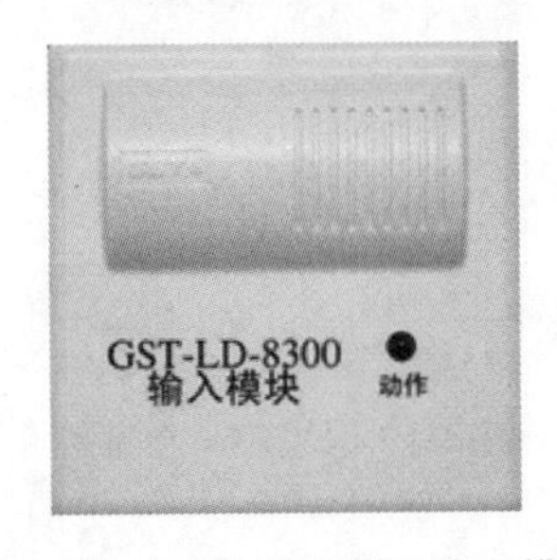

图3-15 GST-LD-8300输入模块

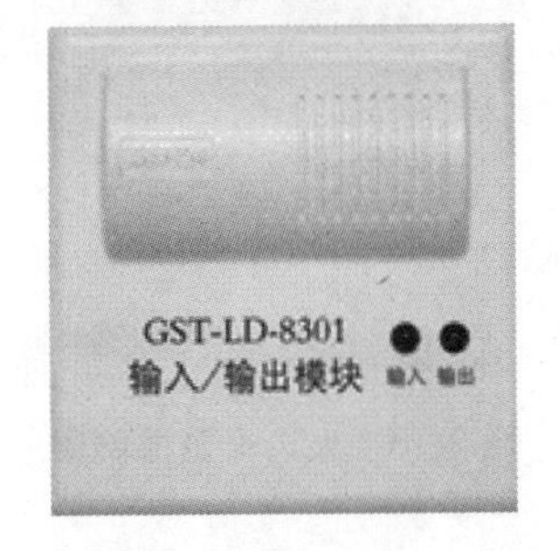

图3-16 GST-LD-8301单输入/输出模块

4. 总线隔离器

总线隔离器接在从控制器引出的信号二总线上，对各分支线路作短路时的隔离保护作用，是非编码设备。它能自动地断开短路部分，使其呈开路状态，不损坏控制器主机，也不影响总线上其他分支线路上的部件的正常工作。当这部分短路故障消除时，能自动恢复回路的正常工作。这种装置又称短路隔离器，如图 3-17 所示。

图 3-17 总线隔离器

接线端子有：无极性信号二总线输入端子（Z1、Z2）；无极性信号二总线输出端子（Z01、Z02）。

主要技术指标：工作电压，DC24V；隔离动作确认灯，红色。

5. 火灾报警控制器

火灾报警控制器是火灾报警系统的心脏，是消防系统指挥中心。控制器可以为火灾探测器供电，接收、处理和传递探测器故障及火警信号，发出声光报警信号，同时显示及记录火灾发生部位和时间，并能向联动控制器发出联动通知信号报警。火灾报警控制器如图 3-18 所示。

按结构要求分：壁挂式、台式、柜式。

按设计使用要求分：区域、集中、通用。

火灾报警控制器接线端子有：交流 220V 接线端子及交流接地端子（L、G、N）；多线制模块电源输入端子（+24V、GND）；连接彩色 CRT 系统的接线端子（RXD、TXD、GND）；连接火灾显示盘的通信总线端子（A、B）；火灾报警输出端子（OUT1、OUT2）；无极性信号二总线端子（ZN-1、ZN-2）。

布线要求：DC24V、6A 供电电源线在竖井内采用 BV 线，截面面积≥4.0mm^2，在平面采用 BV 线，截面面积≥2.5mm^2。

6. DC24V 电源箱

火灾自动报警系统属于消防用电设备，主电源采用消防电源，备用电源一般采用蓄电池组。DC24V 电源箱为火灾自动报警系统提供直流 24V 电源，主干线路通常采用 NH-BV-2×4 线，一般线路通常采用 NH-BV-2×2.5 线。DC24V 电源箱如图 3-19 所示。

图 3-18 火灾报警控制器

图 3-19 DC24V 电源箱

3.1.3 火灾自动报警系统施工图识图

如图 3-20、图 3-21 所示为某建筑火灾自动报警系统施工图。

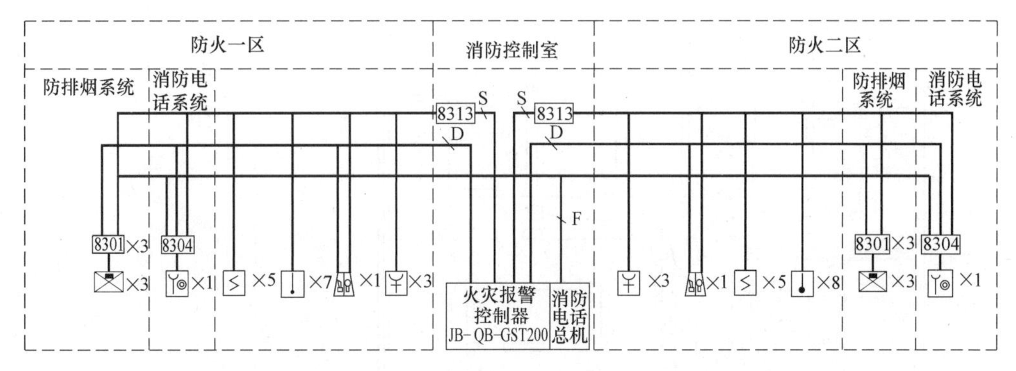

序号	符号	设备名称	型号规格	安装方式
1		消火栓按钮	J-SAM-GST9123	消防箱内安装
2		声光报警器	GST-HX-M8051/2	明装距顶0.3m
3		感温探测器	JTY-ZCD－G3N	吸顶安装
4		感烟探测器	JTY-GD－G3	吸顶安装
5		排烟防火阀	FFH－3	
6		手动火灾报警按钮(带电话插孔)	J-SAM－GST9122	明装距地1.3m
7	8301	输入/输出模块	GST-LD－8301	设备附近距顶0.3m，明装或吸顶安装
8	8304	消防电话接口	GST-LD－8304	设备附近距顶0.3m，明装或吸顶安装
9	8313	隔离器	GST-9LD－8313	设备附近距顶0.3m，明装或吸顶安装
10	S	信号总线	ZR-RVS－2×1.5	CC
11	D	DC 24V电源线	ZR-BV－2×6	CC
12	F	消防电话线	ZR-RVVP－2×1.0	CC

图 3-20 某建筑火灾自动报警系统施工图

1. 工程概况

该工程为某高层（12 层）建筑地下室的火灾自动报警系统。系统主要包括火灾探测报警系统、消防电话系统和防排烟联动控制系统。

2. 系统作用

该高层总 12 层，属于二类建筑，为火灾自动报警二级保护对象。按保护面积、结构等因素，在 13 轴线处，将该地下室分为两个防火区。

火灾自动报警系统采用总线制，火灾报警控制器设置在底层的消防控制室内，信号总线、消防电话线、24V 电源线和控制线由电缆竖井引入地下室，连接消防设备。探测设备主要采用感烟探测器和感温探测器，它们设置在主要通道、风机房和电缆竖井内。在消防前室处设置手动报警按钮，作为人工报警的设备，以弥补探测器灵敏度降低等故障不能及时报警的缺陷。声光报警器在发生火灾时，发出声音和闪光提醒人注意。排烟防火阀的作用是在发生火灾时，及时关闭排烟阀，以免扩大火灾范围。消火栓按钮的作用是在发生火灾时，按下按钮可以直接启动消防水泵，同时给火灾报警控制器发出信号，使系统做出报警等反应。带有电话插孔的手动报警按钮，可以将电话插入电话插孔，直接和消防控制室的消防电话主机连通，进行报警。8313 隔离器安装在总线上，起到安全保护作用，防止因总线某设备短路，而造成的整个系统瘫痪等故障。8304 为消防电话专用的接口模块，主要起连接消防电话分机并将其连入总线制消防电话系统。8301 为输入/输出模块，主要将联动设备（如排烟阀、送风阀、防火阀等）接入控制总线上。

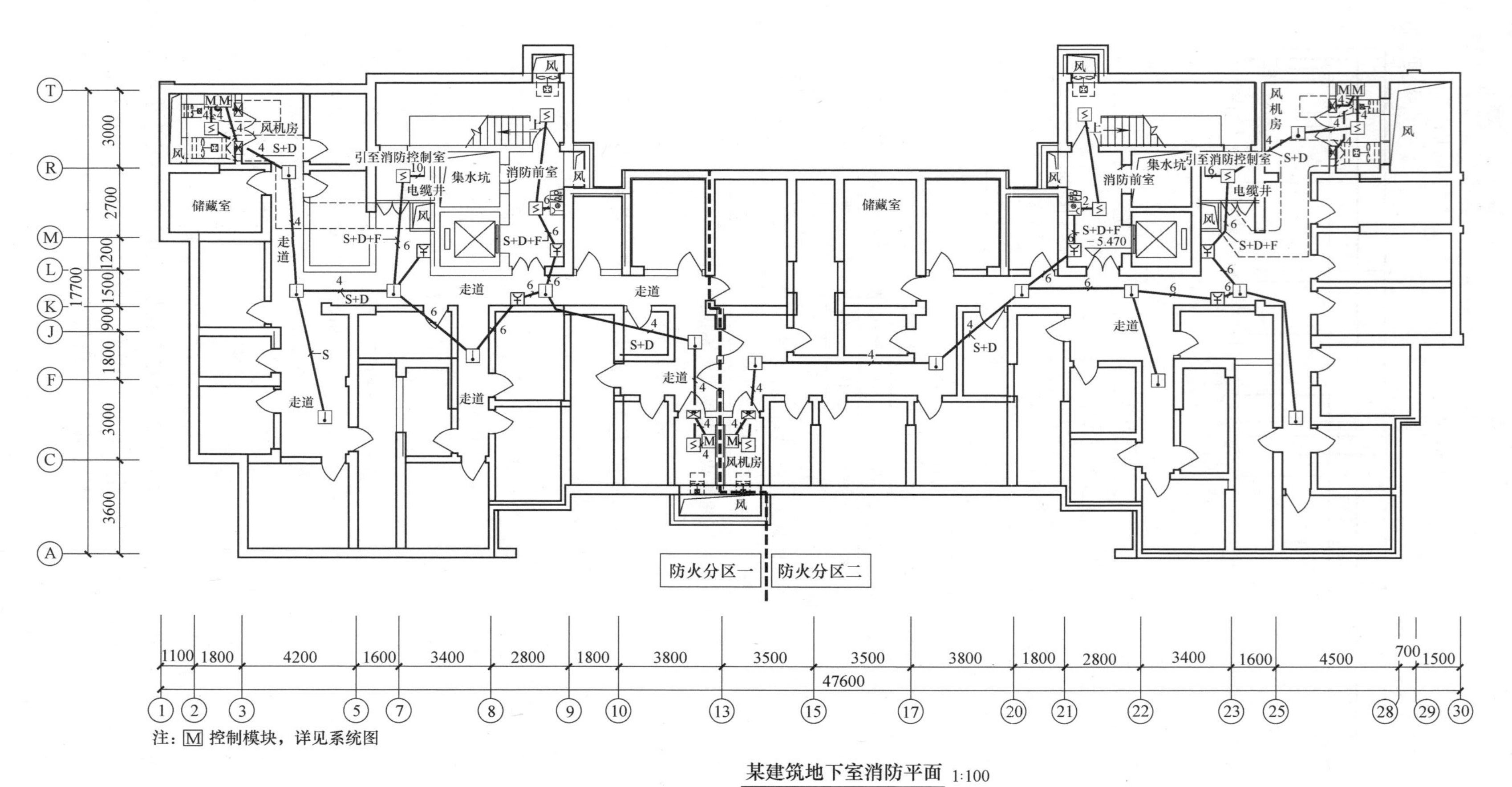

注：M 控制模块，详见系统图

某建筑地下室消防平面 1:100

图 3-21 某建筑地下室火灾自动报警平面图

课题2　安全防范系统

学习目标

1. 了解视频监控系统的功能与应用，掌握视频监控系统的组成。
2. 了解入侵报警系统的功能，掌握入侵报警系统的组成。
3. 了解访客对讲系统的主要功能，掌握访客对讲系统的组成。
4. 了解智能家居控制系统特点，熟悉智能家居控制系统组成。

3.2.1　视频监控系统

1. 视频监控系统的功能与应用

（1）视频监控系统的主要功能　视频监控系统的主要功能概括如下：

1）视频监控系统能对建筑物内的主要公共活动场所、通道、电梯前室、电梯轿厢、楼梯口等重要部位进行探测，并有效记录，再现画面、图像。

2）监视器画面显示有明确的摄像机编号、位置、时间等，能任意编程，手动自动切换。

3）安防控制中心对视频监控系统进行集中管理和监控。

（2）视频监控系统的应用场所

1）大型活动场所、机要单位的安全保卫。

2）自选商场、珠宝店、书店等商业经营单位。

3）银行、金库等金融系统的营业厅、储藏间、办公场所、进出口等。

4）博物馆、文物保护单位的展览厅、进出口等。

5）机场、车站、港口、海关等交通要道。

6）旅馆、宾馆的出入口、大厅、财务室、电梯轿厢及前室、走廊、内部商场等。

7）医院的急救中心、候诊室、手术室等。

8）建筑小区内主要道路、出入口、围墙周边等。

2. 视频监控系统的组成及设备

视频监控系统一般由摄像、传输、控制、图像处理及显示等四部分组成，如图3-22所示。

（1）摄像　摄像为视频监控系统的前端部分，主要用于探测现场视频信息，传递给控制中心计算机。主要设备包括摄像机、镜头、云台、防护罩等。

1）摄像机是采集现场视频信息的主要设备，目前广泛使用的是电荷耦合式摄像机，称为CCD摄像机。摄像机主要有黑白摄像机、彩色摄像机、红外摄像机等。

2）镜头分为定焦镜头和变焦镜头，与摄像机配合使用。

3）云台是固定、安装摄像机的设备。电动云台可以在控制信号的作用下进行上下、左右运动，使摄像机的采集范围扩大。

4）防护罩分室内、室外两种，保护摄像机，免受损坏。

（2）传输　传输部分为视频监控系统的缆线系统，主要传输由摄像机到控制中心的视频信号和由控制中心到现场云台等控制设备的控制信号。传输视频信号的缆线主要为视频同轴电缆、射频同轴电缆、平衡对电缆、光缆等。传输控制信号的缆线主要为双绞线、复用视频同轴电缆等。

（3）控制　通过控制中心对云台、镜头、防护罩等动作控制，对视频信号分配控制，对图像的切换、分割控制等。控制部分主要设备有视频切换器、画面分割器、控制台（控制中心计算机）等。

（4）图像处理及显示　图像处理及显示是视频监控系统的终端部分，主要作用为显示现场的视频画面、储存视频信息等。主要设备有监视器、磁带录像机、硬盘录像机等。

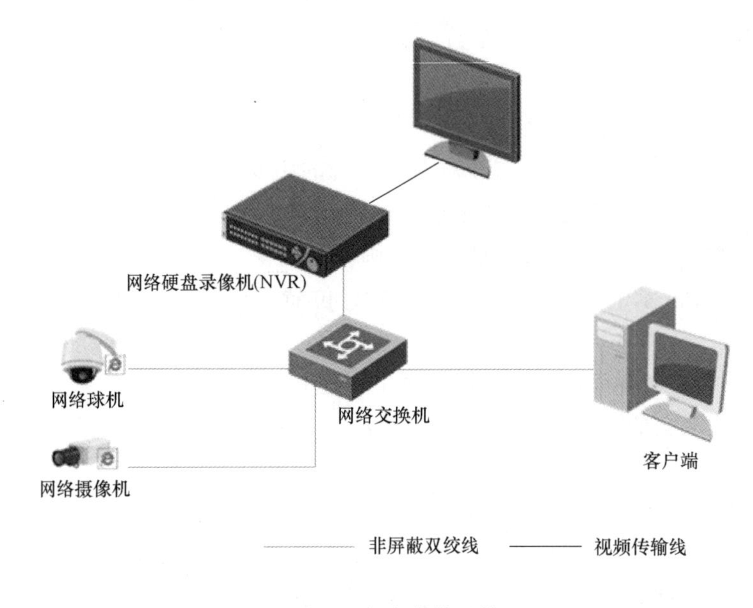

图 3-22　视频监控系统

3.2.2 入侵报警系统

入侵报警系统是在探测到防范现场入侵者时能发出警报的系统。

1. 入侵报警系统的功能

入侵报警系统的功能主要有：

1）系统对设防区域的非法入侵，能实时、有效探测与报警。

2）系统可以按时间、区域、部位任意编程设防和撤防。

3）对设备工作状态能自检，及时发现故障，报告故障位置，提高系统工作可靠性。

4）系统设备具有防破坏功能，遭到破坏具有报警功能。

5）系统可以自成网络，独立运行，也可和其他安防系统联网。

2. 入侵报警系统的组成及设备

入侵报警系统一般由前端、传输系统、报警控制设备组成，如图 3-23 所示。

（1）前端　系统的前端设备为各种类型的入侵探测器。探测器主要有磁控开关、紧急报警装置、被动红外入侵探测器、双鉴器（微波与被动红外双技术探测器）、玻璃破碎入侵探测器、主动红外入侵探测器、电动式振动探测器、电动式振动电缆入侵探测器、泄露电缆传感器、平行线周边传感器等。

（2）传输系统　传输系统一般敷设专用传输线或无线信道传输报警信息，配以必要的有线、无线接收装置，形成以有线传输为主、无线传输为辅的报警传输系统。

（3）报警控制设备　报警控制设备是入侵报警系统的核心设备，主要设备为报警控制器。报警控制器自动接收前端设备发来的报警信息，在计算机屏幕上实时显示，同时发出声、光报警。在平时，报警控制器对前端设备进行巡检、监控，保障系统正常运行。

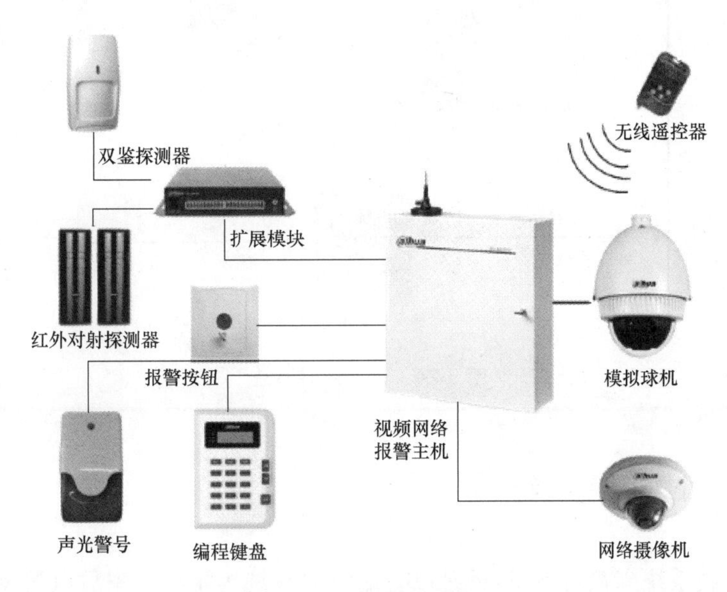

图 3-23　入侵报警系统

3.2.3 访客对讲系统

访客对讲系统把住宅入口、住户、保安人员三方面的通信联系在一个网络中，并与监控系统配合为住户提供安全、舒适的生活。

1. 访客对讲系统的主要功能

访客对讲系统适用于智能化住宅小区、高层住宅、单元式公寓等。其主要功能如下：

（1）访客对讲系统对主人和访客提供双向通话或可视通话，并由主人控制大门电控锁的开启或向安防监控中心报警。

（2）管理主机控制门口机和各个副管理机，并具有抢线功能。

2. 访客对讲系统的组成及设备

访客对讲系统由对讲、控制部分组成，如图 3-24 所示。

（1）对讲　对讲部分分语音对讲、可视对讲两种类型。语音对讲主要由门口机和室内对讲机组成；可视对讲由门口机和室内可视对讲机组成。具有可视对讲的门口机含有摄像头，一般具有夜视功能。

（2）控制　控制部分一般由门口机或控制中心计算机为控制核心部分，对系统中信号进行接收、传递、处理和发出指令等。不联网的访客对讲系统，完全由门口机进行控制和判断，独立运行，适合一般单元式公寓和高层住宅楼的选用。联网的访客对讲系统，由安防控制中心的计算机监视、控制门口机、电控锁等设备，可以对现场进行判断、核对，提高系统工作的可靠性、安全性等，适合智能住宅小区的选用。

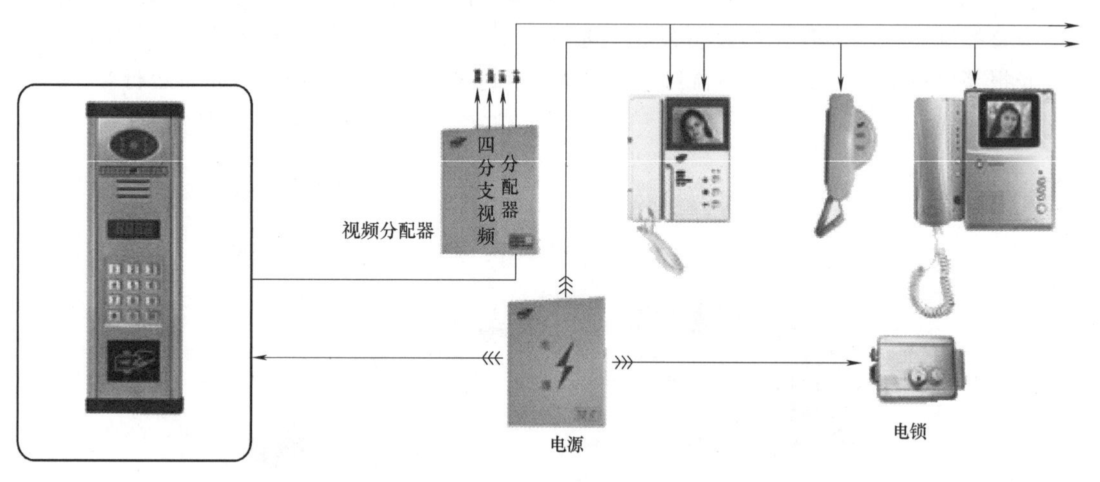

图 3-24　访客对讲系统

3.2.4　智能家居控制系统

智能家居控制系统（简称 SCS），是以智能家居系统为平台，家居电器及家电设备为主要控制对象，利用综合布线技术、网络通信技术、安全防范技术、自动控制技术、音视频技术将家居生活有关的设施进行高效集成，构建高效的住宅设施与家庭日程事务的控制管理系统，提升家居智能、安全、便利、舒适，并实现环保控制系统平台。智能家居控制系统是智能家居核心，是智能家居控制功能实现的基础。

1. 系统特点

（1）系统构成灵活　从总体上看，智能家居控制系统是由各个子系统通过网络通信系统组合而成的。可以根据需要，减少或者增加子系统，以满足需求。

（2）操作管理便捷　智能家居控制的所有设备可以通过手机、平板电脑、触摸屏等人机接口进行操作，非常方便。

（3）场景控制功能丰富　可以设置各种控制模式，如离家模式、回家模式、下雨模式、生日模式、宴会模式、节能模式等，极大满足生活品质需求。

（4）信息资源共享　可以将家里的温度、湿度、干燥度发布到网上，形成整个区域性的环境监测点，为环境的监测提供有效有价值的信息。

（5）安装、调试方便　即插即用，特别是采用无线的方式，可以快速部署系统。

2. 系统组成

智能家居控制系统主要由以下几部分组成：

（1）智能照明系统　主要实现对整个居住空间的灯光的智能控制管理，可以通过遥控等多种智能控制方式实现对居住空间灯光的遥控开关、调光、全开全关及“会客”“影院”等多种一键式灯光场景效果的实现；并可通过定时控制、电话远程控制、计算机本地及互联网远程控制等多种控制方式实现功能，从而达到智能照明的节能、环保、舒适、方便的目的。

（2）智能电器系统　电器控制采用弱电控制强电的方式，即安全又智能。可以通过遥控、定时等多种智能控制方式实现对家里的饮水机、插座、空调、地暖、投影机、新风系统等的智能控制，避免饮水机在夜晚反复加热影响水质，在外出时断开插排通电，避免电器发热引发安全隐患。

（3）智能遮阳系统　智能遮阳系统通常是由遮阳百叶或者遮阳窗帘、电动机及控制系统组成。控制系统软件是智能遮阳控制系统的一个组成部分，与控制系统硬件配套使用，在智能家居系统中，控制软件通常属于智能家居控制主机软件一部分。一个完整的智能遮阳系统能根据周围自然条件的变化，通过系统线路，自动调整帘片角度或做整体升降，完成对遮阳百叶的智能控制功能。智能遮阳系统既能阻断辐射热、减少阳光直射，避免产生眩光，又能充分利用自然光，节约能源。

（4）节能控制系统　包括：家庭住宅使用的太阳能电池、电器设备；节能、节水及高能效的设备、软件与管理方案；风力发电等。本分类还包括家庭能源管理系统（Home Energy Management System，HEMS）。

（5）远程抄表系统　采用通信、计算机等技术，通过专用设备对各种仪表（如水表、电表、气表等）的数据进行自动采集和处理。远程抄表系统一般是通过数据采集器读取表计的读数，然后通过传输控制器将数据传至管理中心，对数据进行存储、显示、打印。自动抄表主要解决上门入户抄表带来的扰民、数据上报不及时、管理不便等难题。在房地产建设项目中的智能小区中自动抄表与楼宇对讲系统一样，成为一个标准配置。

（6）系统软件　系统软件是指独立于智能家居系统产品厂商的第三方软件。第三方软件企业通过与智能家居系统产品厂商达成底层协议，应用层面的合作，开发可控制主流智能家居系统，实现智能灯光控制、智能电器控制、智能温度控制、智能影音控制、智能窗帘控制、智能安防控制、智能遥控控制、智能定时控制、智能网络控制、智能远程控制、智能场景控制等功能的软件。

（7）系统布线　智能家居布线系统从功用来说是智能家居系统的基础，是其传输的通道。智能家居布线也要参照综合布线标准进行设计，但它的结构相对简单，主要参考标准为家居布线标准（TIA/EIA 570-A）。TIA/EIA 570-A 草议的要求主要是订出新一代的家居电信布线标准，以适应现今及将来的电信服务。标准主要提出有关布线的新等级，并建立一个布线介质的基本规范及标准，主要应用支持话音、数据、影像、视频、多媒体、家居自动系统、环境管理、保安、音频、电视、探头、警报及对讲机等服务。

（8）系统网络　英文为 Home Networking。智能家居系统的家庭网络是一个狭义的概念，是指是由家庭内部具备高性能处理和通信能力的设备构成的高速数据网络。目前两种最流行的家庭网络类型是无线和以太网。在这两种类型中，路由器执行大部分工作，负责控制相互连接的设备之间的通信。通过将路由器连接到拨号、DSL或电缆调制解调器，还可以让多台计算机共享一个互联网连接。许多新型路由器将无线技术和以太网技术结合在一起，并且包含硬件防火墙。家庭网络的常见产品包括：计算机、服务器、路由器、ADSL Modem、存储设备。

家庭里的通信和网络设备，包括智能家居系统，都可通过家庭网络与外界相连。同时，家庭网络中的服务器和计算机具备较强的运算和图形计算能力，可以协助或者协同视频监控系统、家庭能源管理系统完成更强大的视频信息处理和数据运算。

智能家居控制系统如图3-25所示。

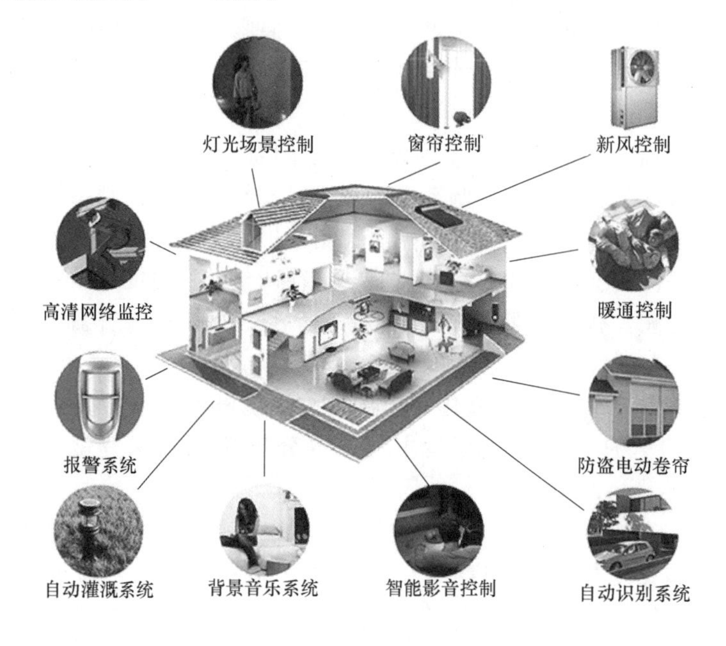

图3-25 智能家居控制系统

单元小结

火灾自动报警系统由触发装置、报警装置、警报装置、控制装置和电源等组成，火灾探测器根据其感测的参数不同，分为感烟火灾探测器、感温火灾探测器、感光火灾探测器、可燃气体探测器、复合式火灾探测器等。火灾自动报警系统的核心报警装置是火灾报警控制器。

安防系统主要有视频监控系统、入侵报警系统、出入口控制系统、访客对讲系统、停车场管理系统等组成。

视频监控系统一般由摄像、传输、控制、图像处理及显示等四部分组成。

入侵报警系统一般由前端、传输系统、报警控制设备组成。

访客对讲系统由对讲、控制部分组成。

智能家居控制系统，是以智能家居系统为平台，家居电器及家电设备为主要控制对象，利用综合布线技术、网络通信技术、安全防范技术、自动控制技术、音视频技术将家居生活有关的设施进行高效集成，构建高效的住宅设施与家庭日程事务的控制管理系统，提升家居智能、安全、便利、舒适，并实现环保控制系统平台。

复习思考题

1. 火灾自动报警系统的基本形式有______、______、________三种。
2. 火灾自动报警系统由______、______、______、________和电源等组成。
3. 火灾探测器根据其感测的参数不同，分为______、______、______、______等。
4. 视频监控系统一般由________、________、________、________等四部分组成。
5. 入侵报警系统一般由________、________、________组成。
6. 访客对讲系统由________、________部分组成。
7. 简述智能家居控制系统。

单元4

4

建筑采暖系统

知识目标

1. 了解建筑采暖系统的基本组成和工作原理。

2. 熟悉热水采暖系统常用图式，掌握分户计量热水采暖系统图式，掌握低温地板辐射采暖构造做法。

3. 了解蒸汽采暖系统。

4. 熟悉散热器的种类、特点和布置原则。

5. 熟悉建筑采暖系统常用管材及连接方式，熟悉常用设备和附件，熟悉管道布置与敷设要求。

6. 熟悉管道与设备的防腐和绝热做法。

7. 掌握采暖系统施工图的图例、组成，熟悉施工图的绘制方法。

8. 熟悉建筑采暖系统安装、试压、冲洗等要求。

技能目标

1. 能合理地选择建筑采暖系统图式。

2. 能看懂简单工程的建筑采暖系统施工图。

3. 能做好土建施工与安装工程施工的配合。

情感目标

1. 培养学生积极向上的生活态度。

2. 通过建筑采暖系统基本知识的学习，培养学生科学严谨、善于观察的工作态度。

3. 通过学习，激发学生热爱本专业的热情。

单元概述

常用的建筑采暖系统有热水采暖系统、蒸汽采暖系统。本单元重点介绍了热水采暖系统的分类、组成、工作原理及采暖管材和附件的基本知识，介绍了管道和设备的防腐、绝热，介绍了建筑采暖系统施工图的组成和识读方法等知识。通过本单元的学习，应能了解采暖系统的基础知识并能看懂简单工程的建筑采暖系统施工图，做好与土建施工的配合。

课题1　热水采暖系统

1. 了解采暖系统的分类，掌握热水采暖系统的组成和工作原理。

2. 熟悉热水采暖常用图式，掌握分户计量热水采暖系统图式，掌握低温地板辐射采暖系统构造做法及图式。

冬季，室外温度低于室内温度，因此房间里的热量不断地通过建筑物的围护结构向外散失，同时室外的冷空气通过门缝、窗缝或开门、开窗时侵入房间而耗热。为了维持室内所需要的空气温度，必须向室内供给相应的热量，这种向室内供给热量的工程设施，称为建筑采暖系统。

建筑采暖系统主要由三部分组成：热源、输热管道和散热设备。热源的任务是制备热量，散热设备的任务是向采暖房间释放热量，而输热管道是连接热源与散热设备之间的管路系统，也称为热网。

把热量从热源携带到散热设备的物质称为“热媒”。根据热媒种类的不同，采暖系统可分为热水采暖系统、蒸汽采暖系统、热风采暖系统、烟气采暖系统等，工程中以热水采暖系统最为常用。根据散热设备的不同，采暖系统可分为散热器采暖系统、地板辐射采暖系统。散热器集中采暖系统宜按75/50℃连续供暖设计；地板辐射采暖系统多采用低温热水地板辐射采暖系统，民用建筑供水温度宜采用35~45℃。热水采暖系统中，按循环动力的不同，可分为自然循环热水采暖系统、机械循环热水采暖系统。

在热水采暖系统中，热源产生热水，经供水管道流向采暖房间的散热设备，散出热量后经回水管道流回热源，重新被加热。在循环过程中，如果主要是依靠循环水泵产生的动力循环流动的，这种系统就称为机械循环热水采暖系统；如果循环动力是系统供回水温度差产生的自然压力，此系统就称为自然循环热水采暖系统。

4.1.1 散热器采暖系统

利用散热器采暖的系统中，散热器与管道的连接方式称为图式。按供、回水管道与散热器连接方式的不同，可分为单管系统和双管系统（图4-1），单管系统还可分为跨越式和顺流式；按供、回水干管敷设的位置不同，分为上供下回式、下供下回式、上供中回式、上供

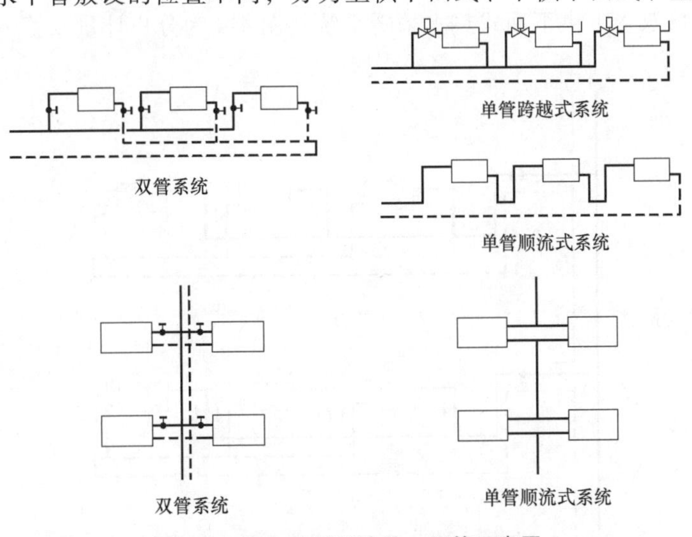

图4-1 热水采暖系统单、双管示意图

上回式等。下面介绍工程中几种常用图式。

（1）分户计量双管上供上回式热水采暖系统　图 4-2 为分户计量双管上供上回式热水采暖系统，它适用于旧房改造工程。供、回水干管均设于系统上方，管材用量多，供回水管道设在室内，影响美观，但能单独调节和控制散热器，有利于节能，并且维修方便。

分户计量系统多用于住宅建筑，系统中的总供水立管、回水立管及各户的计量控制设备均设在公共楼梯间。分户计量设备包括计量热量的热量表、保证热量表正常工作的过滤器及控制阀门等。

（2）分户计量单管下供下回式热水采暖系统　图 4-3 为分户计量单管下供下回式热水采暖系统。这种系统适用于新建住宅，供回水干管埋设在地面层内，系统简单。也可采用单管跨越式系统，跨越式系统需在散热器供水支管上安装温控阀。

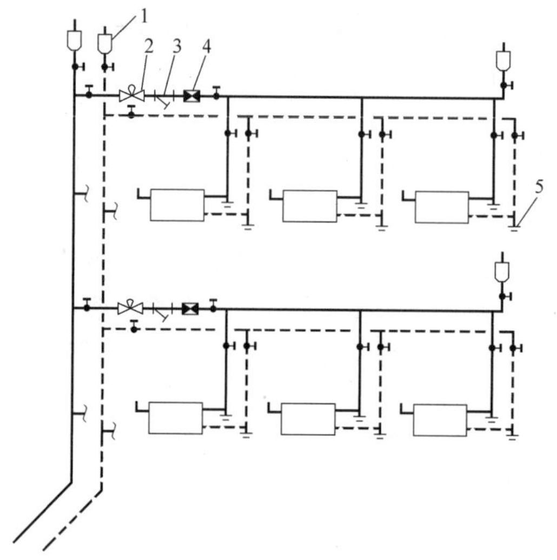

图 4-2　分户计量双管上供上回式热水采暖系统

1—自动排气阀　2—锁闭阀　3—过滤器

4—热量表　5—丝堵

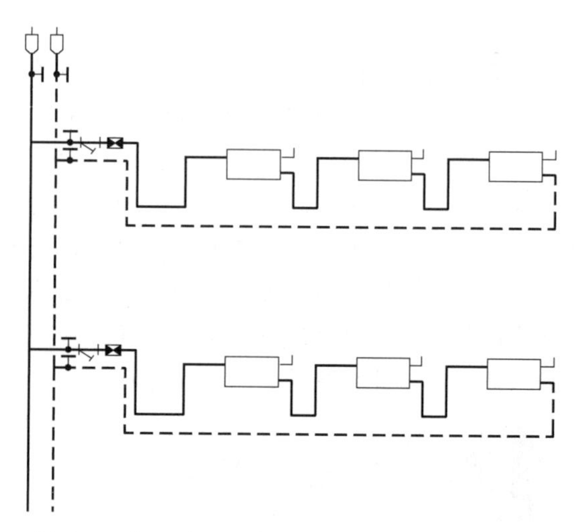

图 4-3　分户计量单管下供下回式热水采暖系统

（3）分户计量双管下供下回式热水采暖系统　图 4-4 为分户计量双管下供下回式热水采

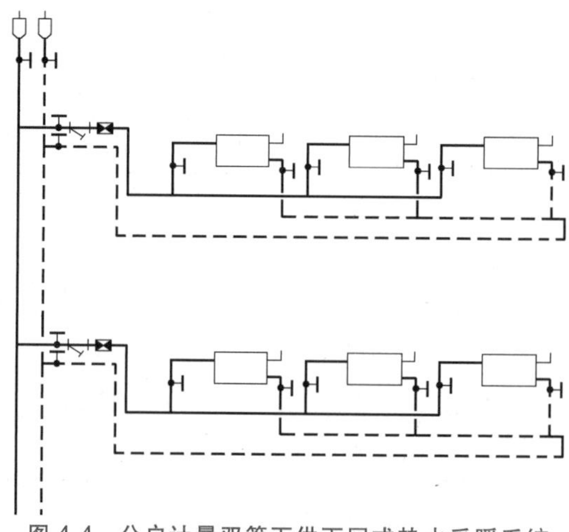

图 4-4　分户计量双管下供下回式热水采暖系统

暖系统。这种系统适用于新建住宅，供回水干管埋设在地面层内，每组散热器设有控制阀门，可单独调节和控制，有利于节能。系统比较复杂，管材用量大于单管系统，且埋设在地面层内的管接头比较多，一旦漏水，维修复杂。

（4）分户计量水平放射式热水采暖系统 图4-5为分户计量水平放射式热水采暖系统，它适用于新建住宅。供、回水管道埋设于地面层内，且地面层内没有接头，维修量小；但管材用量大，且需设分水器、集水器。

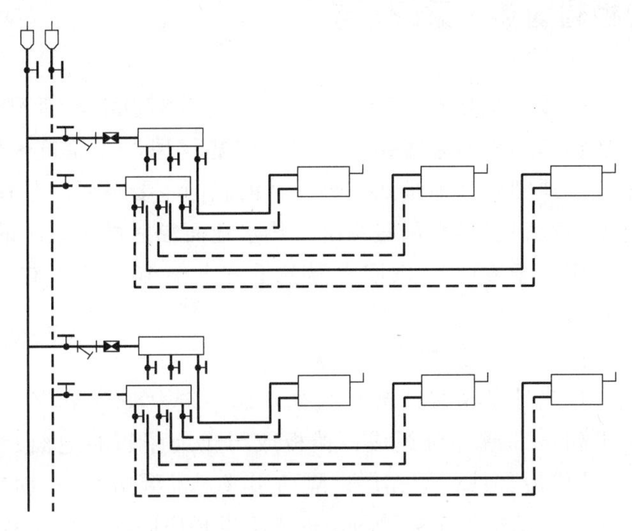

图4-5 分户计量水平放射式热水采暖系统

（5）机械循环上供下回式热水采暖系统 图4-6为机械循环上供下回式热水采暖系统，它是垂直式连接，适用于不需要单户控制和计量的公共建筑。图4-6的左侧为双管式系统，右侧为单管式系统。

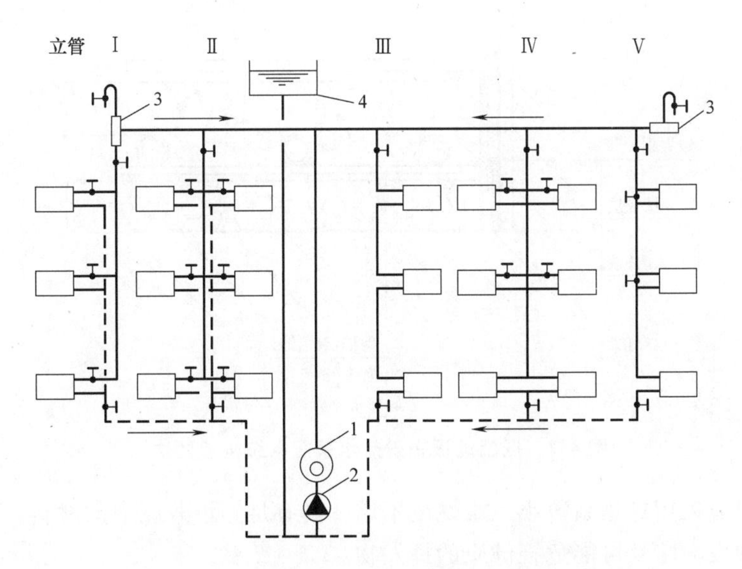

图4-6 机械循环上供下回式热水采暖系统

1—锅炉 2—循环水泵 3—集气罐 4—膨胀水箱

图 4-6 中，立管Ⅰ为双管单侧连接，立管Ⅱ为双管双侧连接，立管Ⅲ为单管单侧顺流式连接，立管Ⅳ为单管双侧跨越式连接，立管Ⅴ为单管单侧跨越式连接。与双管系统相比，单管系统构造简单，施工方便，节约管材，造价低，比较美观，不易产生垂直失调现象，但下部楼层散热器表面温度低，在耗热量相同的情况下，所需散热器片数多，不便安装。顺流式系统不能调节热媒流量，也就无法调节室温。

4.1.2 低温地板辐射热水采暖系统

低温地板辐射热水采暖系统

低温地板辐射热水采暖系统具有节能、卫生、舒适、不占室内面积等特点，近年来在国内发展迅速。辐射采暖系统一般指加热管埋设在建筑构件内的采暖形式，有墙壁式、顶棚式和地板式三种，目前我国主要采用的是地板式，且采用低温热水为热媒，称为低温地板辐射热水采暖系统。热水地面辐射供暖系统的供、回水温度应由计算确定，供水温度不应大于 60℃，供回水温差不宜大于 10℃且不宜小于 5℃。民用建筑供水温度宜采用 35~45℃。

1. 低温地板辐射热水采暖系统的构造做法

可采用集中供暖分户热计量系统或分户独立热源系统（如家庭燃气壁挂炉采暖系统），辐射地面的构造应由下列全部或部分组成：楼板或与土壤相邻的地面；防潮层（与土壤相邻地面）；绝热层；加热供冷部件；填充层；隔离层（对潮湿房间）；面层。

如图 4-7 所示，直接与室外空气接触的楼板或不供暖房间相邻的地板作为供暖辐射地面时，必须设置绝热层；与土壤接触的底层，应设置绝热层。设置绝热层时，绝热层与土壤之间应设置防潮层。潮湿房间，填充层上或面层下应设置隔离层。

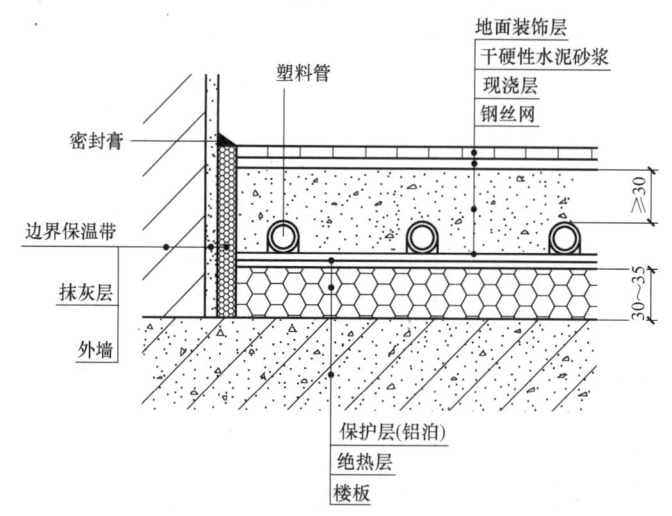

图 4-7 低温地板辐射热水采暖系统构造做法

绝热层材料应采用导热系数小、难燃或不燃，具有足够承载能力的材料，且不应含有殖菌源，不得有散发异味及可能危害健康的挥发物。

填充层的材料为豆石混凝土时，其强度等级宜为 C15，豆石粒径宜为 5~12mm。水泥砂浆填充层材料应选用中粗砂，且含泥量不应大于 5%，宜选用硅酸盐水泥或矿渣硅酸盐水泥，水泥砂浆体积比不应小于 1∶3，强度等级不应低于 M10。

低温地板辐射热水采暖系统的加热管，可采用聚丁烯（PB）管、交联聚乙烯（PE-X）管、无规共聚聚丙烯（PP-R）管等。为安全起见，热水地面供暖用塑料管材，管径≥15mm的，壁厚不应小于2.0mm；管径<15mm的，壁厚不应小于1.8mm；需进行热熔焊接的管材，其壁厚不得小于1.9mm。

2. 系统设置

热量计量系统与前面的分户计量系统相同，只是在户内需设置分水器和集水器，另外，当集中采暖热媒的温度超过低温地板辐射热水采暖系统的允许温度时，应设集中的换热站以保证温度在允许的范围内。图4-8为低温地板辐射热水采暖系统回形布置示意图，加热管还可采用平行排管布置、S形盘管布置等。

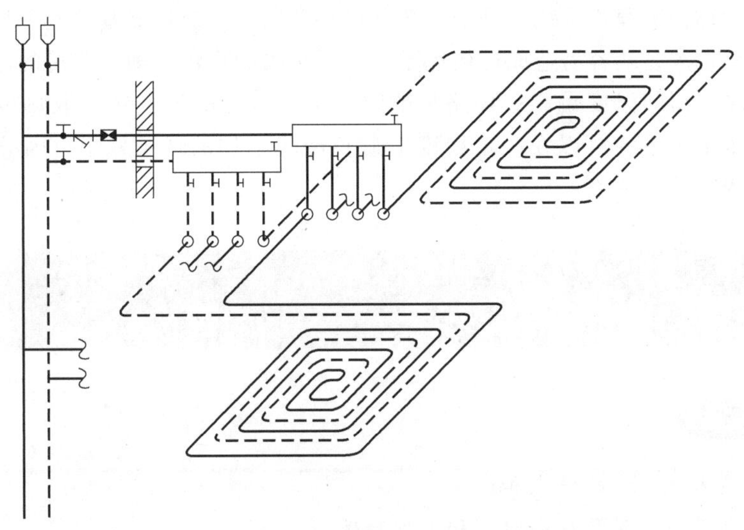

图 4-8 低温地板辐射热水采暖系统回形布置示意图

低温地板辐射热水采暖系统一般通过设置在户内的分水器、集水器与户内埋在地面层内的管路系统连接，每套分、集水器分支环路不宜多于8个。分、集水器的安装立面如图4-9所示。分、集水器宜布置在厨房、卫生间等地方，注意应留有一定的检修空间，且每层安装位置应相同。

为了减小流动阻力和保证供、回水温差不致过大，加热盘管均采用并联布置。原则上一个房间为一个环路，大房间一般以房间面积20～30m^{2}为一个环路。每个环路的盘管长度宜尽量接近，一般为60～80m，最长不宜超过120m。当各环路长度差距较大时，宜采用不同管径的加热管，或在每个分支环路上设置平衡装置。

埋地盘管的每个分支环路不应设置连接件，防止渗漏。为了使室内温度分布均匀，一般在居住建筑中间距采用100～200mm。

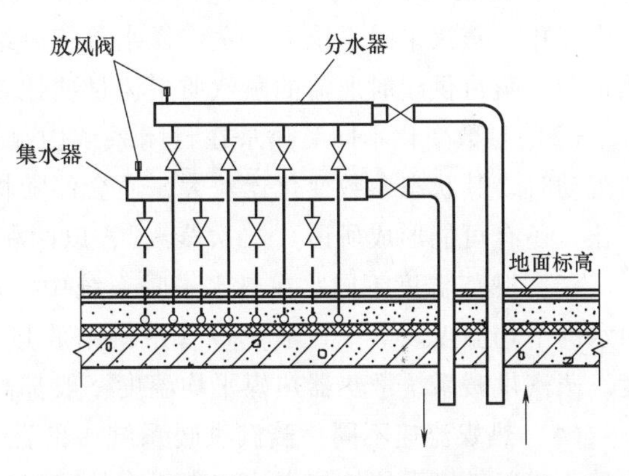

图 4-9 分、集水器安装立面图

不过为了使地面温度分布不会有过大差异，人员长期停留的区域最大间距不宜超过 300mm。应注意的是，最小间距要满足弯管施工条件，防止弯管挤扁。

以上介绍的是工程中比较常用的几种图式，在实际工程中，应根据实际情况、建筑物性质、结合图式本身的特点及适用情况做出较为合理的选择。为保证各系统便于调试，在设计过程中，应尽量选用同程式布置方式，这在热水采暖系统中较为重要。

什么是同程式热水采暖系统？首先我们应该了解一下循环环路的概念。

循环环路是指热水由热源处流出，通过供水管到散热设备，散出热量后经回水管重新流回热源的环路。对于单管散热器系统，循环环路是指连通热源与每串散热器的环路，因此，有多少串散热器就有多少个循环环路；对于双管系统，是连接热源与每组散热器的环路，因此有多少组散热器，就有多少个循环环路。如果一个热水采暖系统各循环环路中热水流程长短基本相等，就称为同程式系统，这个系统各循环环路上的散热器基本上一样热。如果各循环环路长度相差很大，就容易造成近热远不热的水平失调现象，即环路短的阻力小，分配的流量大，散热多，房间温度偏高；环路长的阻力大，分配的流量小，散热少，房间温度偏低。同程式热水采暖系统可以在一定程度上避免冷热不均的现象发生，因此，当系统较大时，宜采用同程式采暖系统。

课题 2　蒸汽采暖系统

1. 了解蒸汽采暖系统的特点和分类。
2. 了解低压蒸汽采暖系统的组成和工作原理。

蒸汽采暖系统的特点与分类

1. 采暖系统与热水采暖系统的比较

（1）流量大小不同　热水采暖系统中，热水靠其温度降低放出热量，且热水的相态不发生变化；蒸汽采暖系统中，蒸汽靠水蒸气凝结成水放出热量，且相态发生变化。对同样的热负荷，蒸汽供暖时所需的蒸汽质量流量要比热水流量少得多。

（2）参数变化不同　热水在封闭系统内循环流动，其参数变化很小。蒸汽在系统管路内流动时，其状态参数变化比较大，还会伴随相态变化。蒸汽的密度会随着温度发生较大的变化，还有可能形成所谓“二次蒸汽”，以两相流的状态在管路内流动。

（3）热媒温度不同　在热水采暖系统中，散热设备内热媒温度为热水和流出散热设备回水的平均温度。蒸汽在散热设备中凝结放热，散热设备的热媒温度为该压力下的饱和温度。蒸汽供暖系统散热器热媒平均温度一般都高于热水供暖系统。

（4）热媒流速不同　蒸汽供暖系统中的蒸汽比容较热水比容大得多。因此，蒸汽管道中的流速通常可采用比热水流速高得多的速度。

(5) 热媒热惰性不同 由于蒸汽具有比容大、密度小的特点，因而在高层建筑供暖时，不会像热水供暖那样，产生很大的水静压力。此外，蒸汽供热系统的热惰性小，供汽时热量来得快，停汽时冷却得也快，适宜用于间歇供热的用户。

2. 蒸汽采暖系统的分类

按照供汽压力的大小，将蒸汽供暖分为三类：供汽的表压力>70kPa时，称为高压蒸汽采暖；供汽的表压力≤70kPa时，称为低压蒸汽采暖；当系统中的压力低于大气压力时，称为真空蒸汽采暖。下面以低压蒸汽采暖系统为例介绍蒸汽采暖系统的组成和工作原理。

按照蒸汽干管布置的不同，蒸汽采暖系统可分为上供下回式、中供下回式、下供下回式等。

按照立管的布置特点，蒸汽供暖系统可分为单管式和双管式。目前我国绝大多数采用双管上供下回式蒸汽供暖系统。

4.2.2 低压蒸汽采暖系统

如图4-10所示，锅炉产生的蒸汽通过干管、立管及散热设备支管进入散热器，在散热器中放出汽化潜热后变成凝结水，凝结水经疏水器沿凝结水管流回凝结水池，再由凝结水泵将凝结水送回锅炉重新加热。

为了便于凝结水快速地流回凝结水箱，凝结水箱应设在低处，凝结水管应设置相应坡度。同时，凝结水箱的位置应高于水泵，这是为了保证凝结水泵正常工作，避免水泵吸入口处压力过低使凝结水汽化。

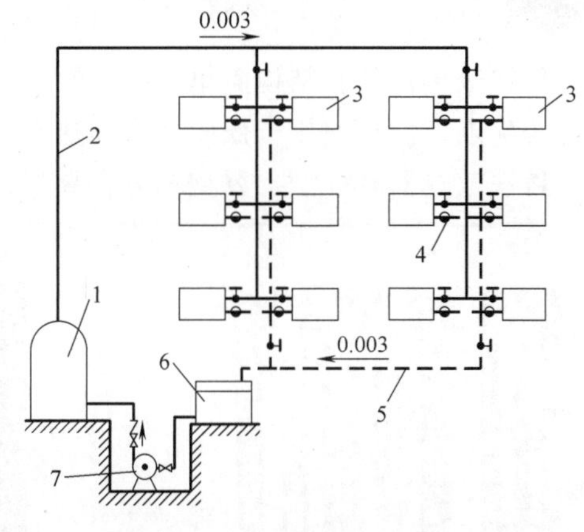

图4-10 低压蒸汽采暖系统

1—蒸汽锅炉 2—蒸汽管道 3—散热器 4—疏水器 5—凝结水管 6—凝结水箱 7—凝水泵

为了防止水泵突然停止工作，水从锅炉倒流入凝结水箱，在锅炉和凝结水泵之间应设止回阀。要使蒸汽采暖系统正常工作，必须将系统内的空气及凝结水及时地排出，还要阻止蒸汽从凝结水管窜回锅炉。这就需要设置疏水器(作用是阻汽疏水)。蒸汽在输送过程中，也会逐渐冷却而产生部分凝结水，为将这些凝结水顺利排出，蒸汽干管应设置沿流向下降的坡度。凡蒸汽管路抬头处，均应设置相应的疏水装置，及时排除凝结水。

根据系统需要，在系统的回水管上均应设置疏水器，但为了减少设备投资，在设计中多是在每根凝结水立管下部装一个疏水器，以代替每个凝结水支管上的疏水器。这样可保证凝结水干管中无蒸汽流入，但凝结水立管中会有蒸汽，效果不是很好。

当系统调节不良时，空气会被堵在某些蒸汽压力过低的散热器内，这样蒸汽就不能充满整个散热器而影响散热，所以在实际蒸汽采暖系统中每个散热器上都设有排气阀，随时排净散热器内的空气，保证散热效果。

课题 3 散热器

1. 熟悉工程中常用散热器。
2. 熟悉散热器的安装方式。

散热器是通过热媒把热源的热量传递给室内的一种散热设备，它把热媒的热量以传导、对流、辐射的方式通过散热器的器壁传给室内空气，用来补偿建筑物的热量损失，从而使采暖房间的得失热量达到平衡，维持房间需要的空气温度，达到采暖的目的。

对散热器的要求是：传热性能好；耗用金属少，成本低；同时具有一定的机械强度和承受压力；卫生条件好；占用面积少，外形美观。

散热器按材质可分为铸铁、钢制、铝制、铜质等散热器；按结构形式分为柱型、翼型、管型、板式、排管式等散热器；按其传热方式分为对流型和辐射型散热器。

4.3.1 铸铁散热器

铸铁散热器具有结构简单、防腐性好、使用寿命长、适用于各种水质、造价低、热稳定性好等优点，广泛使用于低压蒸汽和热水采暖系统中。

铸铁散热器有柱型、翼型和复合翼型，如图 4-11～图 4-13 所示。

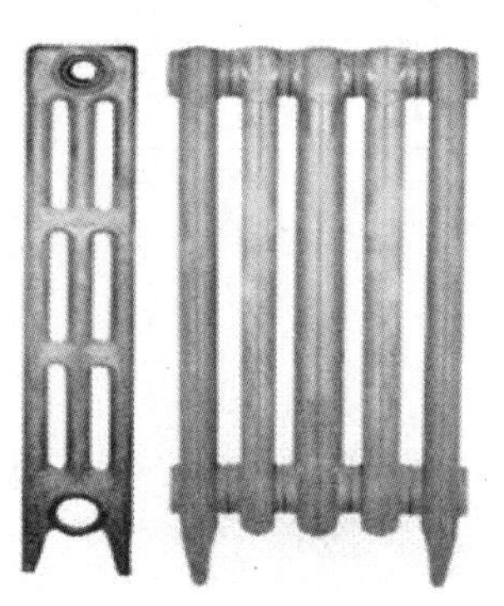

图 4-11 柱型散热器

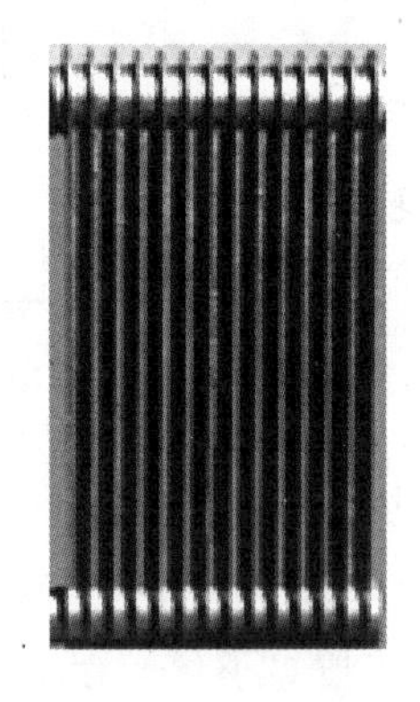

图 4-12 翼型散热器

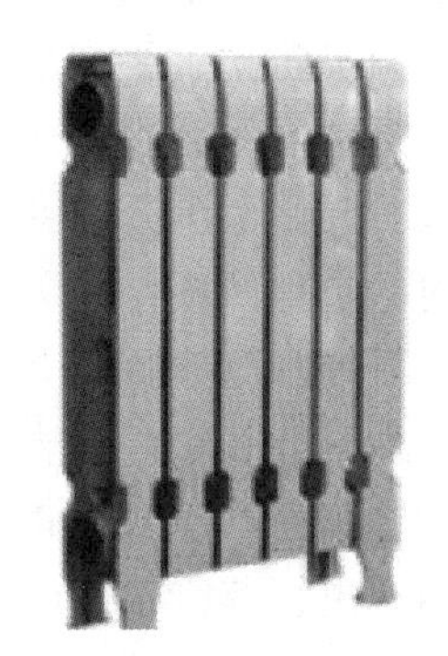

图 4-13 复合翼型散热器

1. 柱型散热器

柱型散热器是呈柱状的中空立柱单片散热器，主要有二柱、三柱、四柱等类型，如图 4-11所示。根据散热面积的需要，柱型铸铁散热器可以进行组装。

2. 翼型散热器

翼型散热器承压能力低，表面易积灰，难清扫，外形不美观，由于每片的散热面积大，在设计时有难度。但其散热面积大，加工制作较容易，造价低，多用于工业建筑，如图 4-12 所示。图 4-13 为复合翼型散热器，它在美观上有了一定改进。

4.3.2 钢制散热器

与铸铁散热器相比，钢制散热器耐压能力强，外观美观整洁，耗用金属量少，便于布置，但耐腐蚀性差，使用寿命比铸铁散热器短。钢制散热器主要有排管式散热器、钢串片式散热器、扁管式散热器、装饰型散热器等。

1. 排管式散热器

如图 4-14 所示，该散热器由钢管焊接而成，也叫光面管式散热器。排管散热器为使热水依次流经每根排管，防止短路，排管之间的相邻两根短管有一根不通，只起支撑作用。排管散热器传热系数大、表面光滑不易积灰、便于清扫、承压能力高、可现场制作并能随意组成所需的散热面积，可用于粉尘较多的车间。

2. 钢串片式散热器

钢串片散热器是用联箱连通两根平行管，并在钢管外面串上许多弯边长方形肋片而成的，如图 4-15 所示。钢串片散热器具有体积小、重量轻、承压能力高等特点，但使用时间较长时会出现串片与钢管的连接不紧或松动、接触不良等问题，从而大大影响散热器的传热效果。因此长期使用时要特别注意检查串片与钢管的接触情况。

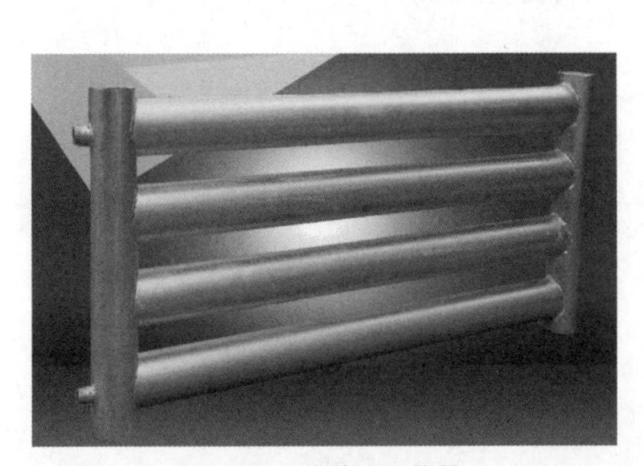

图 4-14 排管式散热器

图 4-15 钢串片式散热器

3. 扁管式散热器

扁管式散热器是由薄钢板制成的长方形钢管叠加在一起焊成的，它可适用于各种热媒，如图 4-16 所示。

图 4-16 扁管式散热器

4. 装饰型散热器

随着人们生活水平的提高，钢质散热器在不断发展，其中以装饰型散热器尤为突出。装饰型散热器具有造型别致、色彩鲜艳等特点，如图 4-17 所示。

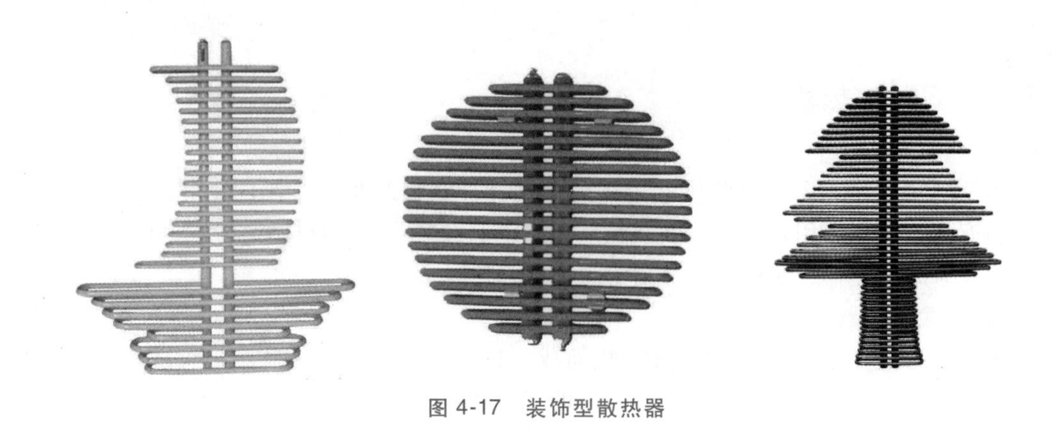

图 4-17 装饰型散热器

4.3.3 其他散热器

1. 铝合金散热器

如图 4-18 所示，铝合金散热器是一种高效散热器，其造型美观大方，线条流畅，占地面积小，富有装饰性；其质量约为铸铁散热器的十分之一，便于运输安装；其金属热强度高，约为铸铁散热器的六倍；节省能源，采用内防腐处理技术。

图 4-18 铝合金散热器

2. 全铜散热器

全铜散热器如图 4-19 所示，它是一种新兴散热器，具有以下特点：

1）寿命长，耐腐蚀，适合于任何水质热媒。

2）传热系数高，仅次于金、银，属于高效节能产品。

3）不污染水质，环保，适用于分户计量系统。

3. 不锈钢散热器

不锈钢散热器如图 4-20 所示，它具有以下特点：

1）导入美学设计理念，结构及外观融入时尚之中。

2）自动化制造设备，高精度，高品质焊接工艺。

3）不锈钢有良好的防腐性和抗氧化特性，且金属密度高，耐冲刷，实现本体防腐。

图 4-19　全铜散热器

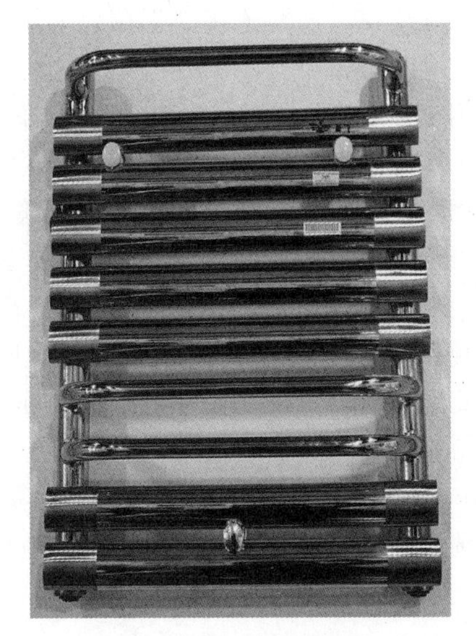

图 4-20　不锈钢散热器

4）可适用任何水质，且无需满水保养。

5）强度高，承压能力强，可达 1.8~2.0MPa。

6）采用热对流+辐射，及大流量柱管，热工性能好。

4.3.4　散热器的布置

布置原则：力求使室温均匀，室外渗入的冷空气能较迅速地被加热，保证室内温度适宜，尽量少占用室内有效空间和使用面积。

布置位置：散热器一般布置在房间外墙一侧，有外窗时应装在窗台下，这样可直接加热由窗缝渗入的冷空气，还可阻止沿外墙下降的冷气流，避免外墙、外窗形成的冷辐射和冷空气侵袭人体，使室温趋于均匀。

课题 4　采暖管道与附件

学习目标

1. 了解采暖系统常用管材及连接形式。
2. 熟悉采暖系统的附件。

4.4.1　采暖管道及连接

建筑采暖工程常用管材有钢管、塑料管、铜管等。根据管材及管道压力不同，其连接方式有螺纹连接、法兰连接、焊接、卡箍连接、热熔连接、沟槽连接等。

1. 钢管

钢管强度高、承压大、抗振性能好、自重比铸铁管轻、接头少、加工安装方便，但成本高、抗腐性能差，易造成水质污染。

钢管按其构造特征分为焊接（有缝）钢管和无缝钢管两类。

钢管连接方式有螺纹连接、焊接、法兰连接、卡箍沟槽式连接。

2. 塑料管

塑料管道常见的管材有 PP-R 管、HDPE 管。通常采用外径与壁厚之比作为一个标准的尺寸比率（SDR）来说明管道壁厚与压力级别的关系，即 SDR 越小，管道强度越大。塑料管热熔连接是塑料管道最常用的连接方式。

3. 铜管

纯铜呈紫红色，故又称紫铜管。应用较多的是纯铜管和黄铜管，连接方式有螺纹连接、焊接连接和法兰连接，以螺纹连接为主。

4.4.2 排气装置

采暖系统附件

1. 自动排气阀

自动排气阀安装方便，体积小巧，在热水供暖系统中被广泛采用。图 4-21 所示为自动排气阀。自动排气阀常会因水中污物堵塞而失灵，需要拆下清洗或更换，因此，排气阀前装一个截止阀、闸阀或球阀，此阀门常年开启，只在排气阀失灵，需检修时临时关闭。

2. 冷风阀

冷风阀也称为手动跑风门，用于散热器或分集水器排除积存空气，适用于工作压力不大于 0.6MPa，温度不超过 130℃ 的热水及蒸汽采暖散热器或管道上。冷风阀多为铜制，用于热水供暖系统时，应装在散热器上部丝堵上；用于低压蒸汽系统时，则应装在散热器下部 1/3 的位置上。冷风阀如图 4-22 所示。

图 4-21 自动排气阀

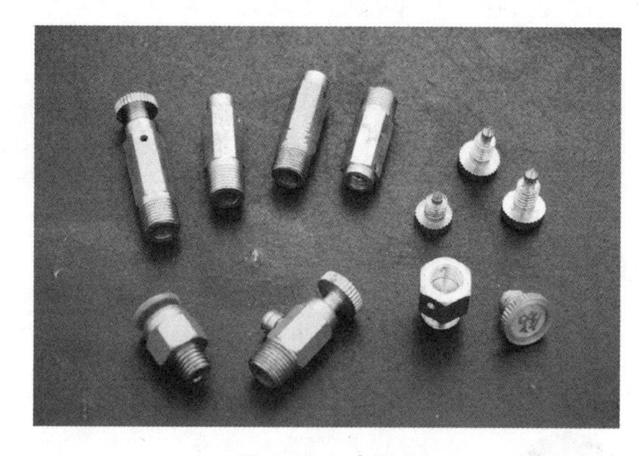

图 4-22 冷风阀

3. 集气罐

集气罐是用直径为 100~200m 的钢管焊制而成，分为立式和卧式两种，如图 4-23 所示。

集气罐顶部连接 *DN*15 的排气管，排气管应引到附近的排水设施处。集气罐一般设于系统供水干管末端的最高点处。

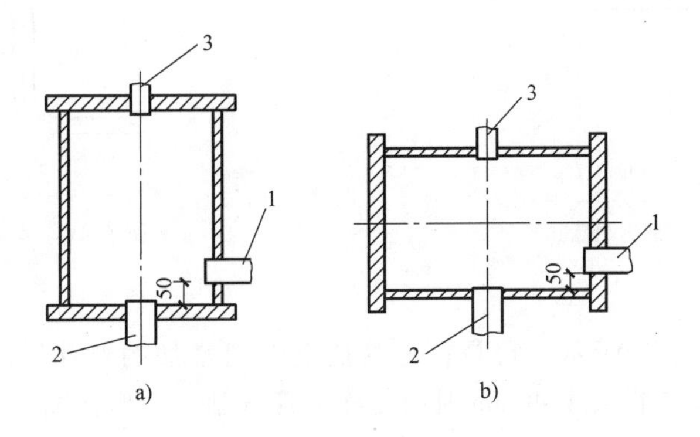

图 4-23　集气罐

a）立式　b）卧式

1—进水口　2—出水口　3—排气管

4.4.3　过滤装置

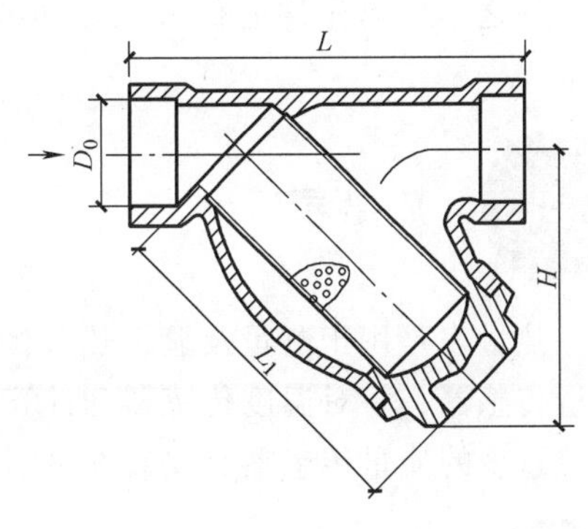

图 4-24　Y 形过滤器

图 4-24 所示为 Y 形过滤器，它是除污器的一种。该除污器体积小、阻力小、滤孔细密、清洗方便，一般不需装设旁通管。除污器的作用是阻留管网中的污物。除污器为圆筒形钢制筒体，有卧式和立式两种。一般除污器的工作原理是：水由进水管进入除污器内，水流速度突然减小，使水中污物沉降到筒底，较清洁的水由带有大量小孔（起过滤作用）的出水管流出。

4.4.4　补偿器

在采暖系统中，金属管道会因受热而伸长。每米钢管本身的温度每升高 1℃时，便会伸长 0.012mm。当平直管道的两端都被固定不能自由伸长时，管道就会因伸长而弯曲；当伸长量很大时，管道的管件就有可能因弯曲而破裂。因此需要在管道上补偿管道的热伸长，同时还可以补偿因冷却而缩短的长度，使管道不致因热胀冷缩而遭到破坏。常用补偿器有以下几种：

1. L 形和 Z 形补偿器

L 形和 Z 形补偿器又称为自然补偿器，它们是利用管道自然转弯和扭转处的金属弹性，使管道具有伸缩的余地，如图 4-25 和图 4-26 所示。进行管道布置时，应尽量考虑利用管道自然转弯做伸缩器，当自然补偿不能满足要求时可采用其他专用补偿器。

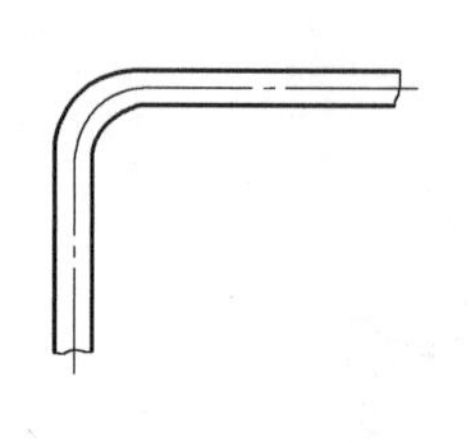

图 4-25　L 形补偿器

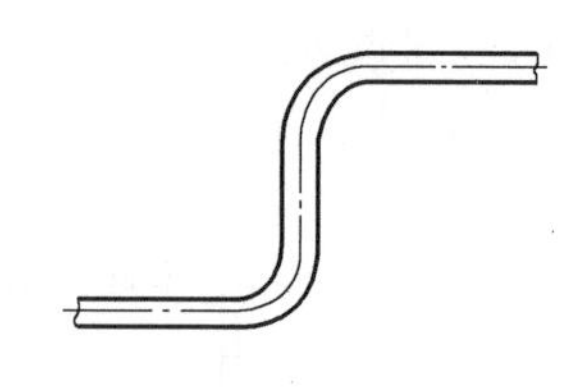

图 4-26　Z 形补偿器

2. 方形补偿器

方形补偿器如图 4-27 所示。它是在直管道上专门增加的弯曲管道，管径小于或等于 40mm 时用焊接钢管，直径大于 40mm 时用无缝钢管弯制。方形伸缩器具有构造简单，制作方便，补偿能力大，严密性好，不需要经常维修等特点，但占地面积大，管径大不易弯制。

工程中还有套筒补偿器、波形补偿器、球形补偿器等。

为使管道产生的伸长量能合理地分配给补偿器，使之不偏离允许的位置，在伸缩器之间应设固定卡。

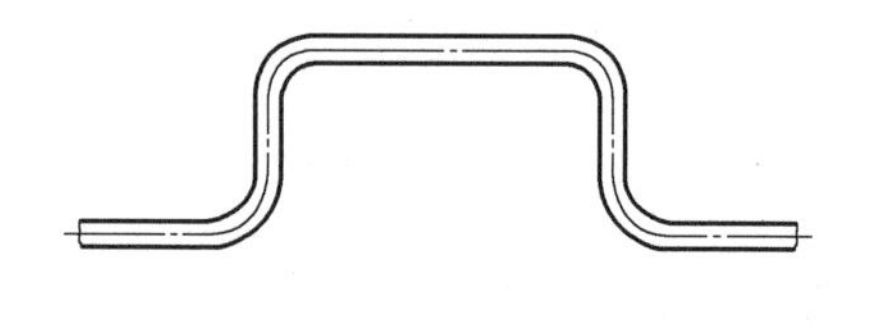

图 4-27　方形补偿器

4.4.5 热量表

热量表是用于测量及显示热载体（水）流过热交换系统所释放或吸收热量的仪表，由流量传感器、一对温度传感器和计算仪组成。常用热量表分为楼栋热量表和户用热量表。户用热量表的流量传感器宜安装在供水管上。热量表前应设过滤器。

4.4.6 散热器温控阀

散热器温控阀是一种自动控制进入散热器热媒流量的设备，它由阀体部分和温控元件控制部分组成。图 4-28 所示为散热器温控阀的外形图。散热器温控阀具有恒定室温，节约热能等优点，但其阻力较大。

图 4-28　散热器温控阀

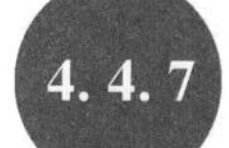

4.4.7 平衡阀

平衡阀是在水力工况下，起到动态、静态平衡调节的阀门。它包括静态平衡阀和动态平衡阀。静态平衡阀是通过改变阀芯与阀座的间隙，来改变流经阀门的流动阻力以达到调节流量的目的；动态平衡阀是根据系统工况变动而自动变化阻力系数，在一定的压差范围内，有效地控制通过的流量保持一个常值。

课题5 管道、设备的防腐与绝热

学习目标

1. 了解管道与设备腐蚀机理，熟悉常用的防腐方法。
2. 了解管道和设备绝热材料的基本要求。
3. 熟悉管道和设备常用绝热层、保护层的做法。

4.5.1 管道与设备的防腐

1. 腐蚀机理

管道运行过程中通常受到来自内、外两个环境的腐蚀。内腐蚀主要由输送介质、管内积液、污物以及管道内应力等联合作用形成；外腐蚀通常由涂层破坏、失效，使外部腐蚀因素直接作用于管道外表面而形成。

内腐蚀一般采用清管、加缓蚀剂等手段来处理，近年来随着管道业主对管道运行管理的加强以及对输送介质的严格要求，内腐蚀在很大程度上得到了控制。

管道与设备的腐蚀损坏主要由外腐蚀导致。埋地金属管道的腐蚀主要是受到土壤化学、电化学以及微生物等多重作用而发生的。

2. 防腐要求

明装管道和设备必须刷一道防锈漆、两道面漆，如需绝热和防结露处理，应刷两道防锈漆，不刷面漆。暗装的管道和设备应刷两道防锈漆。埋地钢管的防腐应根据土壤的腐蚀性能来定。出厂未涂油的排水铸铁管和管件，埋地安装前应在管道外壁涂两道石油沥青。涂刷油漆应厚度均匀，不得有脱皮、起泡、流淌和漏涂等现象。管道、设备的防腐，严禁在雨、雾、雪和大风等恶劣天气下操作。

3. 防腐施工

防腐施工的工艺流程是：管道除锈→刷防锈漆→刷面漆。

4.5.2 管道与设备的绝热

管道的保温

1. 绝热的一般要求

工程中绝热分保温绝热和保冷绝热两个方面。保温绝热是减少系统内介质的热量在输送过程中向外界环境传递，保冷绝热是减少外界环境中的热量传递给系统介质。

从根本上讲，保温绝热和保冷绝热没有区别，只是热量传递的方向及应用范围不同，从而造成使用性质和结构构造不同，作业人员在施工中应重视。

2. 绝热层的作用

绝热层的作用是减少在输送过程中的能量损失，节约能源，同时提高经济效益，满足用户生产要求。对于保温绝热层，可以降低绝热层表面温度，避免烫伤事故发生。对于保冷绝热层，可以提高绝热层表面温度，防止绝热层表面结露结霜。

3. 绝热材料的种类

对绝热材料的要求是：重量轻；来源广泛；热传导率小，隔热性能好；阻燃性能好；绝缘性高；耐腐蚀性高；吸湿率低；施工简单，价格低廉。保温材料的种类繁多，目前常用下面两种保温材料：

（1）橡塑（图 4-29） 柔韧性好，施工安装方便，省工省料；外观雅致清洁；耐火性良好，经久耐用；具有优良的防火阻燃效果。

（2）聚氨酯发泡（图 4-30） 具有容重轻、强度高、绝热、隔声、阻燃、耐寒、防腐、不吸水、施工简便快捷等特点。

4. 绝热层的做法

绝热结构一般由绝热层和保护层两部分组成。绝热层主要由保温材料组成，具有绝热保温的作用；保护层主要保护绝热层不受风、雨、雪的侵蚀和破坏，同时可以防潮、防水、防腐，延长管道的使用年限。常用的绝热层做法有：涂抹法、预制法、包扎法、填充法及浇灌法。

（1）涂抹法 涂抹法用于石棉灰、石棉硅藻土。做法是先在管子上缠以草绳，再将石棉灰调和成糊状抹在草绳外面。

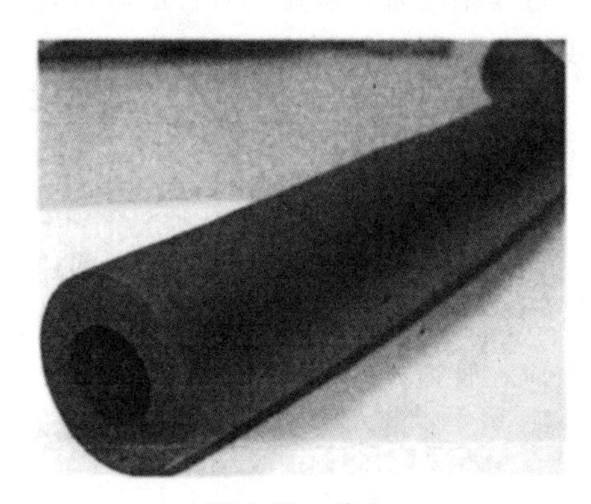

图 4-29 橡塑

图 4-30 聚氨酯发泡

（2）预制法 预制法是指在工厂或预制厂将保温材料制成扇形、梯形、半圆形，或制成管壳，然后将这些预制好的保温材料捆扎在管子外面，可以用钢丝扎紧。这种预制法施工简单，保温效果好，是目前使用比较广泛的一种保温做法。

（3）包扎法 包扎法采用矿渣棉毡或玻璃棉毡。先将棉毡按管子的周长、搭接宽度裁好，然后包在管子上，搭接缝在管子上部，外面用镀锌钢丝缠绑。包扎式保温必须采用干燥的保温材料，宜用油毡玻璃丝布做保护层。

（4）填充法 填充法是指将松散粒状或纤维保温材料（如矿渣棉、玻璃棉等）充填于管理周围的特制外套或钢丝网中，或直接充填于地沟内或无沟敷设的槽内。这种保温方法造价低，保温效果好。

（5）浇灌法 浇灌法用于不通行地沟或直埋辐射的热力管道。具体做法是把配好的原料注入钢制的模具内，在管外直接发泡成型。

5. 保护层做法

绝热层干燥后，可以做保护层。常用的做法有沥青油毡保护层、缠裹材料保护层、石棉水泥保护层和铁皮保护层。

课题6 建筑采暖工程施工图

学习目标

1. 了解采暖施工图的组成。
2. 熟悉建筑采暖工程常用的图例。
3. 熟悉建筑采暖工程施工图的识读方法，能识读一般建筑工程采暖施工图。

4.6.1 施工图常用图例

施工图常用图例

建筑采暖工程施工图与建筑给水排水施工图一样，要符合投影原理，要符合制图基本画法的规定。采暖施工图中，采暖管道是主要表达的对象，管道应采用粗单线条表示，与本专业有关的设备轮廓用中粗线表示，其余均用细线表示。采暖施工图应遵守《房屋建筑制图统一标准》（GB/T 50001—2010）、《暖通空调制图标准》（GB/T 50114—2010）及国家现行的有关强制性标准的规定。采暖施工图中，管道附件和设备都比较多，因此有它特殊的图示特点，主要有以下几个方面：

1）采暖施工图中的管道及附件、管道连接、阀门、采暖设备及仪表等，采用统一的图例表示。表4-1摘录了《暖通空调制图标准》（GB/T 50114—2010）中的部分图例，凡在标准图例中未列入的可自设，但在图纸上应专门画出图例，并加以说明。在识读采暖施工图时，应先了解图纸中的有关图例及表现内容。

2）采暖施工图中立管众多，为表达清楚，一般对各立管依次进行编号。当一个平面图上的热力入口多于一个时，也应对热力入口进行编号。编号形式如图4-31所示，“R”为采暖入口代号，“n”为入口编号数字。

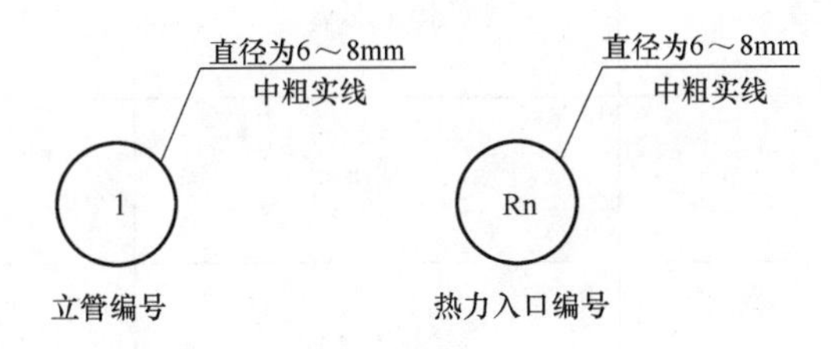

图4-31 采暖立管和热力入口编号

3）与建筑给水排水施工图一样，需要将管道的空间走向用正面斜等轴测图表示，此轴测图称为系统图。

表 4-1 室内采暖施工图常用图例

符号	名称	说明
	供水(汽)管	
	回(凝结)水管	
	绝热管	
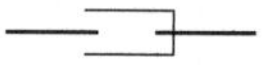	套管补偿器	
	方形补偿器	
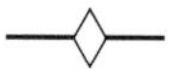	波纹管补偿器	
	弧形补偿器	
	止回阀	左图为通用 右图为升降式止回阀
	截止阀	
	闸阀	
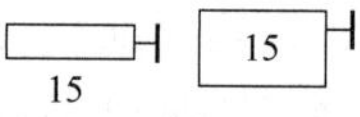 15　15	散热器及手动放气阀	左为平面图画法 右为系统图画法
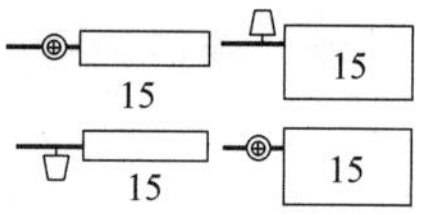 15　15 15　15	散热器及控制阀	左为平面图画法 右为系统图画法
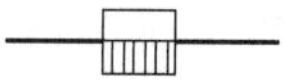	疏水器	也可用 
	自动排气阀	
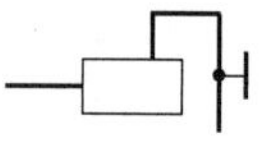	集气罐、排气装置	
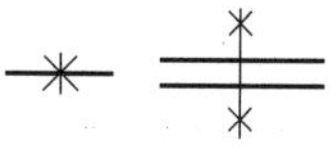	固定支架	右为多管
	丝堵	也可表示为: 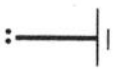
i=0.003 或 i=0.003	坡度及坡向	
 T　或 	温度计	左为圆盘式温度计 右为管式温度计

（续）

符　号	名　称	说　明
或	压力表	
	水泵	流向：自三角形底边至顶点
	活接头	
	可曲挠接头	
	除污器	左为立式除污器，中为卧式除污器，右为 Y 型过滤器

4.6.2 施工图的组成及表示方法

建筑采暖施工图由文字部分和图示部分组成。

1. 文字部分

设计图上用图或符号表达不清楚的问题，或用文字能更简单明了表达清楚的问题，用文字加以说明。

（1）图纸目录　图纸目录包括设计人员绘制部分和所选用的标准图部分。

（2）设计施工说明　设计施工说明的主要内容有：建筑物的采暖面积；采暖系统的热源种类、热媒参数、系统总热负荷；系统形式，进出口压力差（即室内采暖所需资用压力）；各房间设计温度；散热器形式及安装方式；管材种类及连接方式；管道防腐、保温的做法；所采用标准图号及名称；施工注意事项，施工验收应达到的质量要求；系统的试压要求；对施工的特殊要求和其他不易用图表达清楚的问题等。

（3）图例　包括制图标准中的图例和自行设计的图例。

（4）主设备材料表　为了使施工准备的材料和设备符合图纸要求，并且便于备料，设计人员应编制一个主要设备材料明细表。它包括序号、名称、型号规格、单位、数量、备注等项目，施工图中涉及的采暖设备、采暖管道及附件等均列入表中。

一般中小型工程的文字部分直接写在图纸上，工程较大、内容较多时另附专页编写，并放在一套图纸的首页。

2. 图示部分

（1）平面图　平面图是施工图的主要部分。平面图采用的比例一般与建筑图相同，常用 1∶100、1∶200。

平面图所表达的内容主要有：与采暖有关的建筑物轮廓，包括建筑物墙体、主要的轴线及轴线编号、尺寸线等；采暖系统主要设备（集气罐、膨胀水箱、补偿器等）的平面位置；

干管、立管、支管的位置和立管编号；散热器的位置、片数；采暖地沟的位置；热力入口位置与编号等。

多层建筑的采暖平面图应分层绘制，一般底层和顶层平面图应单独绘制，如各层采暖管道和散热器布置相同，可画在一个平面图上，该平面图称为标准层平面图。各层采暖平面图是在各层管道系统之上水平剖切后，向下水平投影的投影图，这与建筑平面图的剖切位置不同。

平面图中，管道用粗线（粗实线、粗虚线）表示，散热器、排气装置等用中粗线表示，其余均用细线表示。

（2）系统图　在采暖施工图中，不同种类、不同管径的管道很多，当较多的管道重叠、交叉时，在各视图中往往不易清楚辨认。在看图时要把错综复杂的管道系统及时得出一个总的概貌，也较困难，这样仅用平面图表达就显得不够。因此，采暖施工图中还需要增加用轴测投影方法绘制的系统轴测图，该图简称系统图。《暖通空调制图标准》(GB/T 50114—2010）规定，采暖施工图中系统图一般采用 45°正面斜轴测投影。系统图不但补充了平面图中表达不足之处，而且可以使读者迅速获得整个工程的总印象。

1）系统图的图示。系统图也称轴测图，一般采用与平面图相同的比例，这样在绘图时按轴向量取长度较为方便，但有时为了避免管道的重叠，可不严格按比例绘制，适当将管道伸长或缩短，以达到可以看清楚的目的。

管道线型与平面图一样，供水（或供汽）管道用粗实线表示，回水（或凝结水）管道用粗虚线表示，当空间交叉的管道在图中相交时，在相交处将被遮挡的管线断开。

系统图中管径、标高、立管的标注方向，与平面图相同；散热器规格、数量的标注，与平面图有所不同。系统图中的设备、管路往往重叠在一起，为表达清楚，在重叠、密集处可断开引出绘制。有管道断开处用相同的小写英文字母或阿拉伯数字注明，以便相互查找，如图 4-32 所示。

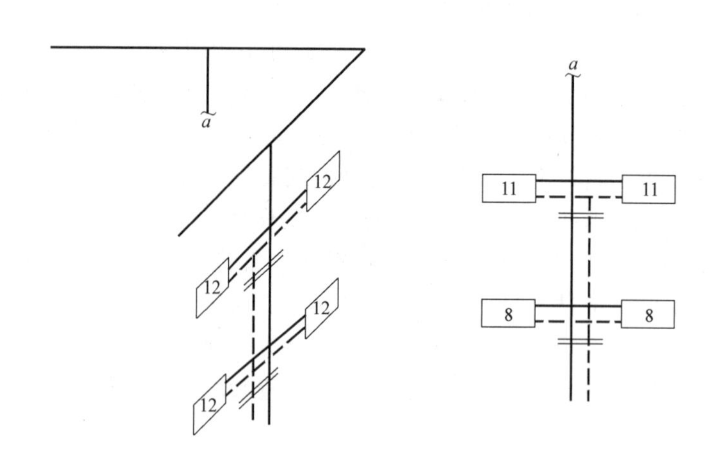

图 4-32　系统图中的引出画法

采暖系统图中，散热器用中实线按其立面图图例绘制，画法如图 4-32 所示。散热器的数量一般标注在散热器图例内，在图例内注不下时，可注在其上方。

2）主要内容。系统图表示的内容有：采暖管道、附件及散热器的空间位置及空间走向；管道与管道之间连接方式，立管编号，各管道的管径和坡度；散热器与管道的连接方式，散热器的片数；供、回水干管的标高，膨胀水箱、集气罐（或自动排气阀）、疏水器、减压阀等的位置和标高等。

系统图上还应表示出集气罐、自动排气阀、疏水器等的规格及与管道的连接情况，管道上的阀门、伸缩器、固定支架的位置。

（3）详图 某些设备的构造或管道间的连接情况在平面图和系统图上表达不清楚，也无法用文字说明时，可以将这些部位局部放大，画出详图。

详图包括节点详图和标准详图。详图一般采用1∶10~1∶20的比例，要求图要画得详细，各部位尺寸要准确。

标准图主要有散热器的安装详图、膨胀水箱制作与安装详图、补偿器和疏水器的安装详图等。图4-33为散热器安装详图。

节点详图是设计人员自行绘制的。例如，系统热力入口处管道的连接复杂，设备种类较多，用系统图、平面图表达不清楚，可把这些部位局部比例放大，画成详图，使人看上去清楚明了。

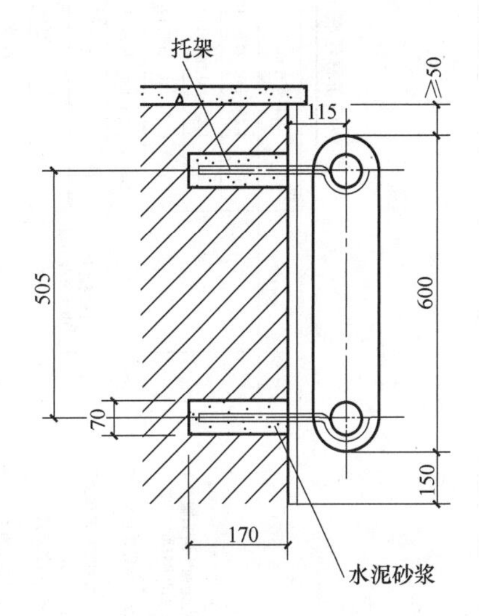

图4-33 散热器安装详图

4.6.3 施工图的识读

室内采暖系统安装于建筑物内，因此要先了解建筑物的基本情况，然后阅读采暖施工图中的设计施工说明，熟悉有关的设计资料、标准规范、采暖方式、技术要求及引用的标准图等。

平面图和系统图是采暖施工图中的主要图样，看图时应相互联系和对照，一般按照热媒的流动方向阅读，即：供水总管→供水总立管→供水干管→供水立管→供水支管→散热器→回水支管→回水立管→回水干管→回水总管。按照热媒的流动方向，可以较快地熟悉采暖系统的来龙去脉。

图4-34~图4-39为一教学楼采暖施工图，现以该套图为例，说明识读室内采暖施工图的方法和步骤。

1）阅读文字部分。先看设计说明（图4-34），了解到该系统的总采暖热负荷为90kW，系统入口压差为25kPa；系统采用的热源是热交换站提供的80/60℃的热水；室外设计温度为-5℃。室内设计温度：教室为18℃，卫生间为15℃。系统采用镀锌钢管，采用螺纹连接。系统所采用的散热器为钢制管复合翅片管GFC4型。地下的采暖管道采取保温措施，保温材料为岩棉管壳，厚度为30mm；在明装管道保温材料外包一层金属铝箔。采暖管道穿楼板、隔墙处应设套管；焊接管道及安装附件均需刷红丹防锈漆、铝粉漆各两道。水压试验要求、

采暖设计施工说明

1.设计依据

(1)甲方及建筑专业提供的相关条件。

(2)《民用建筑供暖通风与空气调节设计规范》(GB 50736—2012)。

2.设计室外气象资料：

大气压力/Pa	冬季室外计算温度	室外计算相对湿度	冬季室外平均风速	日平均温度<5℃的天数
1.0128×10^5	-5℃	60%	4.3/(m/s)	102天

3.采暖房间的室内计算干球温度见下表：

序号	房间名称或房间类别	计算干球温度/℃
1	教室	18
2	卫生间	15

4.建筑物采暖设一个系统，系统负荷为90kW，系统入口压差为25kPa。

5.采暖热媒采用由换热站提供的80/60 ℃ 热水，系统定压由小区换热站考虑。在建筑物采暖入口处设温度计、压力表、除污器及水力平衡阀等配件。

6.采暖方式采用单管上供中回式散热器采暖。供水干管敷设在六层顶板下，回水干管敷设在一层顶板下。

7.散热器的外形尺寸及主要热工性能指标见下表：

型号	高度/mm	宽度/mm	散热面积/(m²/片)	散热量(ST=64.5℃)/W
GFC4	650	120	0.2730	107.2000

当散热器超过20片时，均为异侧安装。图中如未注明，均为GFC4型。

8.采暖管道全部采用镀锌钢管，管道采用丝扣连接。敷设在地面下的采暖总干管采取保温措施，保温材料为岩棉管壳，δ=30mm，做法见98R418。在明装管道保温材料外包一层金属铝箔。所有室外管道均要保温。

9.供、回水干管转弯处采用煨弯；采暖管道穿越楼板、隔墙处应设置套管；管道与附件在安装前应将铁锈及污物清除干净。

10.在采暖管路系统中的最高点和最低点，分别设置自动排气阀和手动泄水装置。

11.焊接钢管及安装附件均需刷红丹防锈漆、铝粉漆各两道。

12.管道施工安装及二次装修时，应采取严格管理措施，以避免将管道及其外保护层破坏。

13.采暖管道及散热器采暖安装完毕后，需进行水压检验，试验压力为工作压力的1.5倍。本采暖系统工作压力为0.7MPa。

14.施工中应于各有关工种密切配合，做好管道留洞及管线排布工作，协调施工。

15.管道及散热器施工安装请按当地图及标准执行。

16.除上述说明外，未尽事宜应遵照《建筑给水排水及采暖工程施工质量验收规范》(GB 50242—2002)中的有关规定执行。

17.本施工图按照《暖通空调制图标准》(GB/T 50114—2010)绘制。

18.其他未尽事宜参见各图纸详细说明。

图纸目录

编号	图纸编号	图纸名称
1	NS07-1	采暖设计施工说明、图例、主要设备材料表
2	NS07-2	一层采暖平面图
3	NS07-3	二层采暖平面图
4	NS07-4	三~五层采暖平面图
5	NS07-5	六层采暖平面图
6	NS07-6	采暖管道原理图

图例

编号	图例	说明	编号	图例	说明
1		供水管	8	15 15	散热器
2		回水管	9		自动排气阀
3		管道固定点	10		丝堵
4		管道坡度	11		温度计
5		截止阀	12		压力表
6		平衡阀	13		手动调节阀
7		过滤器	14		手动放气阀

主要设备材料表

序号	名称	型号及规格	单位	数量	备注
1	钢制管复合翅片管散热器	GFC4-1.2/6-1.0，每组9片	组	1	
		GFC4-1.2/6-1.0，每组10片	组	4	
		GFC4-1.2/6-1.0，每组12片	组	2	
		GFC4-1.2/6-1.0，每组15片	组	71	
		GFC4-1.2/6-1.0，每组16片	组	12	
		GFC4-1.2/6-1.0，每组17片	组	25	
		GFC4-1.2/6-1.0，每组18片	组	4	
		GFC4-1.2/6-1.0，每组20片	组	9	
		GFC4-1.2/6-1.0，每组23片	组	1	
		GFC4-1.2/6-1.0，每组25片	组	4	
2	无泄漏截止阀	J11W-10型，DN20	个	14	
		J11W-10型，DN25	个	40	
3	手动蝶阀	D71F-16型，DN50	个	4	
		D71F-16型，DN80	个	4	
4	数字锁定平衡阀	SP45F-16型，DN20	个	1	
5	自动排气阀	5020型，DN20	个	4	
6	弹簧管压力表	Y-100，P=0~1.0MPa	个	4	
7	工业内标式玻璃温度计	WNG-12型，0~150℃最小分度值1℃	支	2	上体长220mm，下体长60mm
8	Y形过滤器	Y-70型，DN65	个	2	

图 4-34 采暖设计施工说明、图例、主要设备材料表

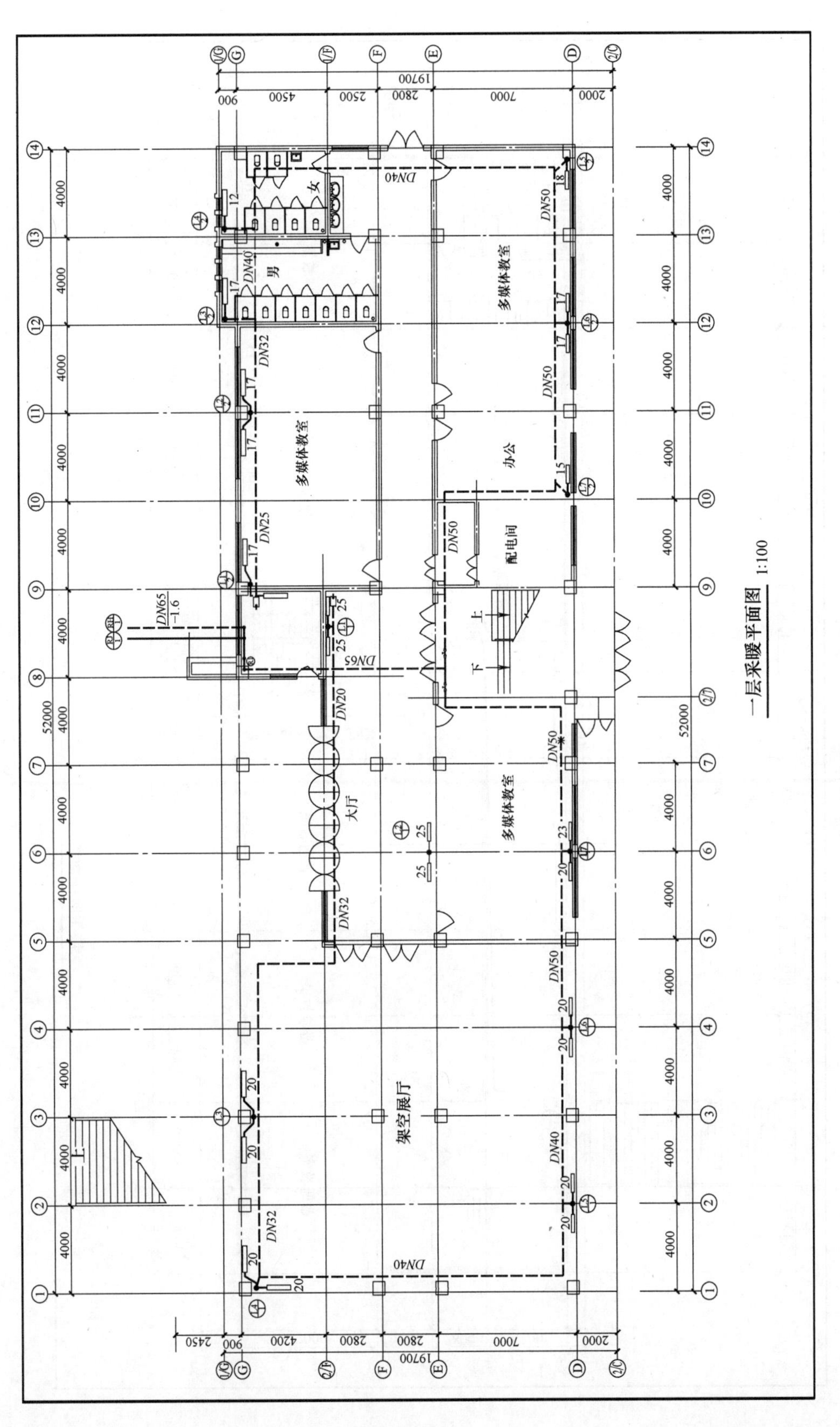

图 4-35　一层采暖平面图

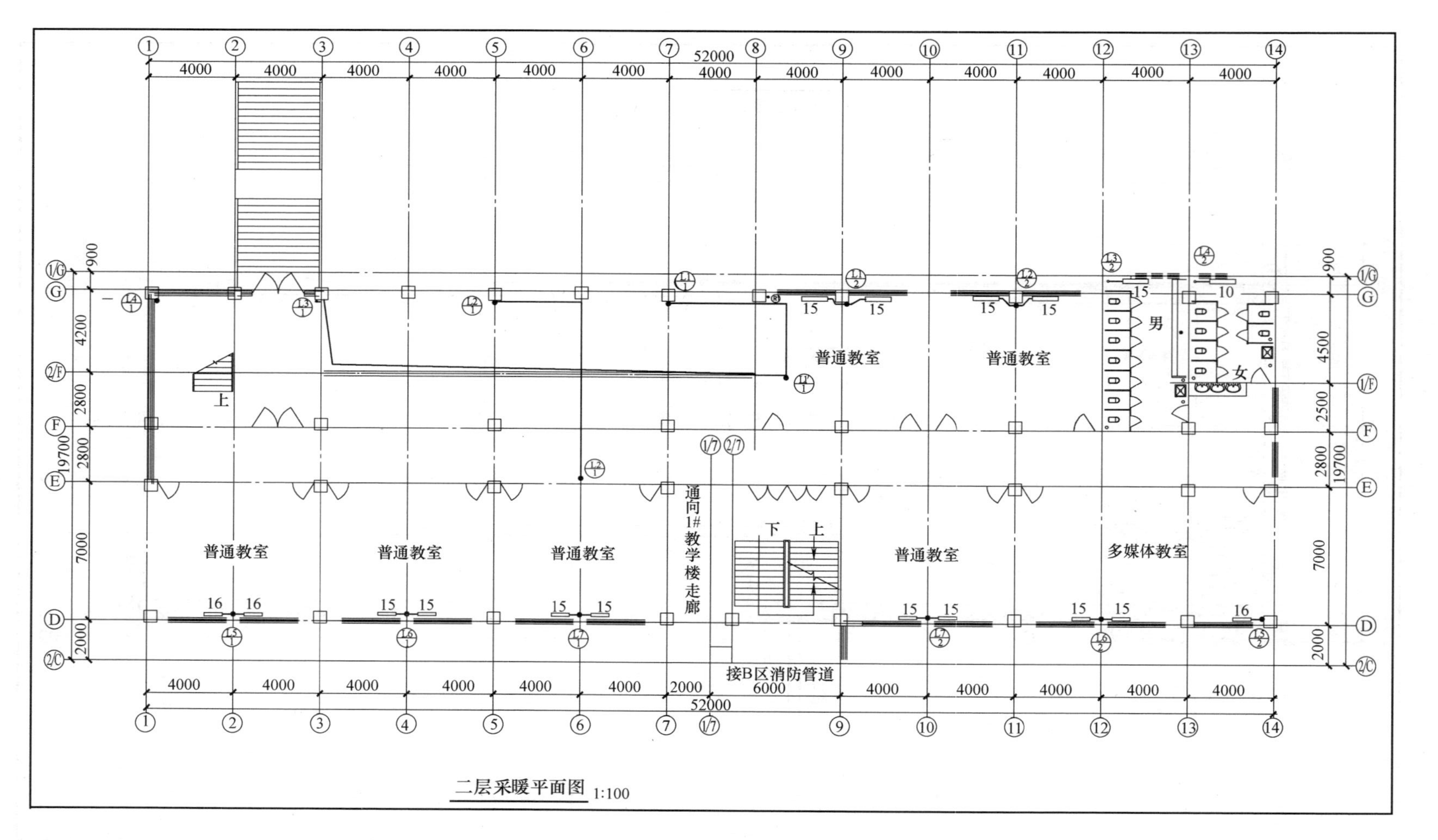

图 4-36 二层采暖平面图

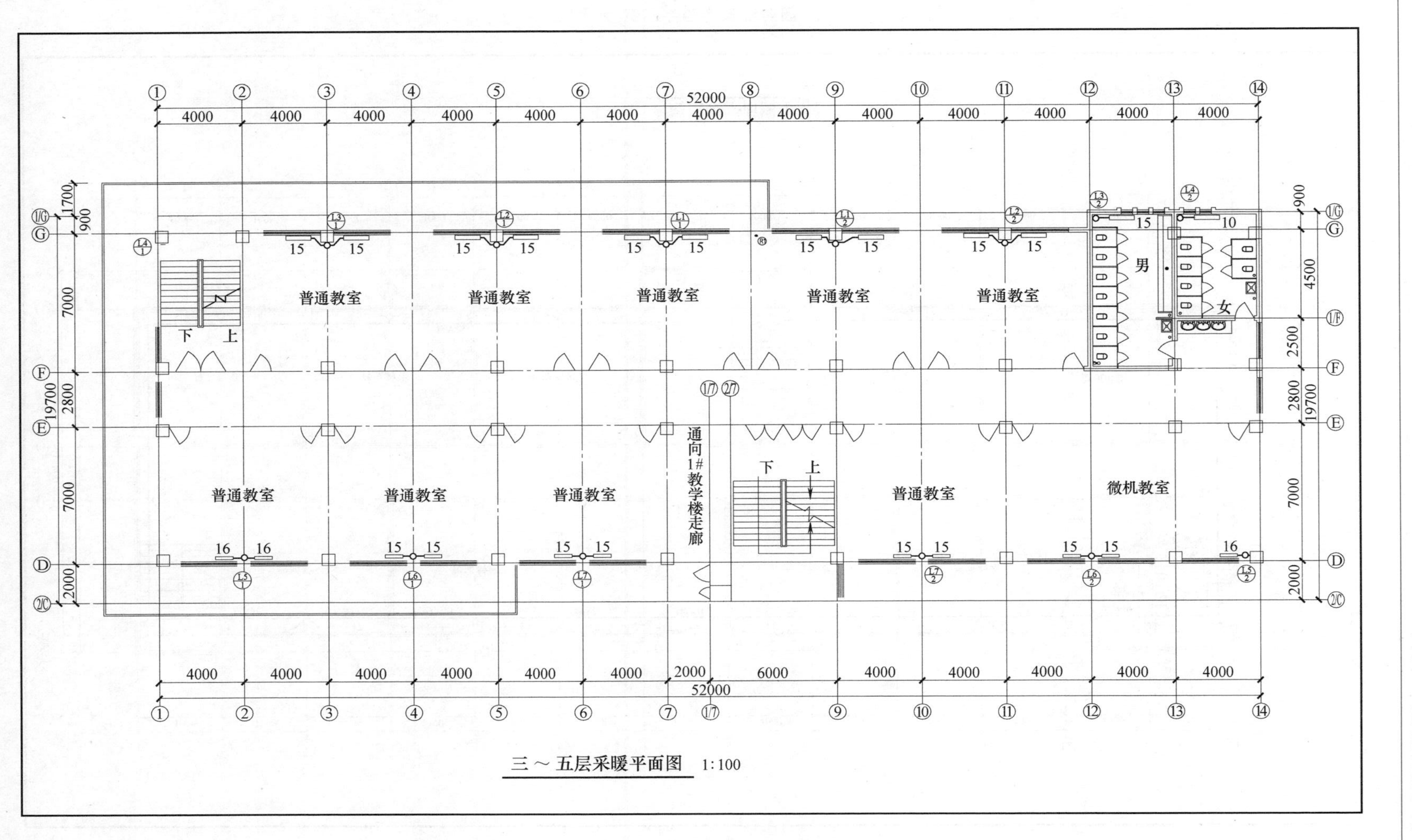

图 4-37 三～五层采暖平面图

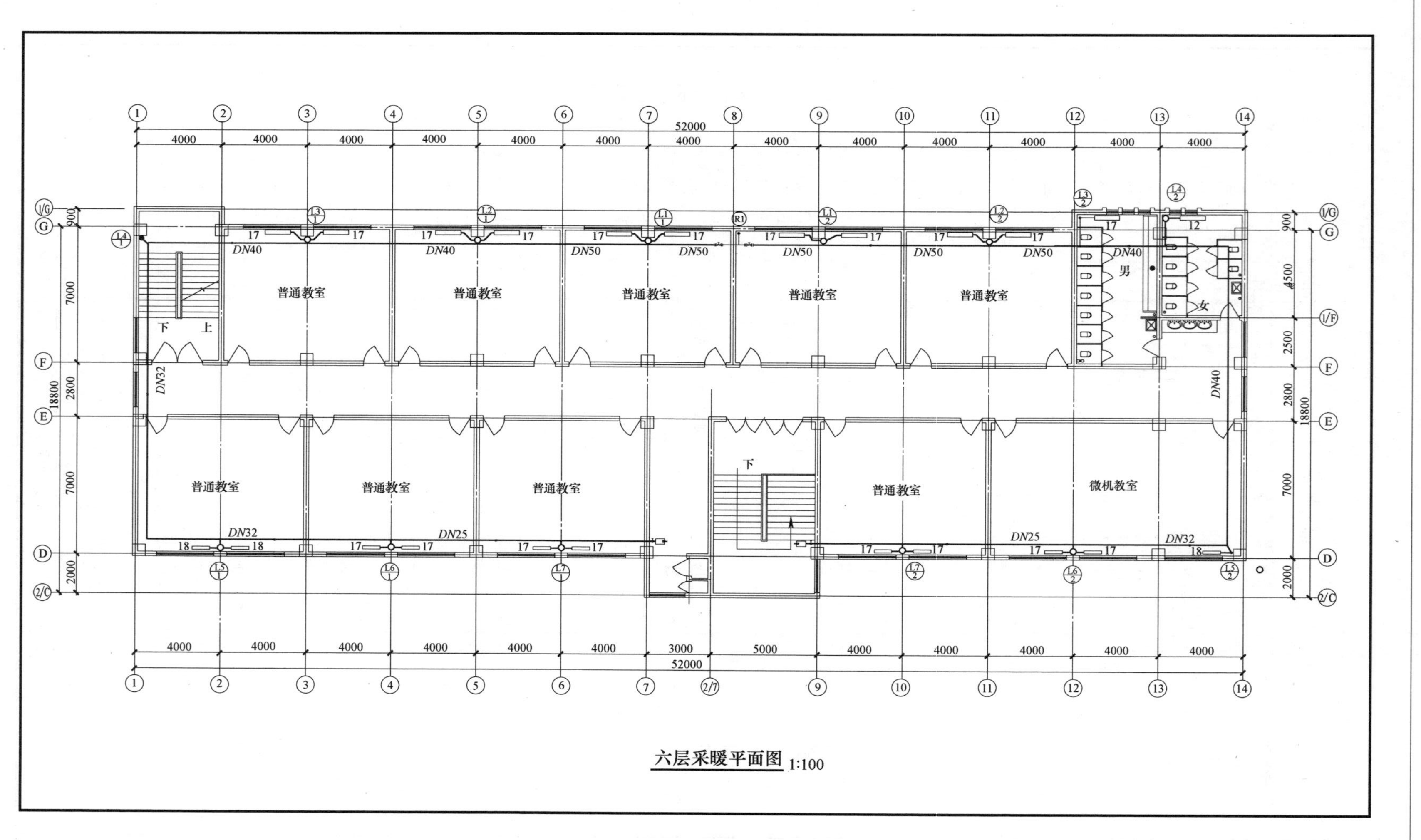

图 4-38 六层采暖平面图

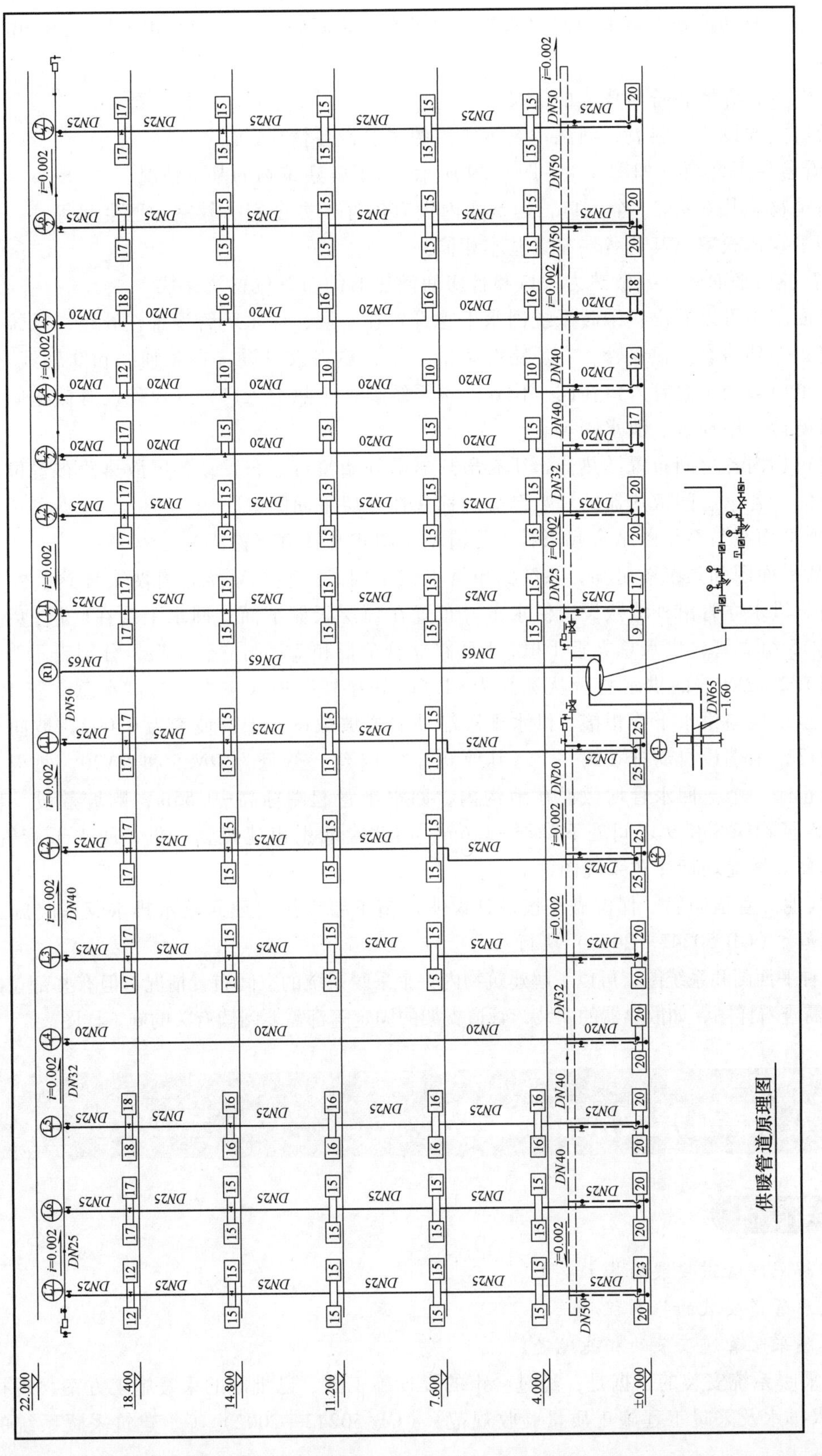

图 4-39　采暖管道原理图

施工注意事项及其他施工要求均按《建筑给水排水及采暖施工质量验收规范》（GB 50242—2002）执行。

再看图例，弄清各符号代表的含义。

最后看主要设备材料表，熟悉本系统所用的主要设备情况。

2）看各层平面图（如图 4-35~图 4-39 所示），了解建筑物的基本情况。

该建筑物总共 6 层，3 个入口，建筑物内设有展厅、办公室、教室、卫生间等，一层设有展厅和多媒体教室，其他各层布置基本相同。

3）看各层平面图，弄清热力入口和各房间散热器的布置位置及片数。

从平面图中可以看出：采暖系统回水干管设置在一层，供水干管设置在 6 层，系统分为左右环路，左环路有 7 根立管，右环路有 7 根立管，热力入口设置在 8 轴线和 9 轴线之间，回水总管出口与供水总管入口在同一位置。本系统设一个热力入口，入口处设有截止阀、压力表、温度计、循环管、泄水阀等。

该建筑物内各房间布置散热器，所有散热器沿外墙窗台下布置，各层散热器布置位置是完全相同的。各个房间散热器的片数已分别标注在各层平面图中。

4）把平面图与系统图结合起来看，弄清系统图式及管道布置情况。

5）从平面图和系统图可知，系统为单管上供下回式。整个系统是有两个环路，左环路和右环路。供水立管沿外墙敷设，供水主管布置在顶层天棚下面，回水干管在底层地沟内，系统共设 15 组立管，供水总立管 1 根，1 环路立管 7 根和 2 环路立管 7 根，分别表示为 R1、L1/1 和 L1/2。*DN*65 的供水总管从标高为-1.6m 处穿外墙进入室内，与供水总立管 R1 连接，上升至顶层与供水干管相接。供水干管沿外墙逆坡敷设，干管坡度为 0.002，坡向与水流方向相反，末端设自动排气阀一个。其他立管有 14 组，管径为 *DN*25 和 *DN*20，每根立管上设置截止阀一个。回水管均敷设在地沟内，回水干管起端标高-0.55m，顺坡敷设，坡度为 0.002，至轴线 8 和 9 之间处下降至-1.6m，向北穿墙引出建筑物。供、回水干管管径、坡度、标高等情况均标注在系统图中。

6）其他。管道防腐、保温做法按设计说明。施工要求按《建筑给水排水及采暖施工质量验收规范》（GB 50242—2002）执行。

通过看平面图和系统图，可以了解建筑物内整个采暖系统的空间布置情况，但有些部位的具体做法还需查看详图，如散热器的安装，管道支架的固定等都需要阅读有关的施工详图。

课题 7　建筑采暖系统的安装

1. 了解采暖管道安装的基本要求。
2. 熟悉管道安装的基本程序。
3. 熟悉采暖管道安装的相关规定。

建筑采暖系统安装的依据是：经过会审的设计施工图、已批准的采暖施工方案、现行的《建筑给水排水及采暖工程施工质量验收规范》（GB 50242—2002）等。建筑采暖系统的安装包括两部分：采暖管道及附件的安装，散热器的安装。

4.7.1 管道安装的基本技术要求

1）管道穿墙或穿楼板时，应设置套管。套管应符合下列规定：

① 安装在楼板内的套管，顶部应高出地面20mm，底部应与楼板底面平齐。卫生间或厨房内的钢套管应高出地面50mm。

② 安装在墙壁内的套管，其两端与墙饰面平齐。

③ 套管管径可比管道管径大两级，以保证采暖管道的热胀冷缩。

④ 穿越楼板的套管与管道的间隙应用阻燃密实材料和防水油膏填实，端面光滑。

⑤ 管道的接口不得设在套管内。

2）管道应设置管卡以固定管道。管卡安装应符合下列规定：散热器支管长度超过1.5m时，应在支管上安装管卡。层高不超过4m的立管，每层安装一个管卡，距地面1.5~1.8m；层高超过4m的立管上，每层管卡不少于两个，且均匀安装。

3）管道从门窗、梁、柱、墙垛等处绕过时，在其最高点或最低点应分别安装排气和泄水装置，以排除管道中的空气和最低处的污物。散热器支管与立管交叉时，立管应设抱弯绕过支管安装。

4）明装不保温的采暖双立管，两管中心距应为80mm，与墙饰面的距离：管径≤*DN*32时，为25~35mm，管径≥*DN*40时，为30~50mm。供水管道或蒸汽管道在右侧，回水管道或凝结水管道在左侧（左右以面向管道而定）。

5）连接散热器的支管应有一定的坡度，支管全长小于或等于0.5m时，坡降值为5mm，大于0.5m时，坡降值为10mm。坡度的方向应有利于排除系统的空气。

4.7.2 采暖管道的安装

为保证采暖系统的安装质量，安装前应先做好准备工作：按施工图要求的管材、散热器、阀门等进行备料，备料时应严把质量关，对于不合格的材料不得使用；打洞并清理现场，保证施工人员的安全，保证施工质量和施工进度。

管道安装程序是：热力入口→干管→立管→支管。

1. 热力入口安装

建筑采暖热力入口由供水总管、回水总管及配件组成。供、回水总管一般是并行穿越基础预留洞进入室内。热力入口处的配件较多，如热水采暖系统上有调节阀、温度计、压力表、泄水装置等，安装时应采用预制，必要时经水压试验合格后，整体穿入基础预留洞。

2. 干管安装

干管安装的程序一般是：确定干管位置、画线、栽支架→管道预制加工→管道就位→管道连接→管道找坡。

（1）确定干管位置、画线、栽支架　根据施工图所要求的干管走向、位置、坡度，检查预留洞，然后挂通线弹出管道安装的坡度线。注意：应按管底标高做出管坡基准线，以便于栽支架。在挂通线时，如干管过长，可在中间加铁钎支撑，以保证弹画的坡度线符合要求。

支架的数量与安装位置应符合设计要求，设计未明确要求时，按国家现行施工规程执行。支架在安装前应先做防腐处理。支架的安装要牢固，焊接支架的焊缝应饱满，固定支架的管卡螺母应上紧。支架安装完毕，且栽埋支架的混凝土强度达到75%后，方可安装管道。

(2) 管道预制加工　依据施工图纸，根据现场实测绘制管段加工图，分段下料，编好序号，必要时打好坡口，以备组对。对带有弯头的管段，应在地面上将弯头焊好；法兰连接的管段，应在地面上将法兰焊好。

(3) 管道就位　把预制好的管道“对号入座”，摆放在支架上，并采取临时固定措施，以免掉下来。

(4) 管道连接　在支架上把管段对好口，按要求焊接或丝接，连成系统。

(5) 管道找坡　管道连接好后，应校核管道坡度，合格后固定管道。

3. 立管安装

立管的位置由设计确定。施工时，应先检查预留洞的位置和尺寸是否符合要求，然后挂铅垂线确定立管中心线的位置。

总立管与两个分支干管连接时应符合图4-40要求。立管与上部干管连接时应符合图4-41要求。立管与下端干管连接时应符合图4-42要求。

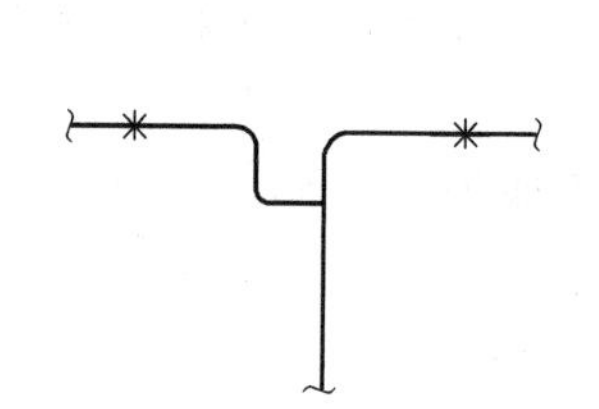

图4-40　总立管与分支干管的连接

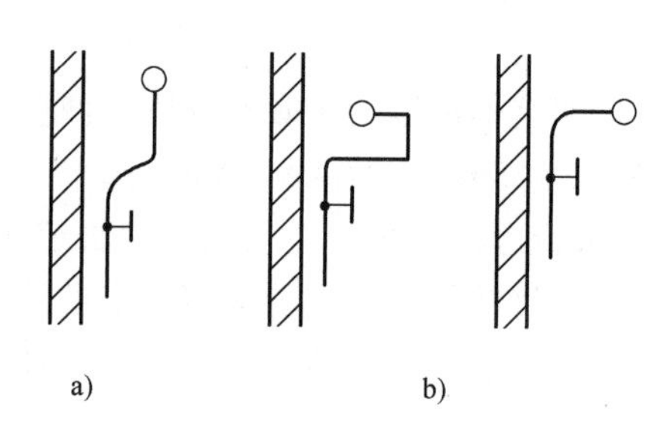

图4-41　采暖立管与上部干管的连接

a）热水采暖系统　b）蒸汽采暖系统

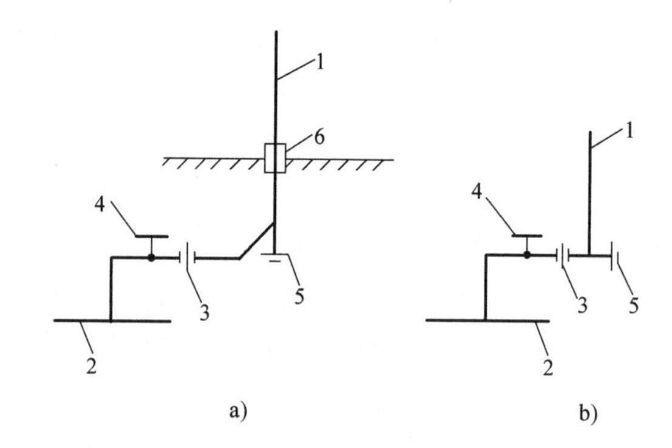

图4-42　采暖立管与下端干管的连接

a）干管在地沟内　b）干管在地面上

1—立管　2—干管　3—活接头或法兰盘　4—截止阀　5—放水丝堵　6—套管

施工时，立管与干管连接时所用的灯叉弯、半圆弯管均应在安装前加工预制。

4. 散热器支管安装

支管应在立管和散热器安装完毕后再进行安装。

所有支管上均应安装可拆卸管件，如活接头、长丝配锁紧螺母等。当支管上设阀门时，阀门应安装在立管与可拆卸管件之间。

支管与散热器连接时，应用乙字管连接，避免立管离墙距离过大，同时可补偿支管的热伸长。

4.7.3 散热器的安装

散热器的安装

散热器的安装，一般应在采暖系统安装一开始就进行，主要包括散热器的组对，在墙上画线、打眼、安设托钩，挂散热器等。

1. 散热器的组对

铸铁散热器在组对前，应先检查外观是否有破损、砂眼、规格型号是否符合施工图要求等。然后把散热片内部清理干净，并用钢刷将对口处螺扣内的铁锈刷净，按正扣向上，依次码放整齐。组对常用的部件，如对丝、丝堵，补心等放在方便取用的位置。组对所用的石棉垫，厚度为 2mm，使用时须先用机油或热水浸泡，并要求随用随浸。组对的散热器，要求平直严紧，垫片不得外露。

散热器片之间通过工具“钥匙”用对丝组装而成；散热器与管道连接处通过补心连接；散热器不与管道连接的端部，用散热器丝堵堵住。用钥匙上对丝时，应上下口均匀用力，拧紧时夹紧垫片，上下口缝隙均匀。

落地安装的柱型热器，14 片以下两端装带足片；15~24 片装三个带足片，中间的足片应置于散热器正中间。

组对加固好的散热器，轻轻搬至集中地点，准备试压。试压时，用 1.5 倍的工作压力试压。试压不合格的须重新组对或修整，直至合格。散热器水压试验装置如图 4-43 所示。

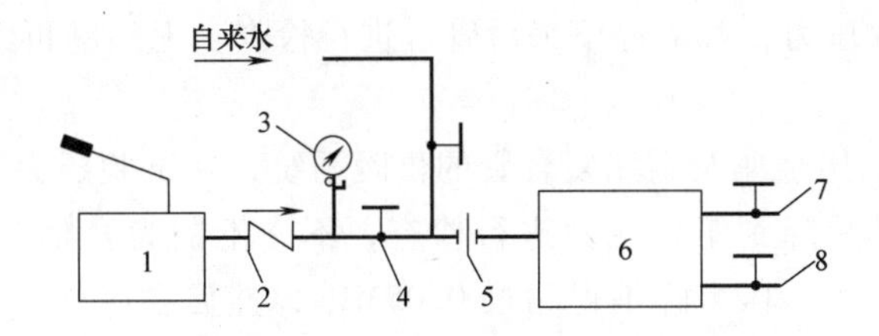

图 4-43　散热器水压试验装置

1—手压泵　2—止回阀　3—压力表　4—截止阀
5—活接头　6—散热器　7—放气管　8—放水管

将试压合格后的散热器，表面除锈，刷一道防锈漆，刷一道银粉漆。然后运至集中地点，码放整齐，准备安装。

钢制散热器，一般经试压合格后，以成品形式出厂，可直接进行安装，安装后若出现渗漏等质量问题，由厂方负责退换。

2. 散热器的安装

散热器的安装应在土建内墙抹灰及地面施工完成后进行。安装前应按施工图提供的位置在墙上画线、打眼，并把做过防腐处理的托钩安装牢固。

同一房间内的散热器必须在同一高度以保证美观。挂好散热器后，再安装与散热器连接的支管。如果需要安装手动跑风门，应在散热器不装支管的丝堵上锥上内丝。

4.7.4 采暖系统的试压、冲洗

1. 试验压力

系统安装完毕，应做水压试验，水压试验的试验压力应符合设计要求，当设计未注明时，应符合下列规定：

1）蒸汽、热水供暖系统，应以顶点工作压力加 0.1MPa 做水压试验，同时在系统顶点的试验压力不小于 0.3MPa。

2）高温热水供暖系统，试验压力应为系统顶点工作压力加 0.4MPa。

3）使用塑料管及复合管的热水供暖系统，应以系统顶点工作压力加 0.2MPa 做水压试验，同时系统顶点的试验压力不小于 0.4MPa。

2. 试压方法

室内供暖系统的水压试验，可分段进行，也可以整个系统进行。对于分段或分层试压的系统，如果有条件，还应进行一次整个系统的试压。对于系统中需要隐蔽的管段，应做分段试压，试压合格后方可隐蔽，同时填写隐蔽工程验收记录。

（1）试压准备　打开系统最高点的排气阀、阀门；打开系统所有阀门；采取临时措施隔断膨胀水箱和热源；在系统下部安装手摇泵或电动泵，接通自来水管道。

（2）系统充水　依靠自来水的压力向管道内充水，系统充满水后不要进行加压，应反复地进行充水、排气，直到将系统中的空气排除干净；关闭排气阀。

（3）系统加压　确定试验压力，用试压泵加压。一般应分 2~3 次升至试验压力。在试压过程中，每升高一次压力，都应停下来对管道进行检查，无问题再继续升压，直至升到试验压力。

（4）系统检验　采用金属及金属复合管的供暖系统，在试验压力下观测 10min，压力降不应大于 0.02MPa，然后降到工作压力进行检查，不渗不漏为合格。采用塑料管的供暖系统，在试验压力下稳压 1h，压力降不得超过 0.05MPa，然后在工作压力的 1.15 倍状态下稳压 2h，压力降不大于 0.03MPa，同时检查各连接处，不渗不漏为合格。

3. 试压注意事项

1）气温低于 4℃时，试压结束后及时将系统内的水放空，并关闭泄水阀。

2）系统试压时，应拆除系统的压力表、打开疏水器旁通阀，避免压力表、疏水器被污物堵塞。

3）试压泵上的压力表应为合格的压力表。

4. 冲洗

系统试压合格，应对系统进行冲洗，冲洗的目的是清除系统的泥砂、铁锈等杂物，保证系统内部清洁，避免运行时发生阻塞。

热水供暖系统可用水冲洗。冲洗的方法是：将系统内充满水，打开系统最低处的泄水阀，让系统中的水连同杂物由此排出，反复多次，直至排出的水清澈透明。

蒸汽供暖系统可供用蒸汽冲洗。冲洗的方法是：打开疏水装置的旁通阀，送汽时，送汽阀门慢慢开启，蒸汽由排汽口排出，直至排出干净的蒸汽。

供暖系统试压、冲洗结束后，方可进行防腐和保温。

单元小结

本单元主要介绍了热水采暖系统的常用图式及工作原理，介绍了采暖系统常用的散热器、采暖附件、采暖管材及管道布置敷设要求、管道设备的防腐与绝热等基本知识，介绍了建筑采暖工程施工图、建筑采暖系统安装及验收等内容。

热水采暖系统以热水为热媒进行采暖，是工程中比较常用的采暖系统。本单元介绍了工程中常用的分户计量散热器热水采暖系统、低温地板辐射采暖系统等。蒸汽采暖系统以蒸汽为热媒进行采暖，用于有汽源的工业建筑或工业区内的其他建筑，图式一般采用双管上供下回式。

散热器从材质上分为铸铁、钢制、铝制、铜制等，从形式上分为柱型、翼型、串片式、排管式、扁管式等。

为保证采暖系统的正常运行、调节采暖系统，采暖系统需设置附件，如排气装置、过滤器、热量表、散热器温控阀、补偿器、平衡阀等。

采暖系统可采用焊接钢管、无缝钢管、塑料管。根据管道敷设位置及建筑物类别合理选择。因采暖管道存在明显的热胀冷缩，因此穿墙、穿楼板、穿基础均需设置套管；并且管道的适当部位应设置补偿器以避免管道变形量太大而弯曲甚至漏水。管道设备的防腐是通过涂刷油漆实现的。明装的管道、设备一般刷一道防锈漆、两道面漆；暗装或外面需做保温处理的管道、设备刷两道防锈漆。管道设备的绝热包括保温绝热和保冷绝热。

建筑采暖工程施工图与建筑给水排水工程施工图一样，由文字部分和图示部分组成。文字部分包括设计施工说明、图纸目录、图例及主要设备材料表等；图示部分包括平面图、系统图、详图。平面图表示与采暖有关的轮廓、轴线、采暖设备的平面位置、采暖管道的布置位置等。系统图表示管道、附件的空间走向和位置。施工人员只有看懂施工图，才能组织施工，才能将设计人员的意图贯穿到实际工程中。

室内采暖系统的安装包括采暖管道安装和散热器的安装。管道安装一般按热力入口→主立管→干管→立管→支管的顺序进行。管道安装要遵循先支架后安装管道的原则，水平管道严格按图纸要求的坡度进行施工以保证管道能顺利排除系统中的空气，保证介质的正常流动。散热器的安装包括组对、试压，在墙上画线、打眼、安装托架，挂散热器等。

系统安装完毕应进行水压试验和冲洗。水压试验是检查系统的强度和严密性；冲洗的目的是清除系统的泥砂、铁锈等杂物，保证系统内部清洁，避免运行时发生阻塞。

复习思考题

一、选择题

1. 采暖系统焊接钢管管径小于或等于32mm，应采用（　　）连接。

A. 螺纹　　B. 焊接　　C. 法兰　　D. 卡箍

2. 低温热水地板辐射采暖常用管材（　　）。

A. PP-R　　B. PVC　　C. 镀锌钢管　　D. 铸铁管

3. 蒸汽采暖系统设置疏水器的作用是（　　）。

A. 稳压　　B. 阻气疏水　　C. 阻汽疏水　　D. 阻水排汽

4. 供热管道做水压试验时，试验管道上的阀门应（　　）。

A. 开启　　B. 半开半闭　　C. 关闭　　D. 用堵头堵上

5. 供热系统的补偿器在安装之前，需要按照设计要求或产品说明进行（　　）。

A. 预热　　B. 预加工　　C. 预拉伸　　D. 调试

二、填空题

1. 根据采暖热媒不同，采暖系统可分为________、________、________、________。

2. 分户计量热水供暖系统常采用________、__________、________、________等供暖形式。

3. 常用散热器按材质可分为__________、__________、_________、_________。

4. 在采暖系统中常用的排气装置有_________、___________、___________。

5. 管道、设备的绝热包括两个结构层，即：_________和_________。

6. 热量表由________、________和________组成。

7. 采暖系统的验收包括_________、________和_________。

三、简答题

1. 热水采暖系统和蒸汽采暖系统各有什么特点？

2. 常用的采暖系统布置方式有哪些？

3. 管道布置应考虑哪些因素？

4. 简述采暖系统的试压过程。

5. 低温热水地板辐射供暖系统常用的结构形式是哪些？

6. 低温热水地板辐射供暖系统的施工工序是什么？

7. 钢质散热器与铸铁散热器相比，有哪些特点？

8. 保温材料的要求有哪些？

单元5

5

建筑通风、防火排烟与空气调节系统

单元目标

知识目标

1. 熟悉通风系统的分类。

2. 熟悉通风系统的主要设备与构件特点，熟悉风道的布置敷设要求。

3. 掌握建筑防火排烟方式和要求，掌握空气调节系统分类和组成。

4. 熟悉空调系统的冷源分类和热源分类，了解空调水系统的参数及系统形式。

5. 掌握通风空调系统的消声与减振措施。

技能目标

1. 对通风空调系统有感性认识。

2. 认识工程中常见的通风空调系统的设备，了解其工作原理。

3. 具备土建施工与安装工程施工配合的基本能力。

情感目标

1. 培养学生积极向上的生活态度。

2. 通过对建筑通风、防火排烟与空气调节系统基本知识的学习，培养学生科学严谨、细致认真的工作态度。

3. 通过学习，激发学生热爱本专业的热情。

单元概述

建筑通风、防火排烟与空气调节系统包括建筑通风系统、高层建筑的防火与排烟系统、空气调节系统、空调系统的冷热源、空调水系统、通风空调系统的消声和减振。本单元重点介绍各系统的分类、组成、工作原理、常用设备等基本知识，介绍空调系统的冷源和热源，简要介绍通风空调系统的消声和减振等知识。通过学习，具备做好土建施工与安装工程施工配合工作基本能力。

课题1　建筑通风

学习目标

1. 熟悉通风系统的分类。

2. 熟悉通风系统的主要设备与构件特点。

3. 熟悉风道的布置与敷设要求。

通风是改善室内空气环境的一种重要手段。把室内污浊的空气直接或净化后排至室外，再把新鲜的空气补充进来，从而保持室内的空气环境符合卫生标准，这一过程就叫“通风”。由此可见，通风包括从室内排除污浊的空气和向室内补充新鲜的空气两个方面。其中，前者称为“排风”，后者称为“送风”或“进风”。为实现排风或送风而采用的一系列设备、装置的总体，称为“通风系统”。

按照空气流动的动力不同，通风系统可以分为自然通风和机械通风两大类；按照作用范围的不同，通风系统又可以分为全面通风和局部通风系统两大类。

5.1.1 自然通风

通风系统的分类

结合建筑物的特定结构，依靠室外风力造成的风压和室内外空气温度差所造成的热压，使空气流动的通风系统称为自然通风。因此自然通风有两种形式：一种是风压作用下的自然通风，另一种是热压作用下的自然通风。

风压作用下的自然通风，是指利用室外空气流动（风力）产生的室内外气压差来实现空气交换的通风方式。在风压的作用下，室外具有一定速度的自然风作用于建筑物的迎风面上，迎风面的阻挡使空气流速减小，静压增大，从而使建筑物内外形成一定压差。室外空气通过建筑物背风面上的门、窗、孔口排出，如图 5-1 所示。

热压作用下的自然通风，是指利用室内外空气温度不同而形成的密度压力差来实现室内外空气交换的通风方式。当室内空气的温度高于室外时，室外空气的密度较大，便从房屋下部的门、窗、孔口进入室内，室内空气则从上部的窗口排出，如图 5-2 所示。

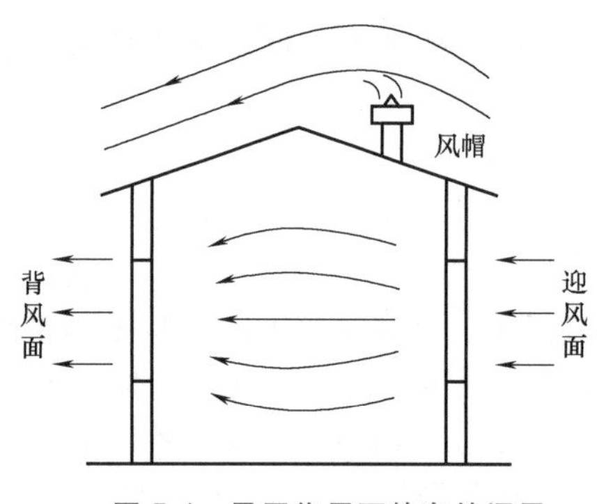

图 5-1　风压作用下的自然通风

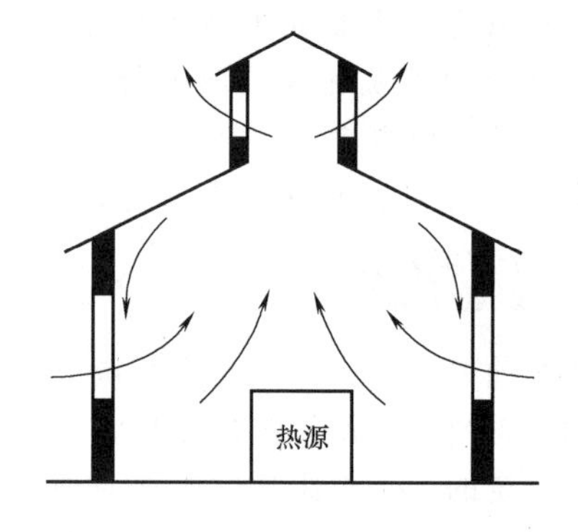

图 5-2　热压作用下的自然通风

自然通风是一种经济的通风方式，它不消耗能源就能得到较大的通风量，但通风效果不稳定，通风量随气候而定；通风的效果还取决于建筑物结构形式、总平面布置等。自然通风除了用于工业与民用建筑的全面通风外，也用于某些热设备的局部排风。

5.1.2 机械通风

机械通风是指借助于通风机产生的抽力或压力，强迫空气沿着通风管道流动来实现室内外空气交换的通风方式。机械通风系统可分为机械送风系统和机械排风系统（图 5-3）。机械送风是指向整个房间送风，或向房间的某个区域送风。机械排风是指排除整个房间内污染的空气，或排除房间某个区域的污染空气。

机械通风时，空气的输送或流动由风机提供动力，能有效地控制风量和送风参数，所以可以向室内任何地方供给适当数量且经过处理的空气，也可以从室内任何地方按工艺要求的送风量排出一定数量被污染的空气。机械通风系统占用较大建筑面积或空间，投资大，运行及维护费高，安装和管理复杂。

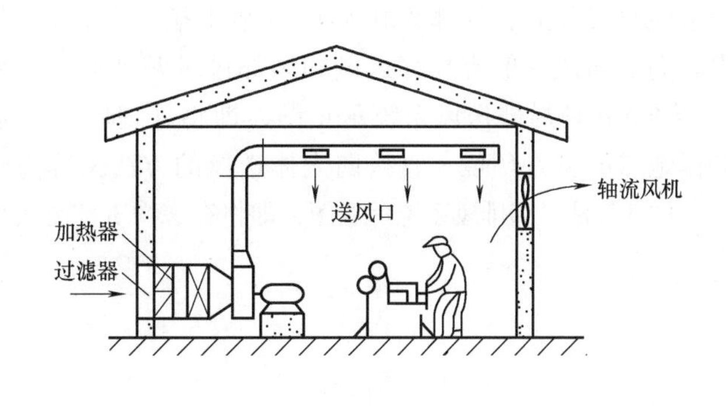

图5-3　机械送风系统和机械排风系统

在实际应用中，自然通风与机械通风可以结合起来使用。如果室内有发热设备，为了获得较好的通风换气量，可以在设置机械送风系统的同时设置自然排风系统。

1. 全面通风

全面通风是指在整个房间内，全面地进行通风换气，即用新鲜空气把整个房间的有害物浓度冲淡到最高允许浓度以下，或改变房间内的温度、湿度的通风方式。全面通风一般有全面送风和全面排风两种形式，分别如图5-4和图5-5所示。

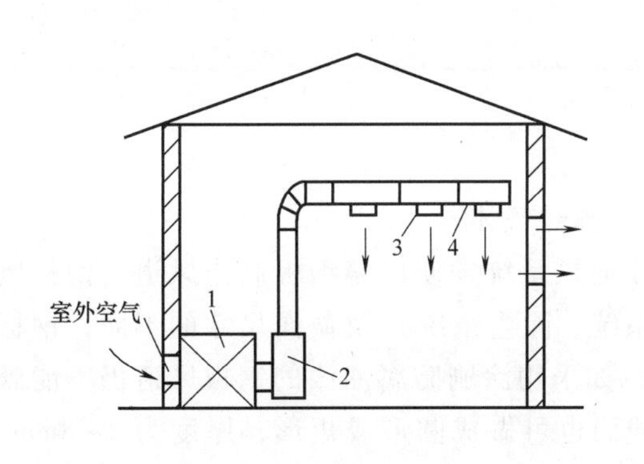

图5-4　全面送风系统

1—空气处理器　2—风机　3—送风口　4—风管

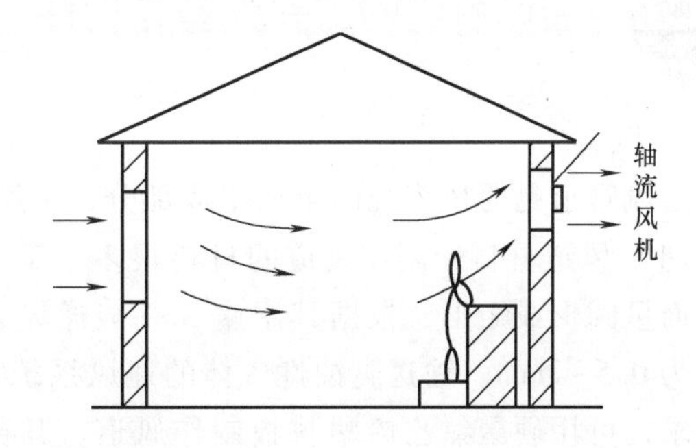

图5-5　全面排风系统

图5-4是全面送风系统示意图，即用风机对送入室内的空气进行加压，然后通过送风管道将空气送到车间的工作区，室内污浊空气由外墙上的窗孔流到室外，使整个房间形成全面的机械送风系统。为了使送入室内的空气比较洁净，温度不至过低，一般将送入室内的空气用空气过滤器和空气加热器进行简单处理。

图5-5是全面排风系统示意图，即通过轴流风机向室外机械排风，室外空气由外墙（对面）上的窗孔流进室内形成自然通风，从而使整个系统形成全面排风。全面排风适用于要求室内产生的有害物尽可能不扩散到其他区域或邻室的区域或房间。

2. 局部通风

局部通风是指为了保证局部区域的空气环境，将新鲜空气直接送到该区域，或者将受到污染的空气与有害气体直接从产生地用排风罩排出室外，防止其扩散到整个空间的通风方式。局部通风一般有局部送风和局部排风两种形式，分别如图 5-6 和图 5-7 所示。

图 5-6 是局部送风系统示意图，即将处理后符合标准的空气送到局部工作地点，以保证工作地点的良好环境。直接向人体送风的方法又称为空气淋浴。

图 5-7 是局部排风系统示意图，即将有害物质直接从产生处抽出，并做适当处理后排至室外。

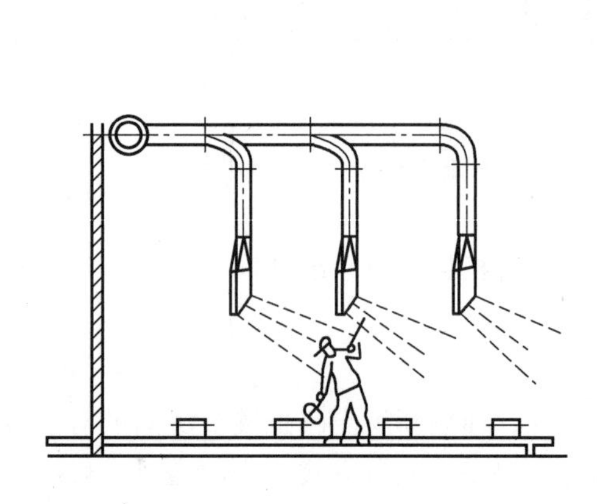

图 5-6　局部送风示意图

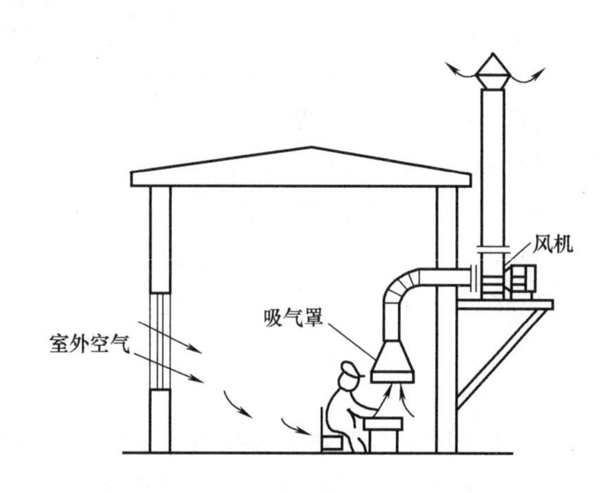

图 5-7　局部排风示意图

5.1.3 通风系统的主要设备与构件

1. 风道

通风管道是通风系统的重要组成部分，它用于输送气体。

（1）风道材料　制作风道的材料很多，工业通风系统常使用薄钢板制作风道。钢板风道截面呈圆形或矩形，根据其用途（一般通风系统、除尘系统）及截面尺寸的不同，钢板厚度为 0.5～3mm。输送腐蚀性气体的通风系统，如采用涂刷防腐油漆的钢板风道仍不能满足要求，可用硬聚氯乙烯塑料板制作风道，其截面也可做成圆形或矩形，厚度为 2～8mm。埋在地下的风道，通常用混凝土做底，两边砌砖，内表面抹光，上面再用预制的钢筋混凝土板做顶，如地下水位较高，尚需做防水层。

在民用和公共建筑中，为节省钢材和便于装饰，除钢板风道外，也常使用矩形截面的砖砌风道、矿渣石膏板或矿渣混凝土板风道，以及圆形或矩形截面的预制石棉水泥风道等。另外，由于近年来玻璃钢材料的防火阻燃性能得到了改善，玻璃钢风管的使用也日趋广泛。

（2）风道的布置与敷设

1）风道的布置。风道的布置应与建筑、生产工艺密切配合，风管应尽量短；风管可以架空、地沟和地下室布置；在风管易积灰尘处应设密闭的清扫孔。在居住和公共建筑中，垂直的砖风道最好砌筑在墙内，但为避免结露和影响自然通风的作用压力，一般不允许设在外墙中。

布置原则：不影响工艺过程和采光，与建筑结构密切结合，尽量缩短风道的长度；应减少局部阻力，避免复杂的局部管件，弯头、三通等管件要安排得当，风管力求顺直；应避免与工艺设备及建筑物的基础相冲突，此外，对于大型风道，还应尽量避免影响采光。

2）风道的敷设。风道的敷设有明敷与暗敷两种形式。通风系统在地面以上的风道，通常采用明装，风道用支架支承，沿墙壁及柱子敷设，或者用吊架吊在楼板或桁架下面（风道距墙较远时）。敷设在地下的风道，应避免与工艺设备及建筑物的基础相冲突，并应与各种其他地下管道和电缆的敷设相配合。此外，尚需设置必要的检查口。

2. 通风机

通风机是通风系统中的重要设备，是输送气体并提高气体能量的一种流体机械。风机为系统中的空气提供动力，从而克服风道和其他部件、设备所产生的阻力。在通风和空调工程中，常用的风机有离心风机和轴流风机两大类。

（1）离心风机　离心风机是借助风机叶轮旋转时所产生的离心力使气体获得压能和动能的，风机的吸气口和出气口方向是相互垂直的。主要部件有叶轮、机壳、吸气口。离心风机结构如图5-8所示。

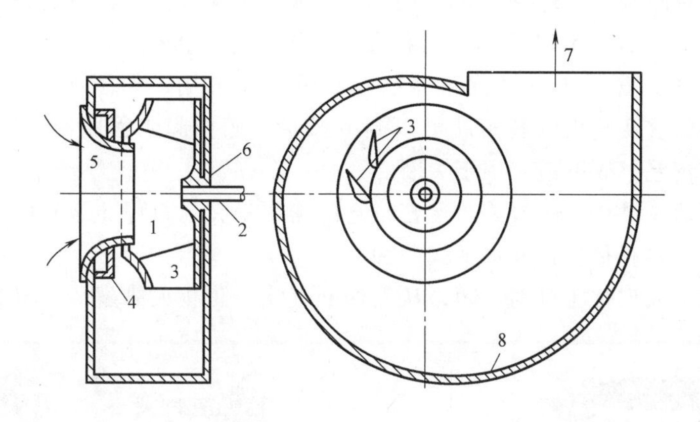

图5-8　离心风机结构示意图

1—叶轮　2—主轴　3—叶片　4—扩压环　5—吸气口　6—轮毂　7—出口　8—机壳

离心风机在启动前，机壳内充满空气，风机的叶轮在电动机的带动下随机轴一起高速旋转，由吸气口吸入空气，在离心力作用下由径向甩出，同时在叶轮的吸气口形成真空，外界气体在大气压力作用下被吸入叶轮内，以补充排出的气体，由叶轮甩出的气体进入机壳后被压向风道，如此源源不断地将气体输送到需要的场所。离心风机产生的全压较大，一般用于阻力较大的系统中。

图5-9　离心风机

常用的离心风机实物如图5-9所示。

（2）轴流风机　轴流风机是借助叶轮的推力作用促使气流流动的，因气流的方向与机轴相平行，因此称为轴流风机。轴流风机结构如图5-10所示。轴流风机的叶轮与螺旋桨相似，叶轮在电动机的带动下，高速旋转将空气从一侧吸入并从另一侧送出。轴流风机产生的全压较小，用于不设风管或风管阻力较小的系统中。

常用的轴流风机实物如图5-11所示。

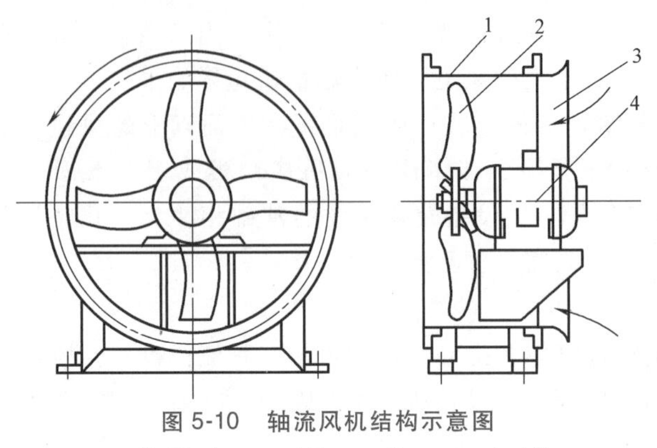

图 5-10 轴流风机结构示意图

1—筒形机壳 2—叶轮 3—进口 4—电动机

图 5-11 轴流风机

3. 阀门

通风系统中阀门的作用是调节风量、平衡系统、防止系统火灾蔓延。

常用的阀门有闸板阀、蝶阀、止回阀和防火阀。闸板阀多用于通风机的出口或主干管上，如图 5-12 所示，其特点是严密性好，体积大。

蝶阀多用于分支管上或空气分布器前，作风量调节用，如图 5-13 所示。这种阀门只要改变阀板的转角就可以调节风量，操作起来很简便，但由于它的严密性较差，故不适合用于关断。

止回阀必须动作灵活、阀板关闭严密，它的作用是在风机停止运转时，阻止气流倒流，主要有垂直式和水平式两种。

图 5-12 闸板阀

防火阀在发生火灾时能自动关闭，从而切断气流，防止火势蔓，如图 5-14 所示。

图 5-13 蝶阀

图 5-14 防火阀

4. 进、排风装置

(1) 室外进风装置 室外进风装置，应设在空气新鲜、灰尘少、远离室外排气口的地方。它主要用于采集室外新鲜空气供室内送风系统使用，根据设置位置不同，可分为设于外围护结构墙上的窗口型和独立设置的进气塔型，如图 5-15 所示。

(2) 室外排风装置 室外排风装置主要用于将排风系统收集到的污浊空气排至室外，通常设计成塔式，并安装于屋面，如图 5-16 所示。

为避免排出的污浊空气污染周围空气环境，排风装置应高出屋面 1.0m 以上。如果进、排风口都设在屋面时，其水平距离应大于 10m，特殊情况，如果排风污染程度较轻时，则水平距离可以小些，这时排气口应高于进气口 2.0m 以上。有时排风口也设在外墙上，如图5-17所示。

(3) 室内送风口 室内送风口是送风系统中的风道末端装置，由风道输送来的空气，可通过送风口按一定的方向、流速分配到各个指定的送风地点。

民用建筑中常用的送风口为单、双层百叶送风口。双层百叶送风口由外框、两组相互垂直的前叶片和后叶片组成，如图5-18所示。

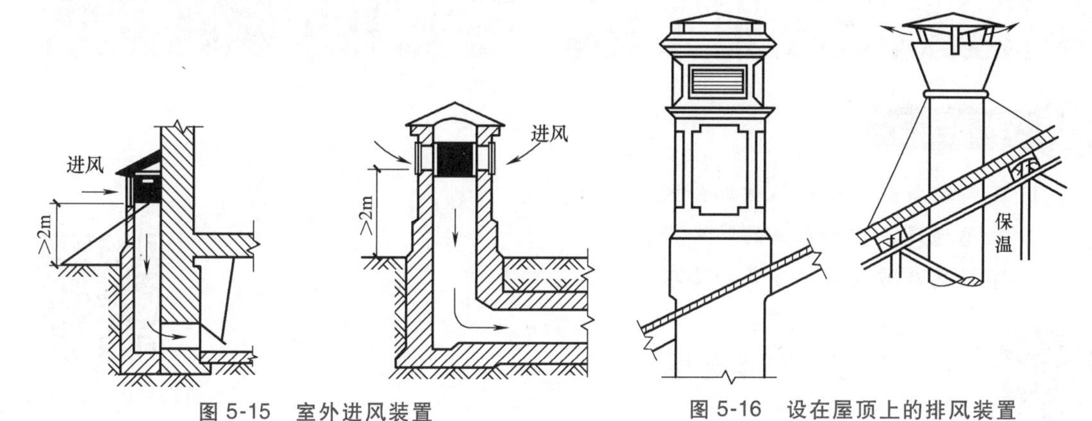

图5-15　室外进风装置　　图5-16　设在屋顶上的排风装置

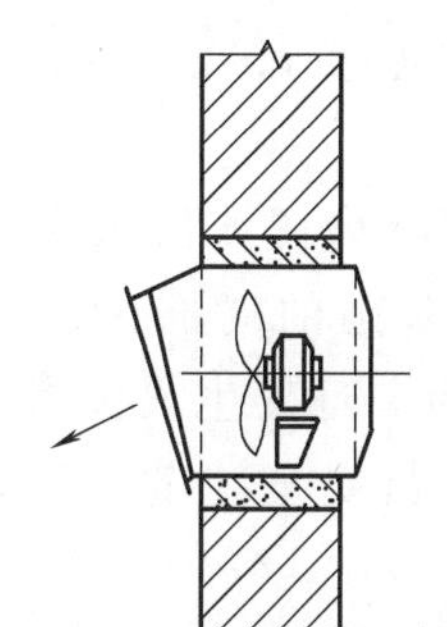

图5-17　设在外墙上排风口

图5-18　双层百叶送风口

（4）室内排风口　室内排风口又称为吸风口，在局部排风系统中又称为局部排风罩。其作用就是：收集一次气流，隔断一、二次气流间的干扰。其目的是：通过排风罩控制气流的运动，来控制有害物在室内的扩散和传播。

室内排风口的形式主要有密闭罩、柜式排风罩、接受式排气罩、吹吸式排风罩、百叶排风口，如图5-19所示。民用建筑中常用百叶式排风口。

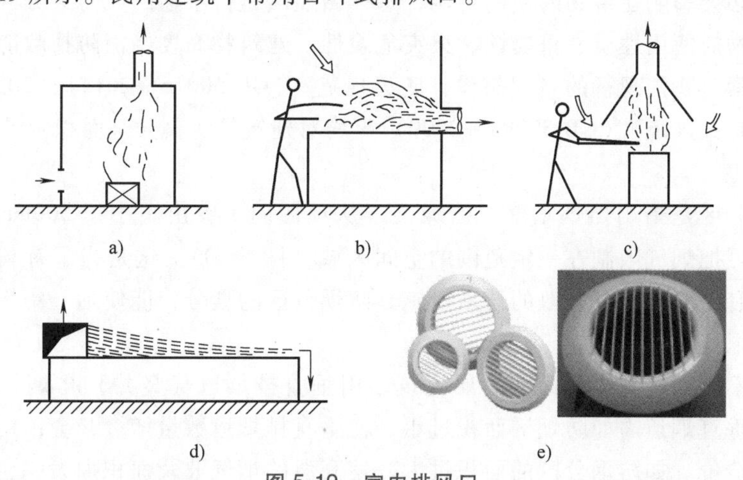

图5-19　室内排风口

a）密闭罩　b）柜式排风罩　c）接受式排气罩　d）吹吸式排风罩　e）百叶排风口

课题 2 高层建筑的防火与排烟

学习目标

1. 了解建筑防火分区与防烟分区的概念。
2. 熟悉通风、空调系统的防火措施。
3. 掌握建筑防火排烟方式和要求。

防火分区与防烟分区

5.2.1 防火分区与防烟分区

为了防止火势蔓延和烟气传播，建筑中必须划分防火分区和防烟分区。

1. 防火分区

所谓防火分区是指采用防火分隔措施（防火墙、楼板、防火门或防火卷帘等）划分出的、能在一定时间内防止火灾向同一建筑的其余部分蔓延的局部区域（空间单元）。在建筑物内采用划分防火分区这一措施，可以在建筑物一旦发生火灾时，有效地把火势控制在一定的范围内，减少火灾损失，同时可以为人员安全疏散、消防扑救提供有利条件。

比较可靠的防火分区应包括楼层水平防火分区和垂直防火分区两部分。所谓水平防火分区，就是用防火墙或防火门、防火卷帘等将各楼层在水平方向分隔为两个或几个防火分区；所谓垂直防火分区，就是用具有 1.5h 或 1.0h 耐火极限的楼板和窗间墙（两上、下窗之间的距离不小于 1.2m）将上下层隔开。当上下层设有走廊、自动扶梯、传送带等开口部位时，应将相连通的各层作为一个防火分区考虑。

从防火的角度看，防火分区划分得越小，越有利于保证建筑物的防火安全。但如果划分得过小，则势必会影响建筑物的使用功能，这样做显然是行不通的。防火分区面积大小的确定应考虑建筑物的使用性质、重要性、火灾危险性、建筑物高度、消防扑救能力以及火灾蔓延的速度等因素。我国现行的《建筑设计防火规范》（GB 50016—2014）（2018 版）、《人民防空工程设计防火规范》（GB 50098—2009）等均对建筑的防火分区面积做了规定。

2. 防烟分区

所谓防烟分区是指用挡烟垂壁、挡烟梁（从顶棚向下突出不小于 500mm 的梁）、挡烟隔墙等划分的可把烟气限制在一定范围的空间区域（图 5-20）。这是为了有利于建筑物内人员安全疏散与有组织排烟而采取的技术措施。防烟分区的划分，能使烟气集于设定空间，通过排烟设施将烟气排至室外。

防烟分区不应跨越防火分区。高层建筑多用垂直排烟道（竖井）排烟，一般是在每个防烟区设一个垂直烟道。如防烟区面积过小，使垂直排烟道数量增多，会占用较大的有效空间，提高建筑造价。如防烟分区的面积过大，使高温的烟气波及面积加大，会使受灾面积增加，不利于安全疏散和扑救。

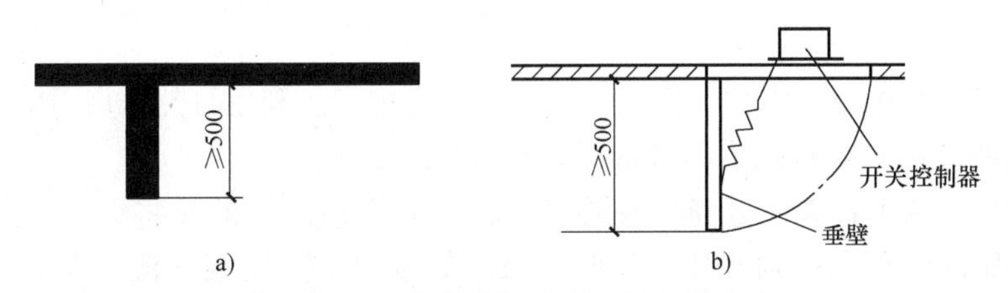

图 5-20　用梁和挡烟垂壁阻挡烟气流动

a）下凸≥500mm 的梁　b）可活动的挡烟垂壁

5.2.2　通风空调系统的防火

1. 通风、空调系统的火灾危险性

1）穿越楼板的竖直风管是火灾向上蔓延的主要途径之一。

2）排出有火灾爆炸危险物质，如没有采取有效措施，容易引起爆炸事故。

3）由于排风机与电动机不配套引起火灾爆炸事故时有发生。

4）某些建筑使用塑料风管，燃烧蔓延快，产生大量有毒气体，危害大。

5）某些建筑的通风、空调系统采用可燃泡沫塑料作为风管保温材料，发生火灾燃烧快，浓烟多且有毒。

6）风管大多隐藏在吊顶和夹层内，起火不易扑救，往往造成大灾。

2. 通风、空调系统的防火措施

1）空气中含有易燃、易爆物质的房间，其送、排风系统应采用相应的防爆型通风设备。当送风机设在单独隔开的通风机房内且送风干管上设有止回阀时，可采用普通型通风设备，其空气不应循环使用。

2）通风、空气调节系统，横向应按每个防火分区设置，竖向不宜超过五层，当管道设有防止回流设施或设有防火阀时，管道布置可不受此限。垂直风管应设在管道井内。

3）通风、空气调节系统的风管穿越防火分区处、通风空气调节机房及重要的或火灾危险性大的房间隔墙和楼板处、变形缝处的两侧以及垂直风管与每层水平风管交接处的水平管段上应设公称动作温度为 70℃ 的防火阀。

4）厨房、浴室、厕所等的垂直排风管道，应采取防止回流的措施或在支管上设置公称动作温度为 70℃ 的防火阀。公共建筑内的排油烟管道宜按防火分区设置，且在与竖向排风管连接的支管上设置公称动作温度为 150℃ 的防火阀。

5）通风、空气调节系统的管道等，应采用不燃烧材料制作，但接触腐蚀性介质的风管和柔性接头，可采用难燃烧材料制作。

6）管道和设备的保温材料、消声材料和黏结剂应采用不燃烧材料或难燃烧材料。

7）风管内设有电加热器时，风机应与电加热器连锁。电加热器前后各 80mm 范围内的风管和穿过设有火源等容易起火部位的管道，均必须采用不燃保温材料。

5.2.3　防烟与排烟

防烟系统是指采用机械加压送风方式或自然通风方式防止烟气进入疏散通道等区域的

系统。

利用自然或机械作用力将烟气排到室外，称之为排烟。利用自然作用力的排烟称为自然排烟；利用机械（风机）作用力的排烟称为机械排烟。

排烟的部位有两类：着火区和疏散通道。着火区排烟的目的是将火灾发生的烟气（包括空气受热膨胀的体积）排到室外，降低着火区的压力，不使烟气流向非着火区，以利于着火区的人员疏散及救火人员的扑救。对于疏散通道的排烟是为了排除可能侵入的烟气，以保证疏散通道无烟或少烟，以利于人员安全疏散及救火人员通行。

防烟与排烟系统形式：自然排烟、机械排烟、机械加压送风防烟。

1. 自然排烟

自然排烟系统是在自然力作用下，使室内外空气对流并通过可开启的外窗将烟气排至室外。系统结构简单、经济，不使用动力及专用设备，但排烟效果受到许多不稳定因素（室外风向、风速和建筑本身的密封性或热压作用）的影响，排烟效果不太稳定，因此它的应用受到一定限制。自然排烟有以下两种方式：

1）利用外窗或专设的排烟口排烟，如图 5-21a、b 所示。

2）利用竖井排烟，如图 5-21c 所示。

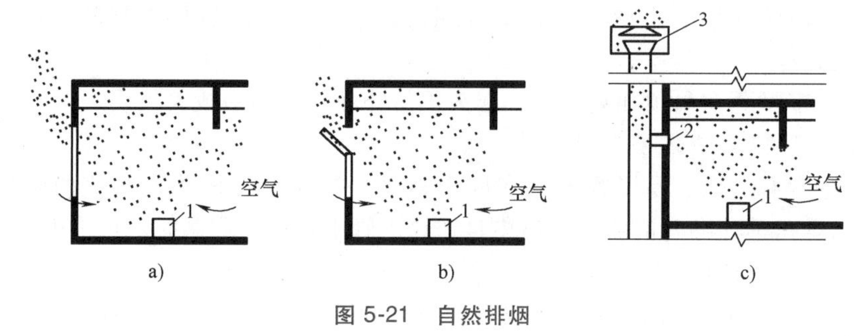

图 5-21　自然排烟

a）利用可开启外窗排烟　b）利用专设排烟口排烟　c）利用竖井排烟

1—烟源　2—排烟口　3—排烟竖井

2. 机械排烟

当火灾发生时，利用风机做动力向室外排烟的方法称为机械排烟。机械排烟系统实质上就是一个排风系统，即设置专用的排烟口、排烟管道及排烟风机把火灾产生的烟气与热量排至室外进行强制排烟。它适用于不具备自然排烟条件或较难进行自然排烟的内走道、房间、中庭及地下室。据有关资料介绍，一个设计优良的机械排烟系统在火灾时能排出 80%的热量，使火灾温度大大降低，从而对人员安全疏散和扑救起着重要的作用。与自然排烟相比，机械排烟具有以下特点：

1）机械排烟不受外界条件（如内外温差、风力、风向、建筑特点、着火区位置等）的影响，而能保证有稳定的排烟量。

2）机械排烟的风道截面小，可以少占用有效建筑面积。

3）机械排烟的设施费用高，需要经常保养维修，否则有可能在使用时因故障而无法启动。

4）机械排烟需要有备用电源，防止火灾发生时正常供电系统被破坏而导致排烟系统不能运行。

3. 机械加压送风防烟

机械加压送风防烟系统是将室外不含烟气的空气加压送至室内某些特定区域，从而在建筑物发生火灾时提供不受烟气干扰的疏散路线和避难场所。因此，加压部位必须使关闭的门对着火楼层保持一定的压力差，同时应保证在打开加压部位的门时，在门洞断面处有足够大的气流速度，能有效地阻止烟气的入侵，保证人员安全疏散与避难。

图5-22是加压防烟的两种情况。其中图5-22a是当门关闭时房间内保持一定正压值，空气从门缝或其他缝隙处流出，防止了烟气的侵入；图5-22b是当门开启时送入加压区的空气以一定风速从门洞流出，阻止烟气流入。

由上述两种情况分析可以看到，为了阻止烟气流入被加压的房间，必须达到：门开启时，门洞有一定向外的风速；门关闭时，房间内有一定正压值。这也是设计加压送风系统的两条原则。

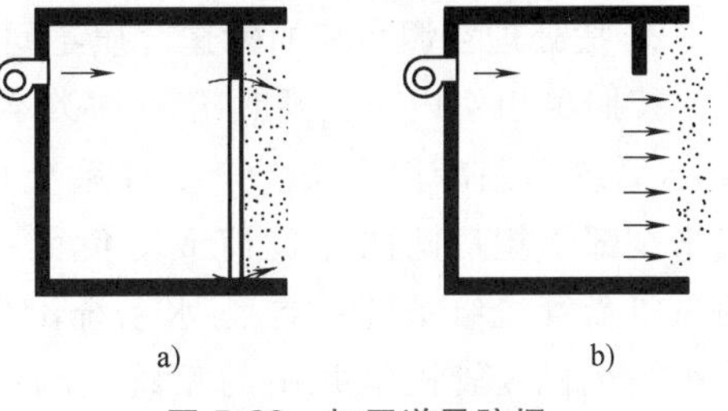

图5-22　加压送风防烟

课题3　空气调节系统

学习目标

1. 掌握空气调节系统分类和组成。
2. 熟悉常用的送风口、回风口形式。
3. 熟悉常见的空调房间的气流组织形式。
4. 熟悉常用的空气处理设备特点。

空气调节是通过一定的空气处理手段和方法，对空气的温度、湿度、压力、气流速度、洁净度和新鲜程度等进行控制和调节，来创造和维护满足生产工艺或人员生活所需要的室内空气环境。

5.3.1　空气调节系统的分类

1. 按空气处理设备的设置不同分类

按照空气处理设备的设置情况不同，空调系统可以分为集中式空调系统、半集中式空调系统和分散式空调系统。

（1）集中式空调系统　将空气处理设备及其冷热源集中在专用机房内，空气集中在机房内进行处理（冷却、去湿、加热、加湿等），经处理后的空气用风道分别送往各个空调房间，而房间内只有空气分配装置，这样的空调系统称为集中式系统。这是一种出现最早、迄今仍然广泛应用的最基本的系统形式。

（2）半集中式空调系统　既有对新风的集中处理与输配，又能借设在空调房间的末端装置（如风机盘管）对室内循环空气做局部处理，同时集中制备冷冻水或热水，这样的系统称为半集中式空调系统。风机盘管加新风空调系统是目前应用最广、最具生命力的半集中式空调系统形式。

（3）分散式空调系统　把冷源、热源、空气处理设备、风机和自动控制等所有的设备装成一体，组成空调机组，这样的系统称为分散式空调系统，又称为局部式空调系统。空调机组一般装在需要空调的房间或相邻的房间就地处理空气，可以不用或只用很短的风道就可以把处理后的空气送入空调房间内。

2. 按处理空调负荷的输送介质不同分类

按照负担室内负荷所用介质种类不同，空调系统可以分为全空气系统、全水系统、空气-水系统和制冷剂系统。全空气系统是以空气为介质，向室内提供冷量或热量，即由空气来全部承担房间的热负荷或冷负荷；全水系统全部由水负担室内空调负荷，例如单一的风机盘管机组系统；空气-水系统由处理过的空气和水共同负担室内空调负荷，如新风机组与风机盘管机组并用的系统；制冷剂系统是以制冷剂为介质，直接对室内空气进行冷却、去湿或加热。

3. 按集中式空调系统处理的空气来源分类

按集中式空调系统处理的空气来源，空调系统可以分为封闭式空调系统、直流式空调系统和回风式空调系统三类。

封闭式空调系统处理的空气全部取自空调房间，没有室外新鲜空气补充到系统中来，全部是室内的空气在系统中周而复始地循环，因此，空调房间与空气处理设备由风管连成了一个封闭的循环环路。直流式空调系统所处理的空气全部来自室外，即室外的空气经过处理达到送风状态点后送入各空调房间，送入的空气在空调房间内吸热吸湿后全部排出室外。回风式空调系统综合了封闭式系统和直流式系统。

4. 按空调系统用途或服务对象不同分类

按照空调系统用途或服务对象的不同，空调系统可以分为舒适性空调和工艺性空调两大类。

舒适性空调指为室内人员创造舒适健康环境的空调系统。舒适健康的环境令人精神愉快，精力充沛，工作、学习效率提高，有益于身心健康。办公楼、旅馆、商店、影剧院、图书馆、餐厅、体育馆、娱乐场所、候机或候车大厅等建筑中所用的空调都属于舒适空调。

工艺空调又称工业空调，指为生产工艺过程或设备运行创造必要环境条件的空调系统，工作人员的舒适要求有条件时可兼顾。由于工业生产类型不同，各种高精度设备的运行条件也不同，因此工艺性空调的功能、系统形式等差别很大。

5.3.2 空气调节系统的组成

在任何自然环境下，将室内空气维持在一定的温度、湿度、气流速度以及清洁度，这是所有空调系统的一般要求。为了保持这四度就要对空气进行加热、冷却、加湿、干燥、过滤等处理，再将处理过的空气输送到各个房间内。

不同的空调系统对空气参数的要求也不同，例如：纺织工业的某些车间对湿度要求较高，要求相对湿度≥95%；大规模集成电路的生产车间，不仅对空气的温湿度有严格要求，而且对空气中灰尘颗粒的大小和数量均有严格要求，目前国内较高标准为100级，粒径≥0.5μm的尘粒含量≤3.5粒/升。

一个完整的集中式空调系统一般由以下几部分组成：

1）空气处理部分：包括空气过滤器、喷水室、空气加热器等各种空气热、湿处理设备。

2）空气输送部分：包括送、回风机，送、回风道，风量调节阀以及消声、防火设备。

3）空气分配部分：主要包括设置在不同位置的送风口和回风口。

4）冷、热源部分：指为空气处理设备提供冷量和热量的设备。

5）电气控制装置：由温度、湿度等空气参数的控制设备及元器件等组成。

5.3.3 常用的送风口、回风口

送风口和回风口的作用是合理地组织室内气流，使室内空气分布均匀。送风口有侧送风口、条缝型送风口、散流器、孔板送风口、喷射式送风口、旋流送风口、空调座椅送风口等形式。回风口有设于侧壁的金属网格回风口和设在地板上的散点式和格栅式回风口形式。

1. 侧送风口

侧送风口向房间横向送出气流，最常见的是百叶送风口。百叶送风口有单层百叶、双层百叶（图5-23）以及三层百叶等形式。

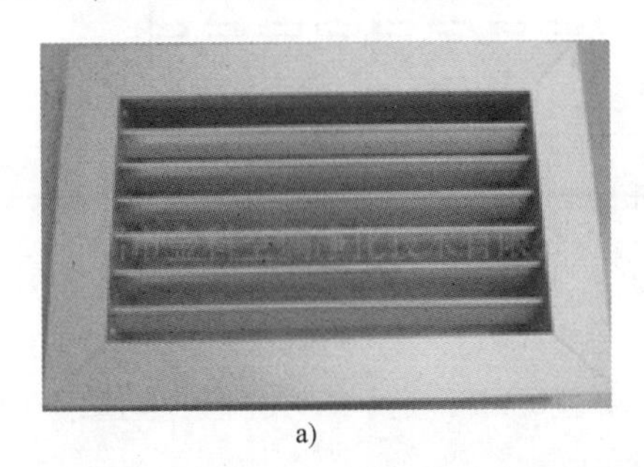

a)

b)

图5-23 百叶送风口

a）单层百叶送风口 b）双层百叶送风口

2. 条缝型送风口

当矩形送风口的宽长比大于1∶20时，可由单条缝、双条缝或多条缝组成，如图5-24所示，且风口与采光带相互配合布置，使室内更显整洁美观。在民用建筑舒适性空调系统中应用广泛。

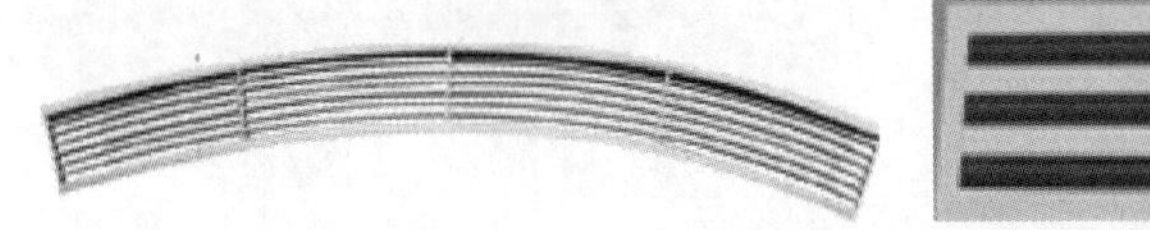

图5-24 条缝型送风口

3. 散流器

散流器是装在顶棚上的一种送风口，它具有诱导室内空气使之与送风射流迅速混合的特性。散流器送风气流有两种方式。一种称为散流器平送，这种送风方式使气流沿顶棚横向流动，形成贴附射流，射流扩散好，工作区总是处于回流区；另一种送风气流方式称为散流器下送风。散流器送风口的实物如图 5-25 所示。

图 5-25　圆形与方形散流器送风口

4. 孔板送风口

孔板送风是将空气送入顶棚上面的稳压层中，在稳压层静压力的作用下，通过顶棚上的大量圆形或条缝形小孔均匀地进入房间。可以利用顶棚上面的整个空间作为稳压层，也可以另外设置静压箱。孔板送风口如图 5-26 所示。

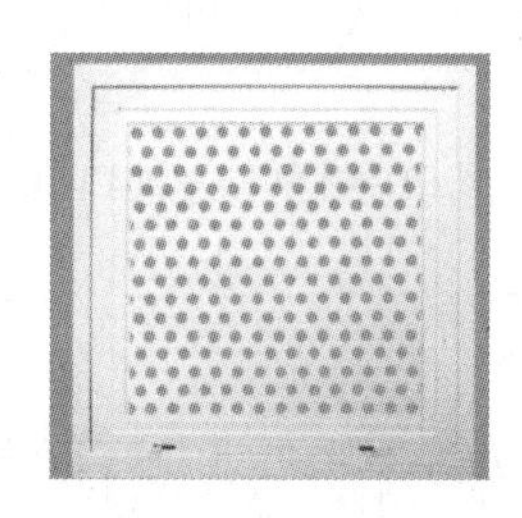
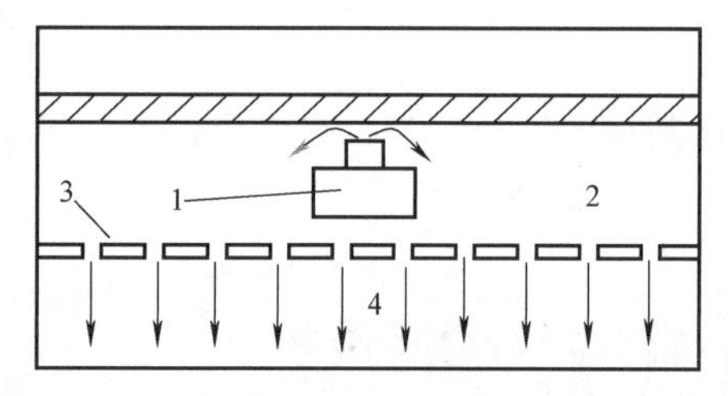

图 5-26　孔板送风口

1—送风管道　2—静压箱　3—孔板　4—气流

5. 喷射式送风口

喷口送风又称集中送风，出风速度一般为 4 ~ 10m/s，送风量大且射程远，常用于建筑高度在 6m 以上的公共建筑中。喷口如图 5-27 所示。

6. 旋流式送风口

旋流式送风口能送出旋转射流，可用于大风量、大温差送风以减少风口数量。旋流式送风口如图 5-28 所示。

图 5-27　喷口

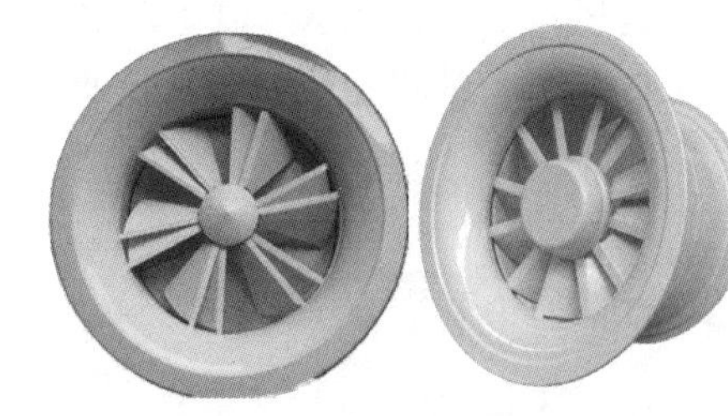

图 5-28　旋流式送风口

7. 回风口

回风口的气流速度衰减很快，对室内气流的影响比较小。回风口通常设置在房间的下部，离地面0.15m以上。常用的回风口为百叶式和网格式，如图5-29所示。

图5-29　百叶式与网格式回风口

5.3.4 空调房间的气流组织

在空调房间内，经处理的空气由送风口进入房间，与室内空气进行热湿交换后，由回风口排出。空气的进入和排出必然会引起室内空气的流动。而不同的空气流动状况会产生不同的空调效果。合理地组织室内空气的流动，使室内空气的温度、湿度、流速等能更好地满足工艺要求和符合人们舒适的感觉，这就是气流组织的任务。

下面介绍几种常见的气流组织形式。

1. 侧向送风

侧向送风的气流组织有上送下回和上送上回两种，如图5-30所示。侧向送风适用于跨度有限、高度不太低的空间，如客房、办公室、小跨度中庭等的一般空调系统。

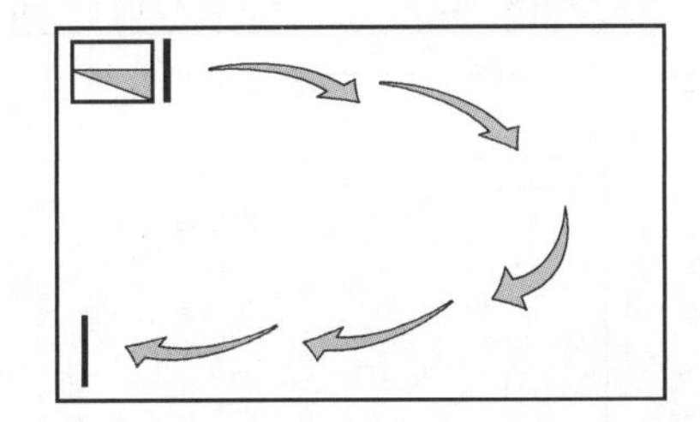

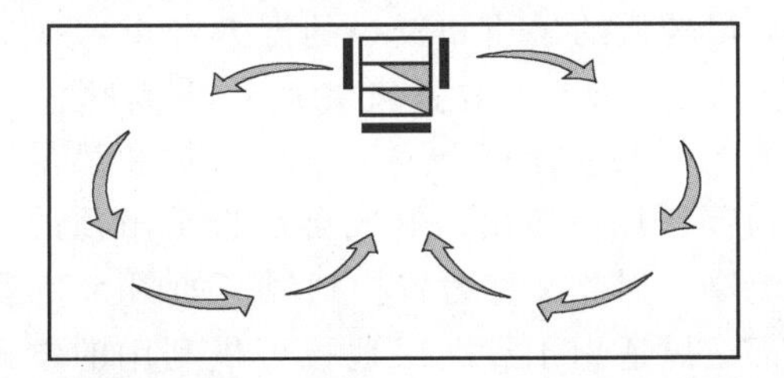

图5-30　侧向送风

2. 散流器送风

散流器送风的气流组织形式一般有上送下回或上送上回两种，如图5-31所示。散流器送风适用于大跨度、高空间，如购物中心，大型办公室，展馆等的一般空调系统。

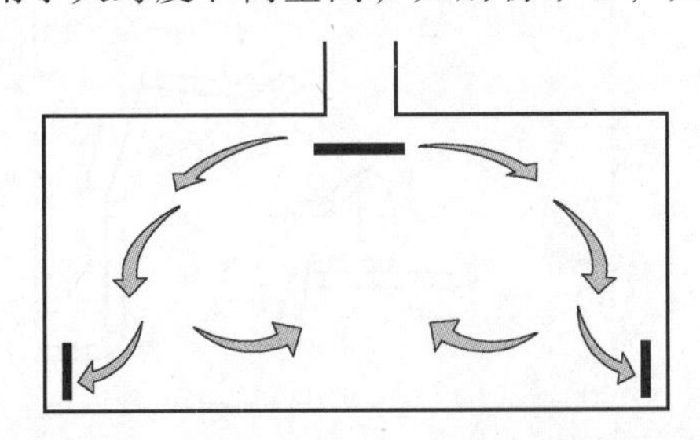

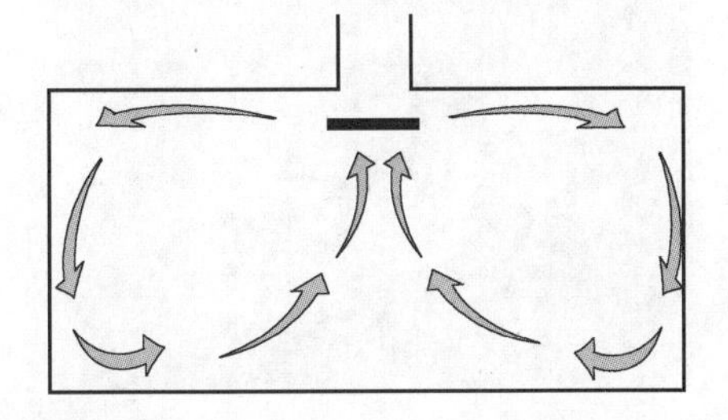

图5-31　散流器送风

3. 孔板送风

孔板送风是利用吊顶上面的空间为稳压层，空气由送风管进入稳压层后，在静压箱作用下，通过在吊顶上装设的具有大量小孔的多孔板，均匀地进入空调区域的送风方式，而回风则均匀地布置在房间的下部，如图 5-32 所示。孔板送风适用于单位面积送风量大，工作区要求风速小的空调环境。

4. 喷口送风

喷口送风一般采用上送下回或者中送风的气流组织形式，如图 5-33 所示。喷口送风适用于高大的厂房或层高很高的公共建筑物如影剧院、体育场馆等。

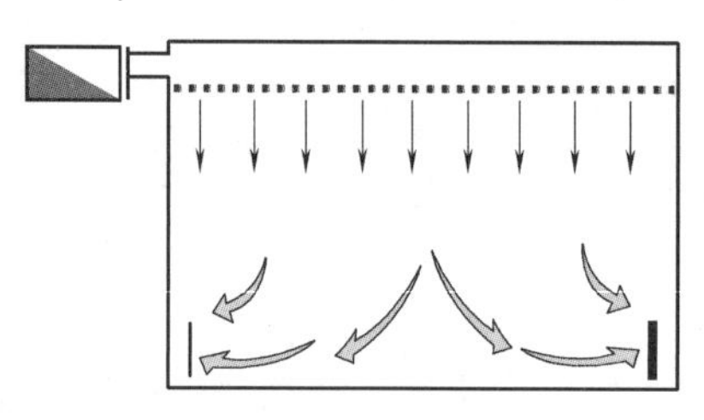

图 5-32　孔板送风

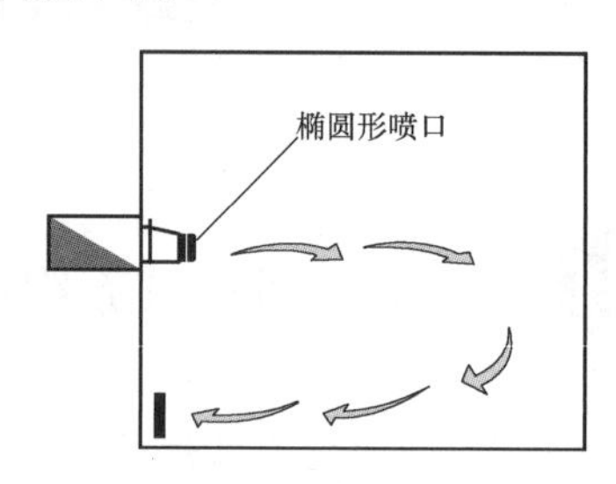

图 5-33　喷口送风

5. 条缝送风

条缝口送风是通过设置在吊顶（或侧墙上部）上的条缝型送风口将空气送入空调区域的送风方式，如图 5-34 所示。条缝送风适用于空调区允许风速为 0.25~0.5m/s 的舒适性空调系统。

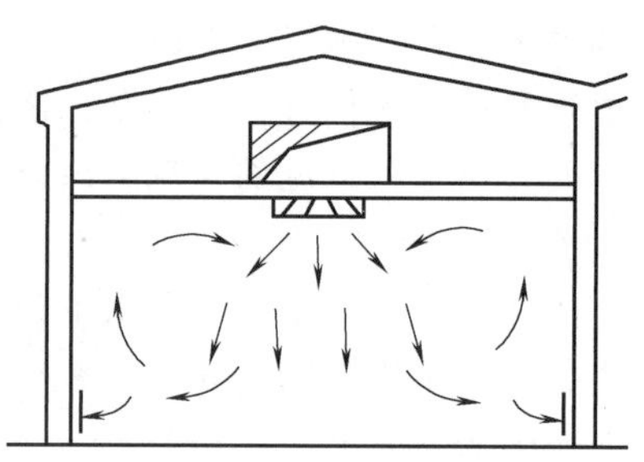

图 5-34　条缝（吊顶）送风

6. 下部送风

送风以较低的风速和较小的温差经由置换通风器送入人员活动区，在送风气流和室内热源形成的对流气流共同作用下，携带污染物和热量从房间的顶部回风口排出，形成自地板至吊顶的全面空气流动，因此又称为置换通风，如图 5-35 所示。下部送风适用于有夹层地板可供利用的空调空间、以节能为目的的高大空间。此外下部送风还有地板送风（地板散流器）和岗位送风（图 5-36）等形式。

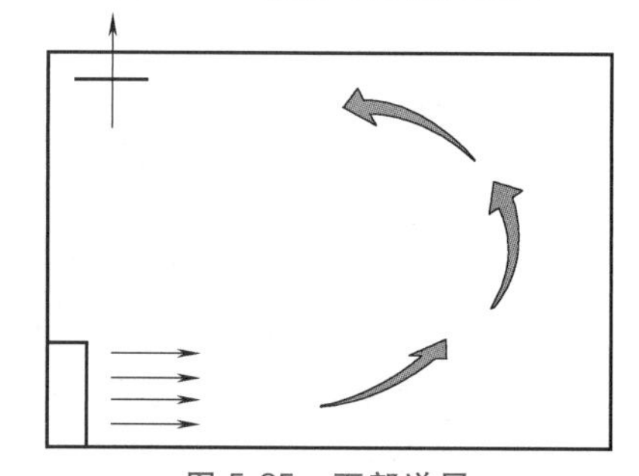

图 5-35　下部送风

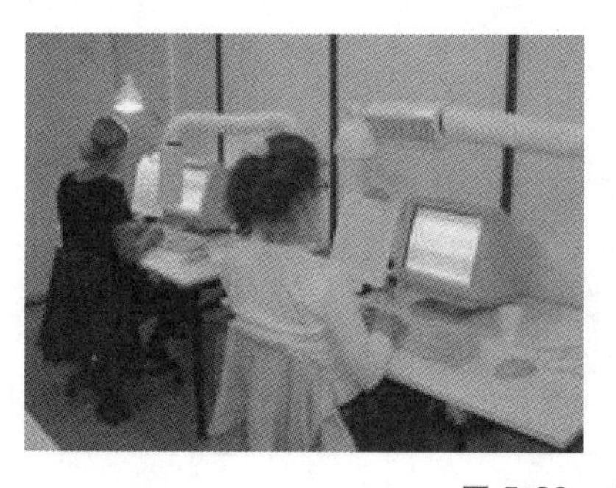

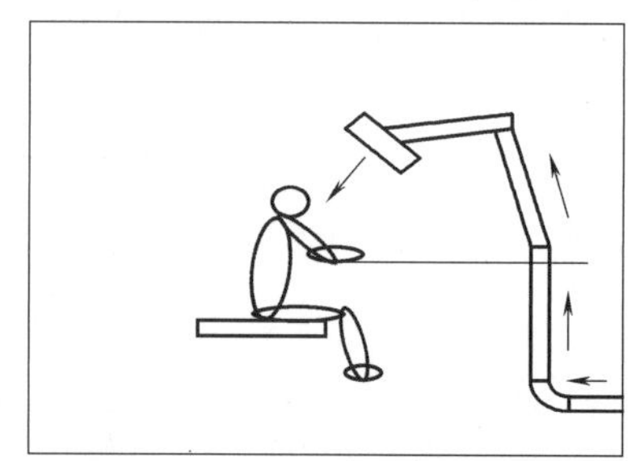

图 5-36　办公室岗位送风

5.3.5 常用的空气处理设备

常用的空气处理设备

1. 空气过滤器

对空气进行净化处理的设备，称为空气过滤器。按照过滤器的形状不同，常用的过滤器分为布袋式过滤器（图5-37）和金属网格过滤器（图5-38）两种。

图5-37 布袋式过滤器

图5-38 金属网格过滤器

2. 空气加热器

对空气进行加热处理的设备，称为空气加热器。目前广泛使用的加热设备有表面式空气加热器和电加热器两种类型。

（1）表面式空气加热器 又称为表面式换热器，是以热水或蒸汽作为热媒通过金属表面传热的一种换热设备，如图5-39所示。

（2）电加热器 电加热器是让电流通过电阻丝发热来加热空气的设备，有裸线式和管式两种。在定型产品中，常把这种电加热器做成抽屉式，如图5-40所示。

图5-39 表面式空气加热器

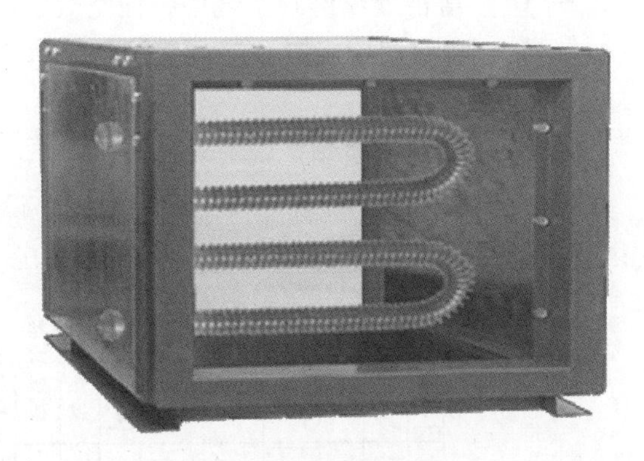

图5-40 抽屉式电加热器

3. 空气冷却器

将被处理的空气冷却到所需要温度的设备，称为空气冷却器。空调工程中常用的空气冷却器有表面式空气冷却器、喷水室和制冷剂直接蒸发式空气冷却器。

（1）表面式空气冷却器 表面式空气冷却器简称表冷器，其结构与表面式空气加热器一样，也由肋管组成，只是在管中流通的不是热水或蒸汽，而是由制冷设备提供的冷媒水而已。其中，以制冷剂为冷媒的表面式空气冷却器，称为直接蒸发式空气冷却器。

（2）喷水室　喷水室是一种多功能的空气调节设备，可对空气进行加热、冷却、加湿及减湿等多种处理。其原理是通过喷嘴把不同温度的水喷成雾状小水滴，与空气进行热湿交换，达到加热、冷却、加湿、减湿等目的。

4. 空气的加湿、除湿设备

常用来对空气加湿的设备很多，除喷水室外，还有蒸汽喷管加湿器及电加湿器。

（1）蒸汽喷管加湿器　蒸汽喷管加湿器是最简单的蒸汽加湿装置。在长度不超过1m的管道上，按照需要开出一定数目孔径为2～3mm的小孔，使自锅炉房引来的蒸汽从小孔中喷出，与流过喷管外面的空气相混合，从而达到加湿空气的目的。蒸汽喷管加湿器如图5-41所示。

（2）电加湿器　电加湿器是直接用电能加热水产生蒸汽，就地混入空气中去的加湿设备。

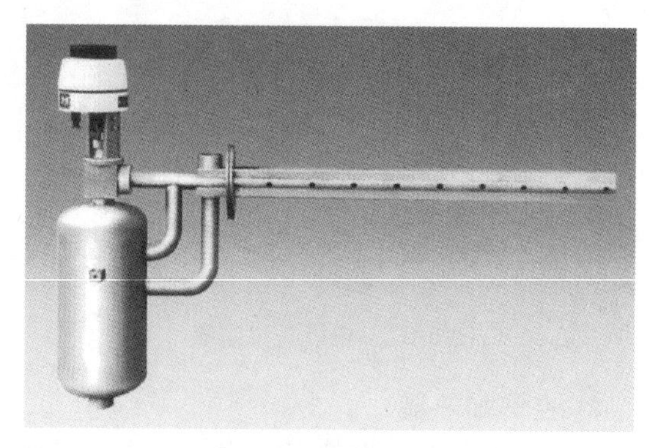

图5-41　蒸汽喷管加湿器

（3）加热通风法减湿　如果室外空气含湿量低于室内空气的含湿量，则可以将经过加热，使相对含湿量降低了的空气进入室内，同时从室内排出同样数量的潮湿空气，从而达到减湿的目的。

（4）冷却减湿　冷却减湿设备即冷冻除湿机，实质上是一个小型的制冷系统。

（5）液体吸湿剂吸收减湿　液体吸湿是将氯化钙（$CaCl_2$）、氯化锂（LiCl）和三甘醇（$C_6H_{14}O_4$）等溶液喷淋到空气中，使空气中的水分凝结出来而达到去湿的目的。

（6）固体吸湿剂吸附减湿　常用的固体吸湿剂有硅胶（SiO_2）、铝胶（Al_2O_3）、氯化钙（$CaCl_2$）等。

5. 组合式空调机组

前面分别介绍了处理空气的各种设备，设计人员可根据工程需要选择合适的处理设备，组成空气处理室，也称组合式空调机组，如图5-42所示。

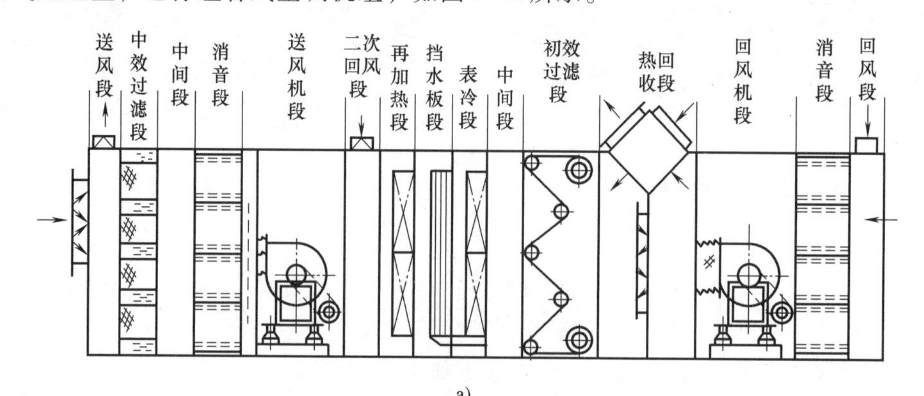

a)

图5-42　组合式空调机组

b)

图 5-42　组合式空调机组（续）

课题 4　空调系统的冷热源

学习目标

1. 了解空调系统的冷源概念和热源概念。
2. 熟悉空调系统的冷源分类和热源分类。

无论是集中式空调系统还是风机盘管加新风系统，空调房间或空调区域所需要的冷量和热量最终是由冷、热源提供的。因为在集中式空调系统中，空气处理设备只负责把冷水或热水带来的冷量和热量传递给空气，使空气被冷却或被加热，从而实现夏季向空调房间送冷风，冬季送热风，而空气处理设备本身并不能制造和产生冷量或热量。同样，在风机盘管系统中，风机盘管只负责把冷水或热水带来的冷量或热量通过风机和盘管自身的工作传递给室内空气，从而实现送冷风或热风，当然新风机组也一样，而风机盘管和新风机组本身并没有制造冷、热量的能力。因此，中央空调的正常运行，是要靠冷、热源的正常工作来保障的。冷、热源把冷、热量制造出来，然后依靠空调系统将冷、热量输送至空调房间或空调区域。

5.4.1　空调系统的冷源

能够为空调系统提供冷量的统称为冷源。冷源一般分为两类：天然冷源和人工冷源。

1. 天然冷源

(1) 地下深井水、山涧水　地下水冬暖夏凉，山涧水在炎热的夏季也是冰凉的，因此地下深井水和山涧水是良好的天然冷源。使用深井水和山涧水的空调系统，我们习惯上称之为水空调。

(2) 天然的冰、雪　在人工制冷开始发展以前，人类已经知道利用天然冰雪在简易的设备中保持低温条件，即利用天然冷源。

(3) 地道风　地道风也是一种天然冷源。由于夏季地道壁面的温度比外界空气的温度低很多，所以在有条件利用的地方，使空气穿过一定长度的地道，也能实现对空气冷却或减湿冷却的处理过程，但应用不多。

2. 人工冷源

天然冷源节能，对环境影响小，但受到自然条件和地理条件的限制。因此，更多时候还是要依靠人工冷源，即制冷机来制造冷量。制冷的理论方法有很多，但目前应用在空调工程中的有两种：蒸气压缩式和吸收式制冷机。

蒸气压缩式制冷机和吸收式制冷机虽然在设备上相差很大，但实质是相同的，即都是相变制冷。相变制冷是利用液体在低温下的蒸发过程或固体在低温下的熔化或升华过程向被冷却物体吸取热量。

蒸气压缩式制冷机是电制冷机，如图 5-43 所示，即通过消耗电能而获得冷量。

蒸气压缩式制冷机的四大基本部件为：压缩机、冷凝器、节流装置和蒸发器。它利用制冷剂在低温下气化吸热达到制冷的目的。

吸收式制冷机是热驱制冷，即通过消耗热能而获得冷量。

热量可以来自热水、蒸汽、燃料的燃烧以及太阳能。吸收式制冷机工作原理如图 5-44 所示。吸收式制冷机用吸收器和发生器的组合代替了蒸气压缩式制冷机的压缩机（图中点画线框内）。

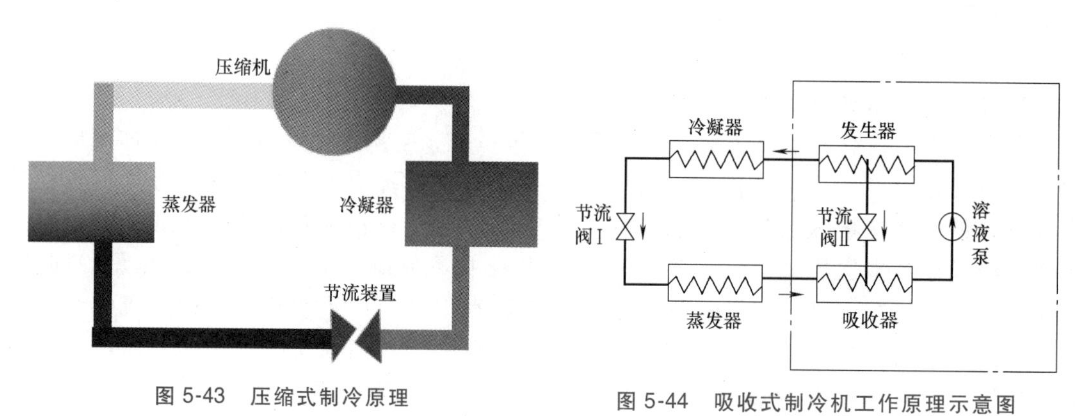

图 5-43　压缩式制冷原理

图 5-44　吸收式制冷机工作原理示意图

5.4.2 空调系统的热源

能够为空调系统提供热量的统称为热源。空调系统的热源包括城市集中供热、锅炉、热泵机组。

1. 城市集中供热

和采暖系统一样，空调系统选取城市集中供热作为热源，必须有热力入口等环节，在此不再赘述。

2. 锅炉

和采暖系统一样，空调系统采用锅炉作为热源，在此不再赘述。

3. 热泵机组

热泵机组的冬季制热原理和家用空调相同，蒸气压缩式制冷机上增加四通换向阀，就可以使蒸发器转换成冷凝器，冷凝器转换成蒸发器，并供应热量。

图 5-45 和图 5-46 分别为冷热风（水）机组在四通换向阀的作用下的制冷循环与制热循环。

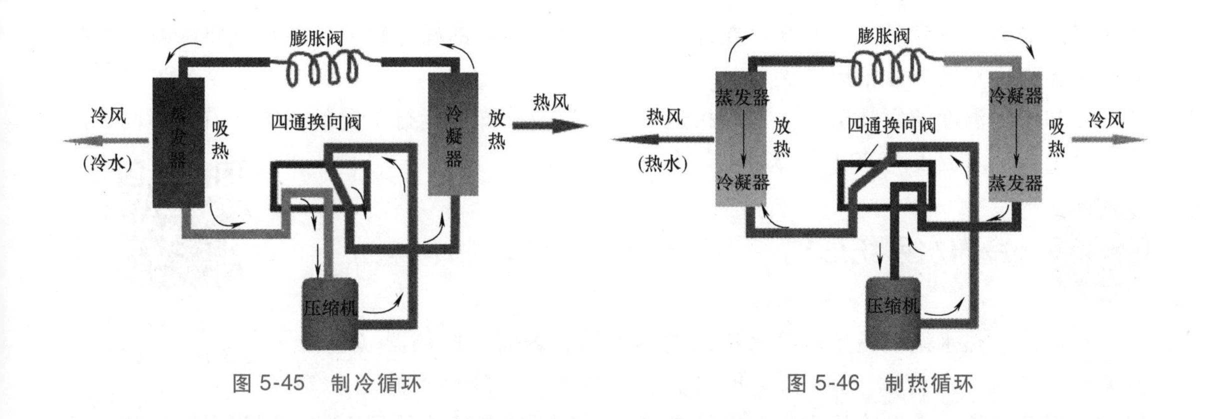

图5-45　制冷循环　　　图5-46　制热循环

课题5　空调水系统

学习目标

1. 了解冷、热水和冷却水参数。
2. 熟悉冷冻水系统形式，熟悉冷却水系统形式。
3. 了解冷凝水排水系统概念。

空调水系统一般包含冷水（或称为冷冻水）、热水、冷却水以及冷凝水三部分。

5.5.1　冷、热水和冷却水参数

1. 冷、热水

携带冷量的水称为冷水，携带热量的水称为热水。冷、热水在水泵作用下，经管道送至各空调机组、风机盘管、喷水室等空气处理设备处实现对空气的冷却和加热处理。因此冷、热水又称为冷、热媒，在系统中的作用是把冷、热量携带并运送至各空气处理设备处。

应当指出：空调系统设计的冷、热水均循环使用，个别利用天然冷源的空调系统会采用直流式系统。

受冷水机组蒸发温度的限制，冷水水温不得低于5℃。一般情况下，空调系统设计的冷水供水温度为5~9℃，供回水温差$\Delta t=5\sim10$℃。多数情况下，空调系统的供、回水温度分别为7℃和12℃，即冷水机组的额定工况是制备7℃的冷水，回收12℃的冷水。

热水一般采用的供水温度为40~65℃，供回水温差为$\Delta t=4.2\sim15$℃。多数情况下系统空调系统的供、回水温度分别为60℃和50℃。

2. 冷却水

制冷机组正常运行时冷凝器不断产生热量，必须有介质将这些热量带走才能保证制冷的连续进行，带走这些热量的水称为冷却水。

同样指出：空调系统的冷却水系统经常设计成循环系统，少数采用深井水的直流式供水系统除外。因此，冷却水必须由冷却塔将其携带的热量释放掉，才能连续具备带走冷凝器产生热量的能力。也就是说，冷却水在此依然充当携带热量的媒介物质，并最终将冷凝器产生的热量经由冷却塔释放给周围大气。

冷却水的温度随室外工况、制冷机运行工况以及冷却塔运行工况的影响而有所不同，经常设计的供回水温度为 32℃ 和 37℃。

5.5.2 冷冻水系统形式

空调冷、热水和冷却水参数

空调冷、热水系统是指由冷水机组的蒸发器、表面式换热器（包括空调机组和风机盘管）、分水器、集水器、冷热水箱、冷热水循环泵等组成的循环系统。空调冷热水循环系统有开式循环系统与闭式循环系统、同程式系统与异程式系统、一次泵水系统与二次泵水系统、定流量水系统与变流量水系统之分。

下面以风机盘管空调系统的冷冻水为例，分别叙述。

1. 开式循环系统与闭式循环系统

（1）开式循环系统　如图 5-47 所示，在循环系统管路中设有贮水箱或水池，水箱或水池是连通大气的，回水靠重力自流回到水箱或水池，然后再由水泵送出。

（2）闭式循环系统　如图 5-48 所示，其管路系统不与大气相接触，仅在系统最高点设置膨胀水箱，整个系统形成一个封闭的回路。

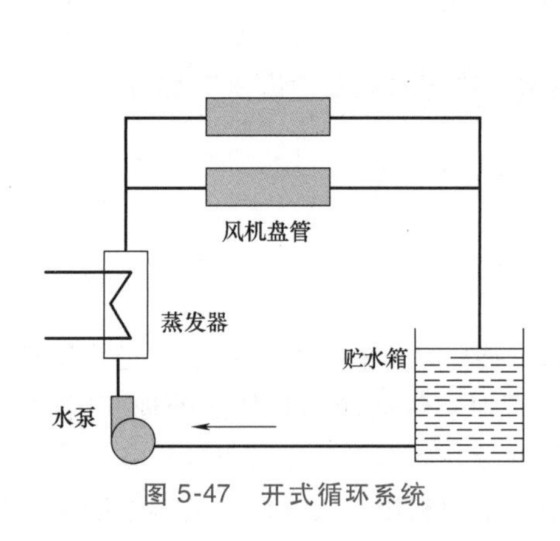

图 5-47　开式循环系统

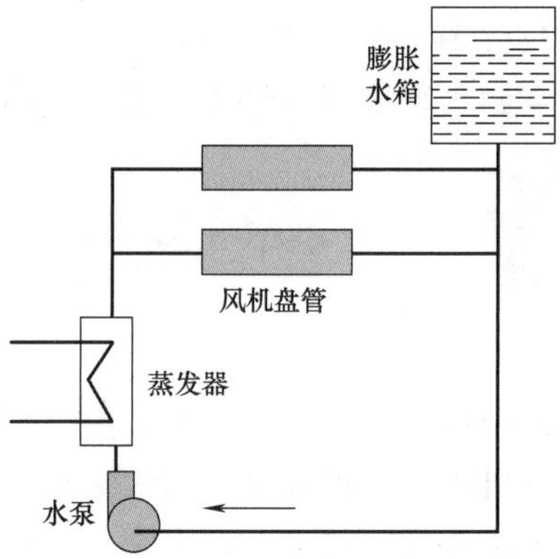

图 5-48　闭式循环系统

2. 同程式系统与异程式系统

（1）同程式系统　如图 5-49 所示，系统中各循环环路长度是相同的，可避免或减轻水平失调。

（2）异程式系统　如图 5-50 所示，系统中各循环环路长度不相同。其环路阻力不易平衡，阻力小的近端环路，流量会加大，远端环路的阻力大，其流量相应会减小，从而造成在供冷、热时近端用户比远端用户得到的冷、热量多，形成水平失调。

3. 一次泵水系统与二次泵水系统

（1）一次泵水系统　只用一组循环水泵，如图 5-51 所示，其系统简单、初投资省。

（2）二次泵水系统　其冷冻水系统分成冷冻水制备和冷冻水输送两部分。如图 5-52 所示，与冷水机组对应的泵称为初级泵（一次泵），它与供、回水干管的旁通管组成冷冻水制备系统。连接所有负荷点供、回水干管的泵称为次级泵（也称二级泵）。

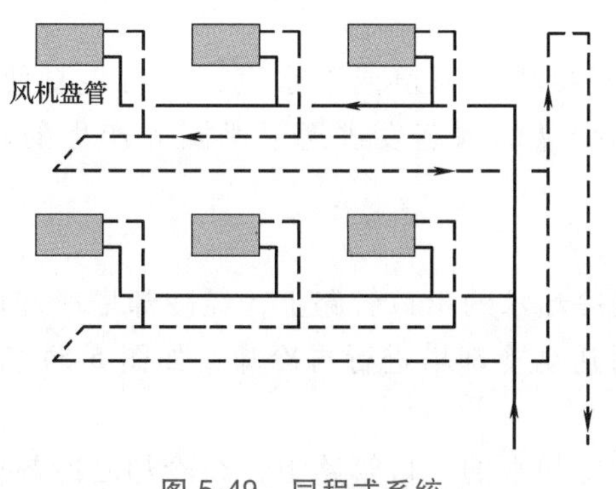

图 5-49　同程式系统

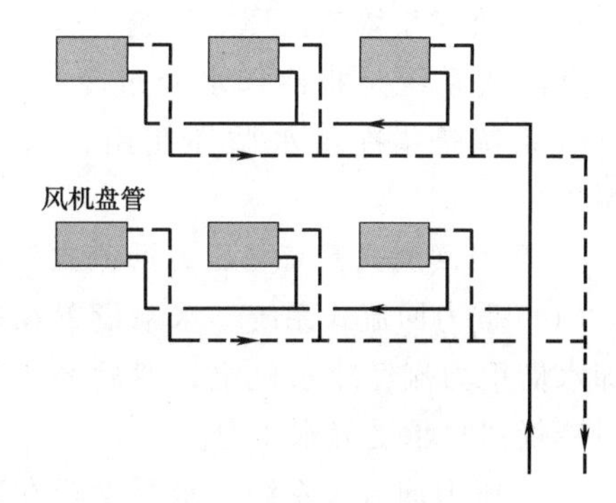

图 5-50　异程式系统

4. 定流量水系统与变流量水系统

（1）定流量水系统　系统中的循环水流量保持定值，当负荷变化时，可通过改变风量或者调节表冷器、风机盘管的旁通管进行水量的调节，如图 5-51 所示。

（2）变流量水系统　系统中供、回水的温度保持不变，负荷变化时，可通过分、集水器之间的旁通管改变供水量，如图 5-52 所示。应当指出，变流量系统只是指冷源供给用户的水流量随负荷的变化而变化，通过冷水机组的流量是恒定的。

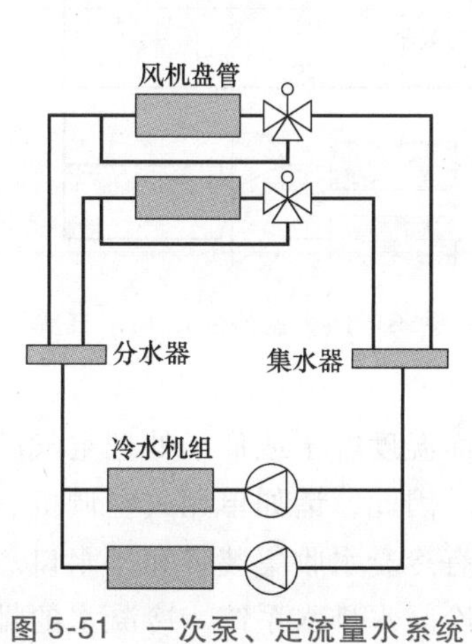

图 5-51　一次泵、定流量水系统

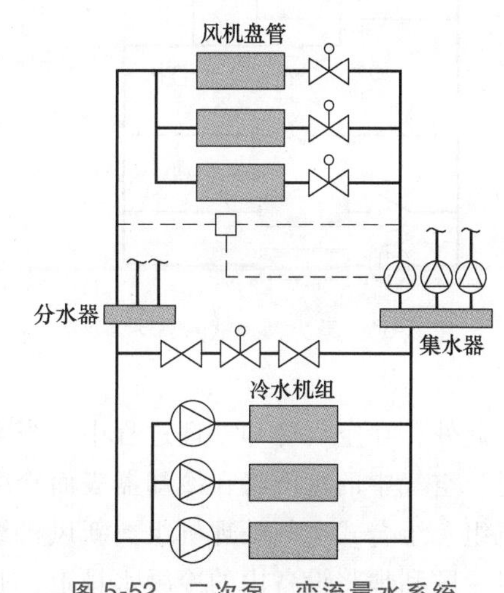

图 5-52　二次泵、变流量水系统

5.5.3 冷却水系统形式

空调冷却水系统是指由冷水机组的冷凝器、冷却塔、冷却水箱和冷却水循环泵等组成的循环系统。冷冻水与冷却水系统之间的关系如图 5-53 所示。

空调冷却水循环系统有直流式系统与循环式系统两种形式，而循环式系统又分为重力回流式系统与压力回流式系统。

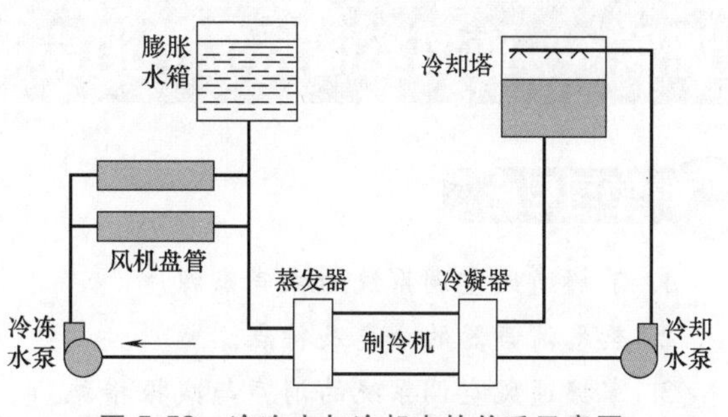

图 5-53　冷冻水与冷却水的关系示意图

1. 直流式系统与循环式系统

直流式系统是指冷却水经过冷凝器之后，直接排入河道或下水道，不再重复使用。循环式系统是指冷却水循环使用，只需要补充少量的因蒸发逃逸、泄漏等产生的损失水量。

2. 重力回流式系统与压力回流式系统

(1) 重力回流式系统　水泵设置在冷水机组冷却水的出口管路上，经冷却塔冷却后的冷却水借重力流经冷水机组，然后经水泵加压后送至冷却塔进行再冷却，如图 5-54 所示，此时冷凝器只承受静水压力。

(2) 压力回流式系统　水泵设置在冷水机组冷却水的入口管路上，经冷却塔冷却后的冷却水借水泵压力流经冷水机组，然后再进入冷却塔进行再冷却，如图 5-55 所示，此时冷凝器的承压为系统静水压力和水泵全压之和。

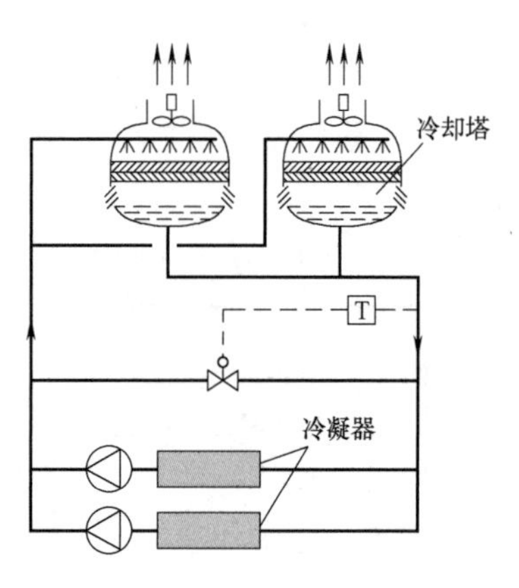

图 5-54　重力回流式冷却水系统

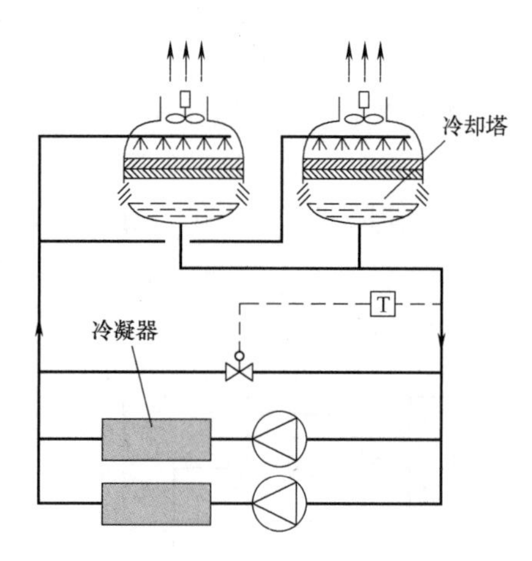

图 5-55　压力回流式冷却水系统

此外，在空气冷却处理过程中，当空气冷却器的表面温度等于或低于处理空气的露点温度时，空气中的水汽将在冷却器表面冷凝，形成冷凝水。因此，诸如单元式空调机、风机盘管机组、组合式空气处理机组、新风机组等设备，都设有冷凝水收集装置和排水口。为了能及时、顺利地将设备内的冷凝水排走，必须配置相应的冷凝水排水系统。冷凝水的排水系统属于重力自流排水，可参阅前述建筑室内排水系统。

课题 6　通风空调系统的消声和减振

学习目标

1. 了解通风空调系统的噪声来源。
2. 熟悉消声器的分类及特点。
3. 掌握通风空调系统的消声与减振措施。

5.6.1 通风空调系统的噪声控制

1. 通风空调系统的噪声来源

通风空调系统中的主要噪声源是通风机、制冷机、机械通风冷却塔等，还有由于风管内气流压力变化引起的振动，尤其当气流遇到障碍物（如阀门）时，产生的噪声较大。这些噪声源产生的噪声会沿风管系统传入室内。此外，由于出风口风速过高也会产生噪声，所以在气流组织中要适当限制出风口的风速。

2. 通风空调系统的噪声控制

当噪声源产生的噪声经过各种自然衰减后仍然不能满足室内噪声标准时，就必须在管路上设置专门的消声装置——消声器。

消声器是一种安装在风管上防止噪声通过风管传播的设备。它由吸声材料和按不同消声原理设计的外壳所构成，如图5-56所示。根据不同的消声原理可分为阻性型消声器、共振型消声器、抗性型消声器和复合型消声器。

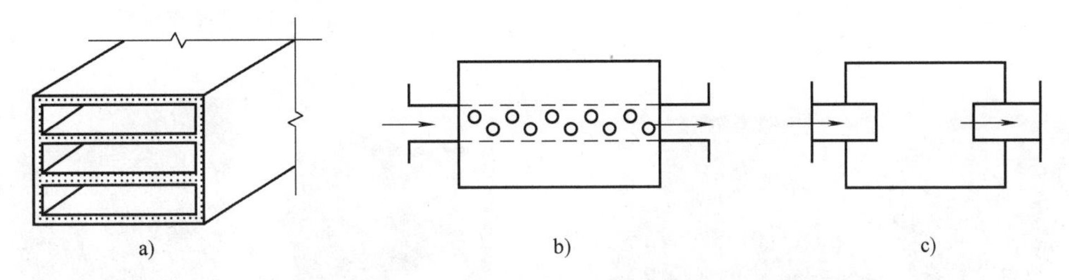

图5-56 消声器构造示意图

a）阻性型消声器 b）共振型消声器 c）抗性型消声器

（1）阻性型消声器 阻性型消声器的消声原理主要是吸声材料的吸声作用，常用的吸声材料为玻璃棉。把吸声材料固定在风管内壁，或按照一定方式排列在管道和壳体内，就构成了阻性型消声器，如图5-56a所示。

（2）共振型消声器 共振型消声器是利用穿孔板共振吸声的原理制成的消声器。在消声器气流通道的内侧壁上开有小孔，与消声器外壳组成一个密闭的空间，通过适当的开孔率及孔径，使噪声源的频率与消声器的固有频率相等或接近，从而产生共振，消耗声能，起到消声的作用，如图5-56b所示。

（3）抗性型消声器 抗性消声器是由管道和小室相连而成，如图5-56c所示。由于通道截面的突变，使沿通道传播的声波反射回声源位置，从而起到消声的作用。

（4）复合型消声器 将阻性型、共振型、抗性型消声器按照各自的特点进行组合，形成的消声器称为复合型消声器。

此外，还可以采用消声弯头和消声静压箱。

5.6.2 通风空调系统的减振

空调系统的噪声除了通过空气传播到室内外，还能通过建筑物的结构和基础进行传播。

同时，空调系统中的风机、水泵、制冷机等设备运转时，会产生振动，该振动传给支撑结构（基础或楼板），并以弹性波的形式沿房屋结构传到其他房间产生噪声。消弱由设备传给基础的振动，是用消除它们之间的刚性连接来实现的，即在振源和它的基础之间安设避振构件（如弹簧减振器或橡皮、软木等），使从振源传到基础的振动得到一定程度的减弱。

在设备和基础之间采用减振器，设备与管道之间采用帆布短管或橡胶软接头，是通风空调系统中经常采取的减振措施。

弹簧减振器如图 5-57 所示、橡胶减振器如图 5-58 所示、帆布短管如图 5-59 所示、橡胶软接头如图 5-60 所示。

图 5-57　弹簧减振器

图 5-58　橡胶减振器

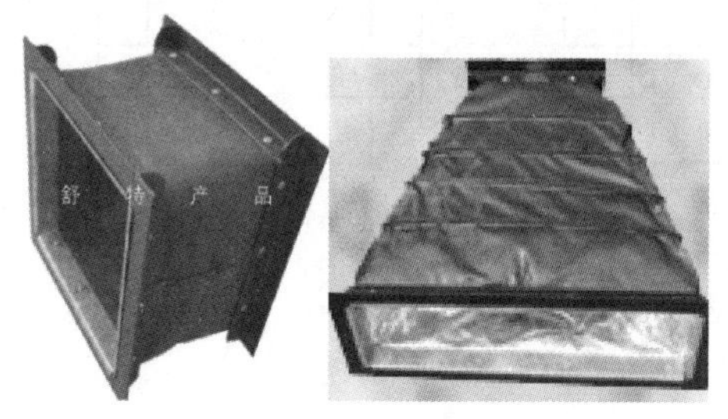

图 5-59　帆布短管

图 5-60　橡胶软接头

单元小结

本单元对建筑通风、高层建筑的防火与排烟、空气调节系统、空调系统的冷热源、空调水系统、通风空调系统的消声和减振进行了必要讲述。

建筑通风系统对其分类、自然通风的原理及特点、机械通风的分类及组成进行了介绍；对通风系统的主要设备与构件特点、风道的布置与敷设要求进行了详细讲述。

高层建筑需考虑防火分区与防烟分区；高层建筑的排烟分为自然排烟和机械排烟；根据建筑的具体情况，采取适当的防火措施，并选用合适的防烟排烟方式。

空气调节系统是本章的重点内容，主要内容包括：空气调节系统分类和组成；常用的送风口、回风口形式；常见的空调房间的气流组织形式；常用的空气处理设备特点等。

空调系统的冷源一般有天然冷源和人工冷源两类，常用的制冷机有蒸气压缩式制冷机和吸收式制冷机两种。空调系统的热源包括：城市集中供热、锅炉、热泵机组。

空调水系统一般包含冷（习称冷冻水）热水、冷却水以及冷凝水三部分。空调冷热水循环系统有开式循环系统与闭式循环系统、同程式系统与异程式系统、一次泵水系统与二次泵水系统、定流量水系统与变流量水系统之分。空调冷却水循环系统有直流式与循环式系统两种形式。

通风空调系统的消声和减振内容包括：通风空调系统的噪声来源；消声器的分类及特点；通风空调系统的消声与减振措施等。

复习思考题

1. 什么是风压作用下的自然通风？什么是热压作用下的自然通风？
2. 风道的布置应遵循哪些原则？
3. 什么是离心式风机？什么是轴流式风机？
4. 如何定义防火分区与防烟分区？
5. 通风、空调系统的防火措施有哪些？
6. 常用的防排烟形式有哪些？
7. 空调系统由哪些部分组成？如何分类？
8. 空调系统常用的送回风口有哪些？常见的气流组织形式有哪些？
9. 空调系统常用的冷源有哪些形式？常用的热源有哪些形式？
10. 空调系统的水系统有哪几种？使用中有哪些具体形式？
11. 通风空调系统常采用哪些消声与减振措施？

单元6

建筑燃气供应系统

单元目标

知识目标

1. 了解燃气的种类，熟悉燃气的供应方式。
2. 掌握燃气管道的布置敷设要求，了解燃气管道的安装要求。
3. 熟悉常用燃气用具，掌握燃气使用的安全常识。
4. 了解燃气系统施工图。

技能目标

1. 能安全使用燃气。
2. 能进行简单工程燃气施工图的识读。
3. 能做好土建施工与室内燃气管道施工的配合。

情感目标

1. 培养学生积极向上的生活态度。
2. 通过建筑燃气供应系统基本知识的学习，培养学生科学严谨、细致认真的工作态度，养成安全使用燃气的习惯。
3. 通过学习，激发学生热爱本专业的热情。

单元概述

本单元主要介绍了燃气的种类及供应方式；室内燃气管道的布置敷设与安装要求；燃气表、燃气用具的安装要求及安全使用常识；燃气施工图及识读方法等知识。通过学习，应熟悉基本知识，熟知燃气使用的安全常识，能看简单的工程燃气系统施工图，做好土建施工与燃气施工的配合。

课题1　建筑燃气供应系统概述

学习目标

1. 了解燃气的种类及特点。
2. 熟悉城市燃气供应的方式。
3. 了解燃气管道的压力等级。
4. 了解小区燃气管道的布置要求。

燃气是各种气体燃料的总称。气体燃料较液体燃料和固体燃料具有更高的热能利用率，它燃烧温度高，火力调节自如，使用方便，易于实现燃烧过程自动化，燃烧时没有灰渣，清洁卫生，而且可以利用管道和瓶装供应。在工业生产上，燃气供应可以满足多种生产工艺（如玻璃工业、冶金工业、机械工业等）的特殊要求，可达到提高产量、保证产品质量以及改善劳动条件的目的。在日常生活中应用燃气为燃料，对改善生活条件，减少空气污染和保护环境，都具有重大的意义。

6.1.1 燃气的种类

燃气按照其来源及生产方式分为四大类：天然气、人工煤气、液化石油气和沼气。

1. 天然气

天然气一般可分四种：从气井开采出来的纯天然气（或称气田气）；溶解于石油中，随石油一起开采出来后从石油中分离出来的石油伴生气；含石油轻质馏分的凝析气田气；从井下煤层抽出的矿井气（又称矿井瓦斯）。

天然气具有热值高，容易燃烧且燃烧效率高的特点，是优质、清洁的气体燃料，是理想的城市燃气气源。

天然气从地下开采出来时压力很高，有利于远距离输送。但需经降压、分离、净化（脱硫、脱水），才能作为城市燃气的气源。天然气可作为民用燃料或作为汽车清洁燃料使用。天然气经过深度制冷，在-160℃的情况下就变成液体成为液化天然气，液态天然气的体积为气态时的1/600，有利于储存和运输，特别是远距离越洋输送。

天然气主要成分是甲烷，它比空气轻，无毒无味，但是极易与空气混合形成爆炸混合物。空气含有5%~15%的天然气泄漏量时，遇明火就会发生爆炸，供气部门在天然气中加入少量加臭剂（如四氢噻吩、乙硫醇等），泄漏量只要达到1%，用户就会闻到臭味，避免发生中毒或爆炸等事故。

2. 人工煤气

人工煤气是指以固体或液体可燃物为原料加工制取的可燃气体。一般将以煤为原料加工制成的燃气称为煤制气，简称煤气；用石油及其副产品（如重油）制取的燃气称为油制气。我国常用人工煤气有干馏煤气、气化煤气、油制气。

干馏煤气的主要成分为氢、甲烷、一氧化碳等。干馏煤气是将煤隔绝空气加热到一定温度，所获得的煤气。将煤或焦炭在高温下与氧化剂（如空气、氧、水蒸气等）相互作用，通过化学反应使其转变为可燃气体，此过程称为固体燃料的气化，由此得到的燃气称为气化煤气。气化煤气的主要成分为氢、甲烷。油制气是利用重油（炼油厂提取汽油、煤油和柴油之后所剩的油品）制取的城市煤气。油制气含有氢、甲烷和一氧化碳。

人工煤气有强烈的气味及毒性，含有硫化氢、苯、氨、焦油等杂质，容易腐蚀及堵塞管道，因此出厂前需经过净化。

3. 液化石油气

液化石油气是石油开采和炼制过程中，作为副产品而获得的碳氢化合物。

液化石油气的主要成分是丙烷、丁烷、丙烯、丁烯等，常温常压下呈气态，常温加压或常压降温时，很容易转变为液态，利于储存和运输，升温或减压即可气化使用。从液态转变为气态其体积扩大 250~300 倍。液化石油气可采用瓶装供应，也可进行小区域的管道输送。

4. 沼气

沼气的主要组分为甲烷（约占 60%）、二氧化碳（约占 35%），此外有少量的氢、氧、一氧化碳等。在农村，可利用沼气池将薪柴、秸秆及人畜粪便等原料在隔绝空气的条件下厌氧发酵，产生沼气，以作为农户炊事所需燃料，偏远地区还可使用沼气灯照明。

6.1.2 燃气的供应方式

城市燃气供应可分为管道输送和瓶装供应两种。

1. 管道输送

天然气或人工煤气经过净化后即可输入城镇燃气管网。城镇燃气管网包括市政燃气管网和小区燃气管网两部分。

城镇燃气管道按供气压力 p 的不同可分为以下几种：

低压管网：$p \leq 5kPa$

中压管网：$5kPa < p \leq 150kPa$

次高压管网：$150kPa < p \leq 300kPa$

高压管网：$300kPa < p \leq 800kPa$

超高压管网：$p > 800kPa$

中压以上压力较高的管道，应连成环状管网，中低压管道一般连成枝状管网。

在特大城市，燃气管网应由低压、中压、次高压、高压、超高压管网连成四、五级管网；在一般的大城市，燃气管网由低压、中压（或次高压）、高压管网连成三级管网；在中小城市，燃气管网由低压、中压（或次高压）管网连成两级管网。

超高压、高压、次高压管网等中的燃气依次经过各级调压站降压最终至低压管网送到用户。

调压站是城市燃气输配系统中自动调节并稳定管网中压力的设施。燃气调压站按进出口管道压力可分为高中压调压站、高低压调压站、中低压调压站等；按服务对象分为供应一定范围的区域调压站和为单独建筑物或工业服务的用户调压站。燃气调压站通常由调压器、阀门、过滤器、安全装置、旁通管以及测量仪表等组成。

小区燃气管网是指从小区燃气总阀门井后至各建筑物的室外管网，一般为低压或中压管网。小区燃气管道敷设在土壤冰冻线以下 0.1~0.2m 的土层内，根据建筑群的总体布置，小区燃气管道宜与建筑物轴线平行，并埋于人行道或草地下；管道距建筑物基础应不小于 2m；与其他地下管道的水平净距为 1.0m；与树木应保持 1.2m 的水平距离。小区燃气管道不能与其他管道同沟敷设，以免管道发生漏气时经地沟渗入建筑物内。根据燃气的性质及含湿状况，当有必要排除管道中的冷凝水时，管道应具有不小于 0.3%的坡度坡向凝水器。

2. 瓶装供应

目前液化石油气多用瓶装供应。液化石油气在石油厂产生后，可用管道、火车槽车、槽船运输到储配站或灌瓶站再用管道或钢瓶灌装，经供应站供应用户。

供应站到用户根据供应范围、户数、燃烧设备的需用量大小等因素可采用单瓶供应、瓶组供应和管道系统供应等。其中单瓶供应常用 15kg 规格的钢瓶供应居民，瓶组供应采用钢瓶并联供应公共建筑或小型工业建筑的用户，管道系统供应适用于居民小区或锅炉房。

钢瓶内液态液化石油气的饱和蒸汽压按绝对压力计一般为 70~800kPa，靠室内温度可自然气化。供燃气用具及燃烧设备使用时，还需经过钢瓶上调压器减压到（2.8±0.5）kPa。单瓶系统的钢瓶一般置于厨房，瓶组系统的并联钢瓶、集气管及调压阀等应设置在单独房间。

课题 2　室内燃气供应系统

学习目标

1. 了解室内燃气系统的组成，熟悉室内燃气管道的布置敷设要求。
2. 掌握室内燃气管道安装的工艺流程，熟悉室内管道的安装顺序。
3. 熟悉常用的燃气用具。
4. 掌握燃气使用的安全常识。

6.2.1　室内燃气管道的布置与敷设

室内燃气管道系统由用户引入管、干管、立管、用户支管、燃气计量表、用具连接管和燃气用具组成，如图 6-1 所示。

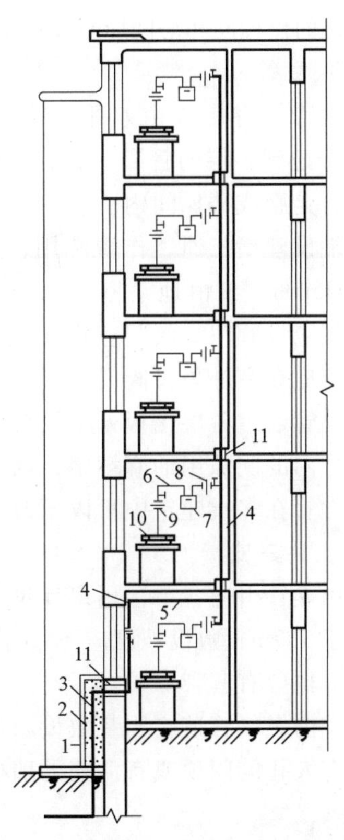

图 6-1　室内燃气系统

1—砖台　2—保温层　3—用户引入管　4—立管　5—水平干管　6—用户支管　7—燃气表　8—旋塞阀及活接头　9—用具连接管　10—燃气用具　11—套管

室内燃气管道可采用热镀锌钢管、无缝钢管、薄壁不锈钢管或铜管，铜管宜采用牌号为 TP2 的管材，户内计量装置后可使用燃气专用铝塑复合管。

室内燃气管道的布置和敷设要求如下：

1. 引入管

用户引入管与城市或小区低压分配管道连接，在分支管处设阀门。输送湿燃气的引入管一般由地下引入室内，当采取防冻措施时也可由地上引入。在非采暖地区输送干燃气且管径不大于 75mm 的，则可由地上引入室内。输送湿燃气的引入管应有不小于 0.005 的坡度，坡向城市或小区分配管道。

引入管最好直接引入用气房间（如厨房）内。不得敷设在卧室、浴室、厕所、易燃与易爆物仓库、有腐蚀性介质的房间、变配电间、电缆沟及烟、风道内。

当引入管穿越房屋基础或管沟时，应预埋套管。燃气套管的尺寸不宜小于表 6-1 的规定。燃气管道与套管的间隙用油麻、沥青或环氧树脂填塞。管顶间隙应不小于建筑物最大沉降量，具体做法如图 6-2 所示。当引入管沿外墙翻身引入时，其室外部分应采取适当的防腐、保温和保护措施。

表 6-1　燃气管道的套管公称尺寸

燃气管	*DN*10	*DN*15	*DN*20	*DN*25	*DN*32	*DN*40	*DN*50	*DN*65	*DN*80
套管	*DN*25	*DN*32	*DN*40	*DN*50	*DN*65	*DN*65	*DN*80	*DN*100	*DN*125

引入管进入室内后第一层处，应该安装严密性较好、不带手柄的旋塞，可以避免随意开关。

对于建筑高度 20m 以上建筑物的引入管，在进入基础之前的管道上应设软性接头，以防地基下沉对管道的破坏。

2. 水平干管

引入管连接多根立管时，应设水平干管。水平干管可沿楼梯间或辅助间的墙壁敷设，坡向引入管，坡度不小于 0.002。管道经过的楼梯间和房间应有良好的通风。

3. 立管

立管是将燃气由水平干管（或引入管）分送到各层的管道。立管一般敷设在厨房、走廊或楼梯间内。每一立管的顶端和底端设丝堵三通，作清洗用，其直径不小于 25mm。当由地下室引入时，立管在第一层应设阀门。阀门应设于室内，对重要用户应在室外另设阀门。

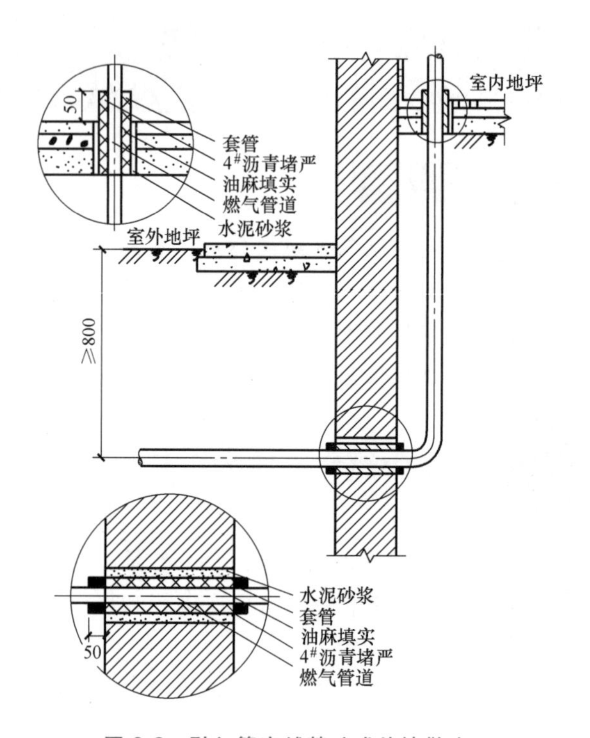

图 6-2　引入管穿越基础或外墙做法

立管通过各层楼板处应设套管。套管高出地面至少 50mm，底部与顶棚面平齐。套管与立管之间的间隙用油麻填堵，沥青封口。

立管在多层建筑中可以不改变管径，直通上面各层。

4. 用户支管

由立管引向各单独用户计量表及燃气用具的管道为用户支管。用户支管在厨房内的高度不低于 1.7m，敷设坡度应不小于 0.002，并由燃气计量表分别坡向立管和燃气用具。支管穿墙时也应有套管保护。

室内燃气管道应明装敷设。当建筑物或工艺有特殊要求时，也可以采用暗装。但必须敷设在有人孔的闷顶或有活盖的墙槽内，以便安装和检修。

6.2.2 室内燃气管道的安装

室内燃气系统安装的工艺流程为：安装准备→预制加工→支架安装→管道安装→燃气计量表安装→管道吹扫→管道试压（强度试验、严密性试验）→管道防腐、涂装→燃气用具安装。

安装准备阶段，应熟悉燃气施工图，核对管道的位置是否正确，核对管道交叉、排列是否合理，核对配合土建施工预留洞或预埋套管尺寸和位置是否准确，核对预埋件的位置等。根据施工图结合现场具体情况绘制施工草图，并按草图进行管道的预制加工。

室内燃气管道的安装的顺序是：引入管→水平干管→立管→用户支管→下垂管→用具连接管。

室内燃气管道应明装，明装燃气管道与墙面的净距：当管径≤*DN*25时，不宜小于30mm；当管径=*DN*25~*DN*40时，不宜小于50mm；管径=*DN*50时，不宜小于60mm；管径>*DN*50时，不宜小于90mm。

当燃气立管管径<*DN*50时，一般每隔一层装设一个活接头，其位置距地面不小于1.2m；管径≥*DN*50的立管上可不设活接头，但当立管上设阀门时，必须设活接头。

高层建筑燃气立管的管道长、自重大，需在立管底部设置支墩，立管中间应安装方形补偿器或波纹管等补偿装置以吸收管道的变形。

敷设在套管内的燃气管道不得有接头，且套管应管口平整，固定牢固。

燃气用具连接管采用燃气专用铝塑管（防爆管），管道与燃气管道接口、与燃气用具接口均应采用专用卡套式或卡压式连接并固定。

6.2.3 燃气用具

1. 燃气表

燃气表是计量燃气用量的仪表，家庭常用的有膜式燃气表、IC卡燃气表、远传信号膜式燃气表三种。

家用膜式燃气表是皮膜装配式气体流量计，由滑阀、皮袋盒、计数机等部件组成。常用的家用燃气计量表规格为1.6~6.0m^3/h。通常是一户一表，使用量最多。

IC卡燃气表是一种具有预付费及控制功能的新型膜式燃气表，它是在原来的燃气计量表上加一个电子部件、一个阀门，以及在机械计数器的某一位字轮处加一个脉冲发生器，计数器字轮每转一周发出一个脉冲信号送入CPU，CPU根据编制的程序进行计数和运算后发出报警、显示及开闭进气阀等指令。

IC卡是有价卡，IC卡插入卡口，燃气表内的阀门即会开启，燃气即可使用，并在燃气表上、下两个窗口显示燃气使用量和卡内货币的使用数，抽出IC卡，燃气表内阀门即行关闭。当卡内货币即将用完前，会以光和声进行提示。当提示后卡内货币用完仍不换卡，燃气计量表将自动切断气源。IC卡燃气计量表的特点是计量精确，安装方便，付费用气，避免入户抄表。

为能够不入户即能抄到居民使用燃气的消费量，可在有条件的居民小区设置一个计算机终端（如设置在物业管理办公室内），用电子信号将每一燃气用户的燃气消费量远传至计算机终端。这不仅可解决入户抄表的难题，而且能准确、及时地抄到所有燃气用户的燃气消费量。

以上三种燃气表适用于人工煤气、液化石油气、天然气、沼气等无腐蚀性气体的计量。

燃气表宜安装在通风良好的非燃结构的房间内，严禁安装在卧室、浴室、危险物品和易燃物品存放及类似地方。当燃气表安装在灶具上方时，燃气表与炉灶之间的水平距离应大于30cm。

2. 燃气灶

家用燃气灶常用的有单眼灶、双眼灶，一般家庭住宅配置双眼燃气灶。公共建筑可采用三眼灶、四眼灶、六眼灶等。

不同种类燃气的发热值和燃烧特性各不相同，所以燃气灶喷嘴和燃烧器头部的结构尺寸也不同，燃气灶与燃气要匹配才能使用。人工煤气灶具、天然气灶具或液化石油气灶具是不能互相代替使用的，否则，轻则燃烧情况恶劣，满足不了使用要求；重则出现危险、事故、甚至根本无法使用。

3. 燃气热水器

燃气热水器是一种局部热水供应的加热设备，按其构造和使用原理可分为直流式和容积式两种。

直流式快速燃气热水器目前应用最多，其工作原理为冷水流经带有翼片的蛇形管时，被流过蛇形管外部的高温烟气加热，得到所需温度的热水。

容积式燃气热水器是一种能够贮存一定容积热水的自动加热器，其工作原理是调温器、电磁阀及热电耦联合工作，使燃气点燃和熄火。

燃气热水器不宜直接设在浴室内，可装在厨房或通风良好的过道内，但不宜安装在室外。热水器应安装在不燃的墙壁上，安装在难燃的墙壁上时，应垫以隔热板。热水器的安装高度以热水器的观火孔与人眼高度平齐为宜，一般距地面 1.5m。

6.2.4 燃气使用的安全常识

燃气燃烧后所排出的废气成分中含有浓度不同的一氧化碳，空气中的一氧化碳容积浓度超过 0.16%时，人若在其中呼吸 20min，就会在 2h 内死亡，因此设有燃气用具的房间都应有良好的通风设施。

为保证人身和财产安全，使用燃气时应注意以下几点：

1）管道燃气用户应在室内安装燃气泄漏报警切断装置。

2）使用燃气时应有人看管。

3）如果发现燃气泄漏，应进行如下处理：

① 切断气源。

② 杜绝火种。严禁在室内开启各种电器设备，如开灯、打电话等。

③ 通风换气。应该及时打开门窗，切忌开启排气扇，以免引燃室内混合气体，造成爆炸。

④ 不能迅速脱下化纤服装，以免由于静电产生火花引起爆炸。

⑤ 如果发现邻居家有燃气泄漏，不允许按门铃，应敲门告知。

⑥ 到室外拨打当地燃气抢修报警电话或 119。

4）用户在临睡、外出前和使用后，一定要认真检查，保证灶前阀和炉具开关关闭完好，以防燃气泄漏，造成伤亡事故。

5）不准在燃气灶附近堆放易燃易爆物品。

6）燃气灶前软管的安装和使用应注意：

① 对于天然气和液化石油气一定要使用耐油的橡胶软管。

② 要经常检查软管是否已经老化，连接接头是否紧密。

③ 要定期更换该灶前软管。

7）户内燃气管不能做接地线使用，这是因为燃气具有易燃、易爆的特性。凡是存在有一定浓度燃气的场所，遇到由静电产生的火花，都能使燃气点燃，引起火灾或爆炸的可能。由于户内燃气管对地电阻较大，若把户内燃气管作为家用电器的接地线使用，一旦家电漏电或感应电传到燃气管上，使户内的燃气管对地产生一定的电位差，可能引起对临近金属放电，产生火花，点燃或引爆燃气，造成安全事故，因而户内燃气管道不能作接地线用。

8）使用瓶装液化石油气时还应注意以下几点：钢瓶应严格按照规程进行定期检验和修理，钢瓶按出厂日期计起，20年内每5年检验一次，超过20年每两年检验一次；不得将钢瓶横卧或倒置使用；严谨用火、热水或其他热源直接对钢瓶加热使用；减压阀如出现故障，不得自己拆修或调整，应由供气单位的专业人员维修或更换；严谨乱倒残液。

课题3　建筑燃气工程施工图

1. 熟悉建筑燃气工程施工图的组成。
2. 能进行简单工程燃气施工图的识读。

6.3.1　燃气工程施工图的组成

与前面的建筑给水排水工程、建筑采暖工程施工图一样，建筑燃气工程施工图也是由文字部分和图示部分组成。文字部分包括图纸目录、设计施工说明、图例和主要设备材料表。图示部分包括平面图、系统图、详图。

6.3.2　燃气工程施工图的识读

1. 室内燃气工程施工图的识读方法

识读燃气工程施工图，首先应熟悉施工图纸，对照图纸目录，核对整套图纸是否完整，确认无误后再正式识读。识读的方法没有统一的规定，也没有规定的必要，识读时应注意以下几点：

（1）认真阅读施工图的设计施工说明　识图之前应先仔细阅读设计施工说明，通过文字说明了解燃气工程的总体概况，了解图纸中用图形无法表达的设计意图和施工要求，如管材及连接方式、管道防腐保温做法、管道附件及附属设备类型、施工注意事项、系统吹扫和试压要求、施工应执行的规范规程、标准图集号等。

（2）以系统为单位进行识读　识读时以系统为单位，可按燃气的输送流向识读，按用户引入管、水平干管、立管、用户支管、下垂管、燃气用具等顺序识读。

（3）平面图与系统图对照识读　识读时应将平面图与系统图对照起来看，以便于相互补充和说明，全面、完整地理解设计意图。平面图和系统中进行编号的设备、材料等应对照查看，正确理解设计意图。

（4）仔细阅读安装详图　安装详图多选用全国通用的燃气安装标准图集，也有单独绘制用来详细表示工程中某一关键部位，或平面图及系统图无法表达清楚的部位，以便正确指导施工。

2. 建筑燃气工程施工图识读举例

图 6-3~图 6-8 为某十一层住宅楼燃气施工图，现以这套图为例介绍施工图的识读方法。

（1）施工图图纸简介　本套图纸包括设计施工说明、图例及主要设备材料表一张（图 6-3）、平面图三张（图 6-4~图 6-6）、系统图一张（图 6-7）、详图一张（图 6-8）。所示图样为本工程截取的部分图样。

（2）工程概况　本工程为十一层的住宅楼，层高 3m，室内外高差为 0.45m，室外地面标高为-0.45m。本工程采用天然气，小区中压燃气管道经室外燃气调压柜调至低压后，由室外燃气干管接入单元用户引入管，穿外墙引至室内，通过立管供应给各燃气用户。每户按一台双眼燃气灶和一台燃气热水器设计。

（3）施工图识读　识读时先看设计施工说明，了解工程概况；然后粗看系统图，了解管道的走向和大致的空间位置；将平面图与系统图对照起来看，按燃气的流向识读，即室外燃气干管→各单元用户引入管→燃气立管→用户支管→燃气表→燃气下垂管，查阅各管段的管径、标高、位置等。

1）室外燃气干管。从一层平面图和系统图中可以看出，本住宅楼燃气接自小区燃气管道，接管在 25 轴线与 K 轴线交叉处，管径为 *DN*50，标高为-1.200，从右向左引至外墙外侧的中低压悬挂式调压柜。从主要设备材料表中可以看出，该调压柜箱底安装高度为 1.2m。经调压后，低压燃气管道由调压柜下部接出，向下至标高-0.800m 处后，由前向后，至 N 轴线处折向左，到 22 轴线处向上穿出地面，从二层平面图和系统图可以看出，管道升高至标高为 3.5m 处沿外墙向左敷设。从设计施工说明中可以看出，室外燃气干管采用无缝钢管，焊接连接。

2）各单元用户引入管。从图 6-4 一层燃气平面图和图 6-7 燃气系统图可以看出，各用户引入管从室外燃气干管接入，引入管的标高为 2.5m，管径均为 *DN*32，穿外墙处设套管，并且用户引入管在室外水平管段处设快速切断球阀。从设计施工说明中可以看到，快速切断阀需设置保护箱。引入管穿墙做法在图 6-8 的详图中有明确表示。从图 6-3 中得知，引入管在室外部分采用无缝钢管，焊接连接；过外墙皮后采用镀锌钢管，螺纹连接。

3）燃气立管。从三个平面图和系统图中可以看出，本套施工图中有两根立管，编号分别为 RL_3 和 RL_4。立管沿各户厨房外墙角设置，立管上下均设丝堵，供气由下向上。六层及六层以下部分管径为 *DN*32，七层及七层以上部分管径为 *DN*25，变径管设在六楼三通之上。穿越楼板处均设套管，套管的节点做法在图 6-8 的详图中有详细表示。每根燃气立管在七层设补偿器一个，补偿器的做法如图 6-8 所示。从设计施工说明中可以看出，立管及室内的其他燃气管道均采用镀锌钢管，螺纹连接。

4）用户支管。根据平面图和系统图，每层的用户支管在每层地面以上 2.2m 立管处接出，各楼层用户支管管径均为 *DN*15，用户支管上设一密封性能好的旋塞阀。

5）燃气表。每户设 IC 卡燃气表，从图 6-3 中可以看出，燃气表的流量为 $2.5m^3/h$，采用右进左出的膜式燃气表，挂墙安装。

6）燃气下垂管。根据系统图，由燃气表左边接出，管径均为 *DN*15，下降至地面 1.2m 处设一三通，三通的水平段各设一球阀，分别接用户的燃气灶和燃气热水器。

设计施工说明

一、总则

1.本设计说明系依据《城镇燃气设计规范》(GB 50028—2006)编制。

2.图中尺寸标注单位：标高、管长以米计，其他以毫米计。

3.图中所注标高以首层室内地面标高为±0.00，燃气管道标高以管中心计。

4.管道界限：以建筑物外墙为界，外墙皮以内为室内管，外墙皮以外为室外管道。

二、阀门、管材及连接方式

1.阀门：应符合现行国家及行业有关标准及规范的规定。

2.管材：室内燃气管道采用镀锌钢管，螺纹连接；室外管道采用无缝钢管，焊接。

3.灶具与燃气管道间用专用耐油软橡胶管连接。

三、套管安装

燃气管道穿过楼板、墙壁时，必须加设套管，套管应符合下列要求：

1.穿墙套管两端需与墙面齐平，穿楼板时套管应高出地面50mm，下端与下层顶棚齐平。

2.套管与管道之间的空隙用油麻填塞。穿墙时两端用石膏封堵、抹平，穿楼板时，上端用热沥青封口，下端用石膏封堵、抹平。套管与墙及楼板的间隙用水泥砂浆填塞、抹平。

3.套管中的燃气管道不得有接口。

4.套管规格比相应管道规格大两级。

四、图纸说明

1.本设计中燃气热水器、燃气灶为示意，由用户自行购买，所购买的成品应符合图纸要求。

2.设在室外的球阀为快速切断阀，应设置保护箱。

五、试压规定

1.室内燃气管道自引入管总阀门至表前阀门之间的管段，应进行强度试验和严密性试验，燃气表及表后管段只进行严密性试验。

2.强度试验压力为0.05MPa，在稳压过程中，以无泄漏即压力表无明显下降且无异常现象为合格。

3.强度试验合格后，进行严密性试验。自引入管总阀门至表前阀门之间的管段，试验压力为700mmH_2O，测10min，无压降为合格。

图例及主要设备材料表

序号	图例	名称	型号及规格	单位	数量	备注
1	——	燃气管道				
2		旋塞阀				
3		球阀				
4		变径管				
5		补偿器				
6		IC卡燃气表	膜式：Q=2.5m³/h 表底安装高度：1.2m	个	22	适用天然气
7		燃气灶	双眼灶	台	22	适用天然气
8	R	热水器	强排式或强制平衡式	台	22	适用天然气
9		中低压悬挂式调压柜	额定流量：50m³/h 入口压力：中压B级 出口压力：2~3kPa 可调箱底安装高度:1.2m	台	1	适用天然气

×××××设计院		资质等级	乙 级	证书编号	
		工程名称	××××小区		
审 定	专 业 负责人	项 目	3#住宅楼	合同编号	
		设计施工说明 图例及主要设备材料表		设计编号	
审 核	校 对			图 别	动 施
项 目 负责人	设 计			图 号	DS6-01
	制 图			日 期	2010-10

图 6-3 设计施工说明、图例及主要设备材料表

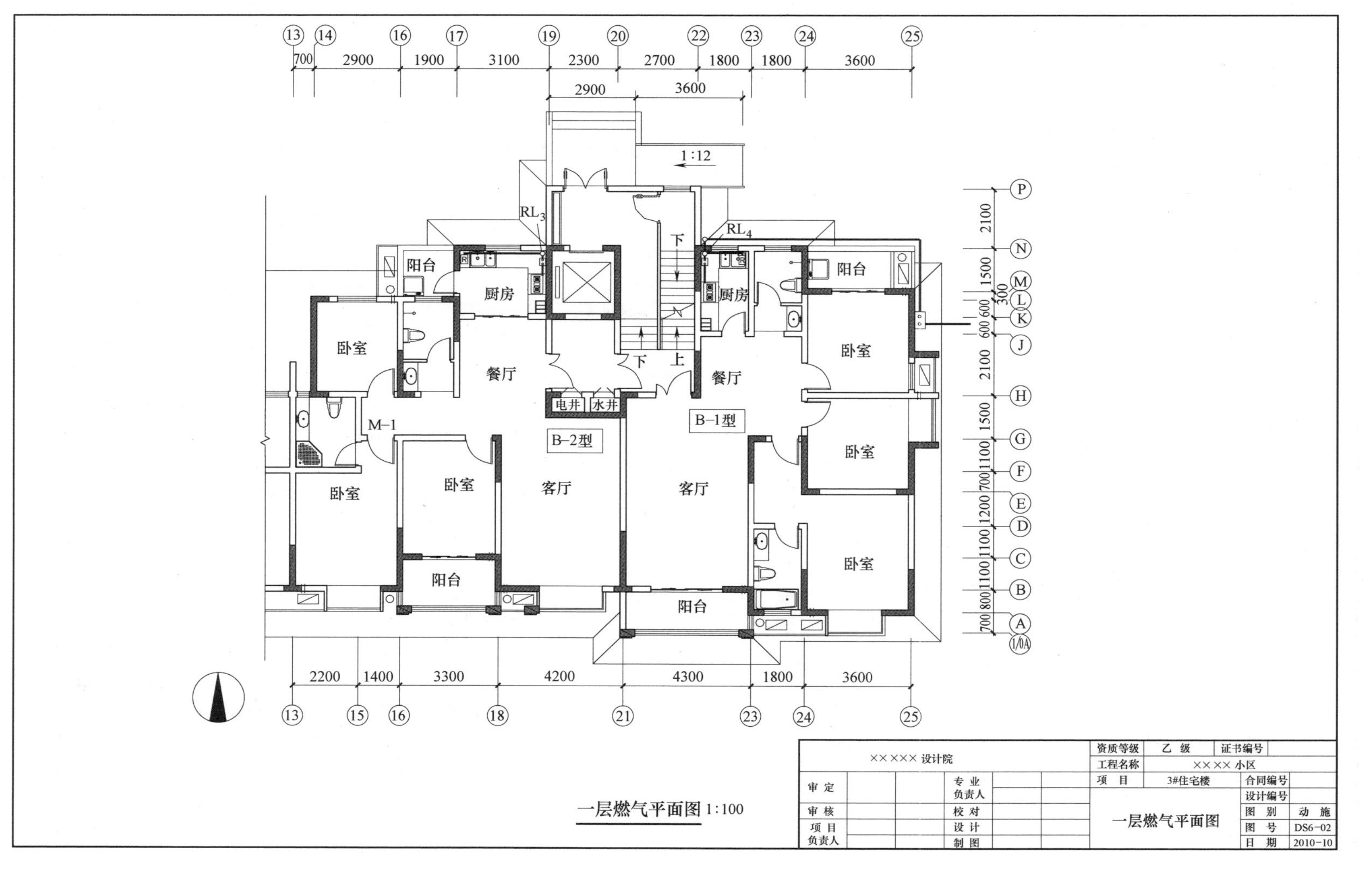
一层燃气平面图 1:100
B-1型
B-2型
客厅
餐厅
厨房
卧室
阳台
电井
水井
RL4
RL3
M-1
下
上
1:12
××××× 设计院
资质等级 乙 级 证书编号
工程名称 ×××× 小区
项 目 3#住宅楼
合同编号
设计编号
图 别 动 施
图 号 DS6-02
日 期 2010-10
一层燃气平面图
审 定
审 核
项 目 负责人
专 业 负责人
校 对
设 计
制 图

图 6-4 一层燃气平面图

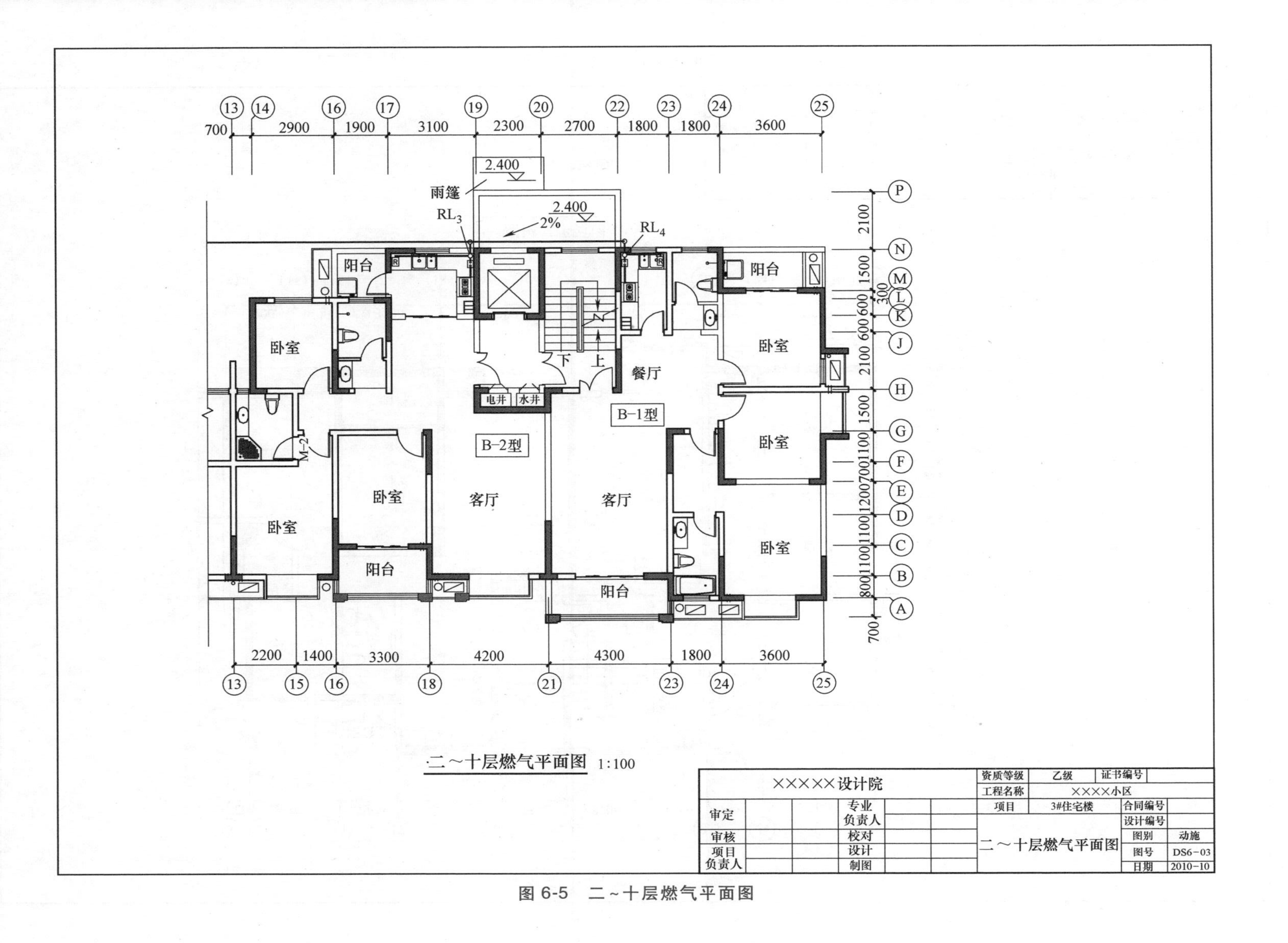

图 6-5　二～十层燃气平面图

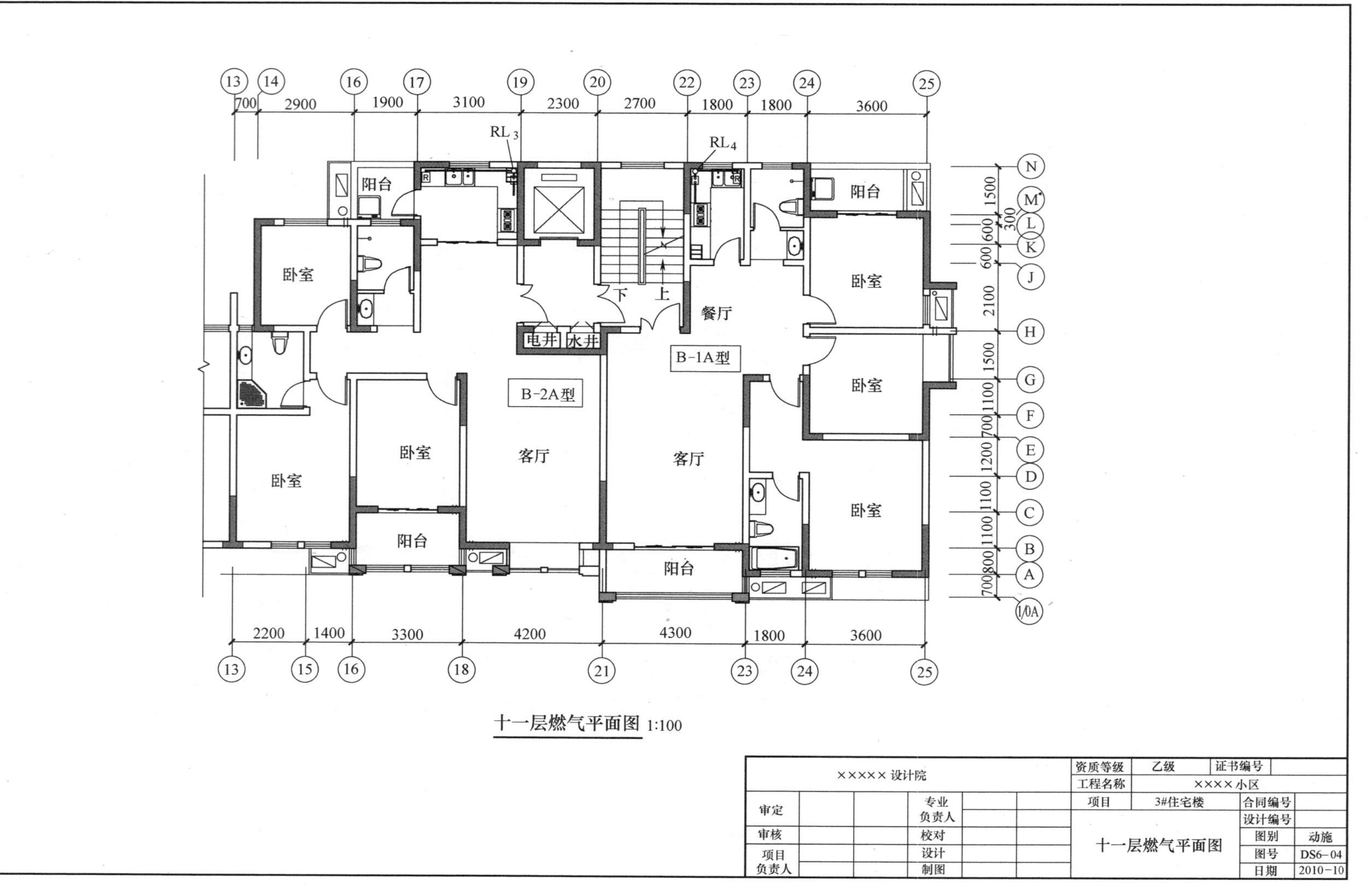

图 6-6 十一层燃气平面图

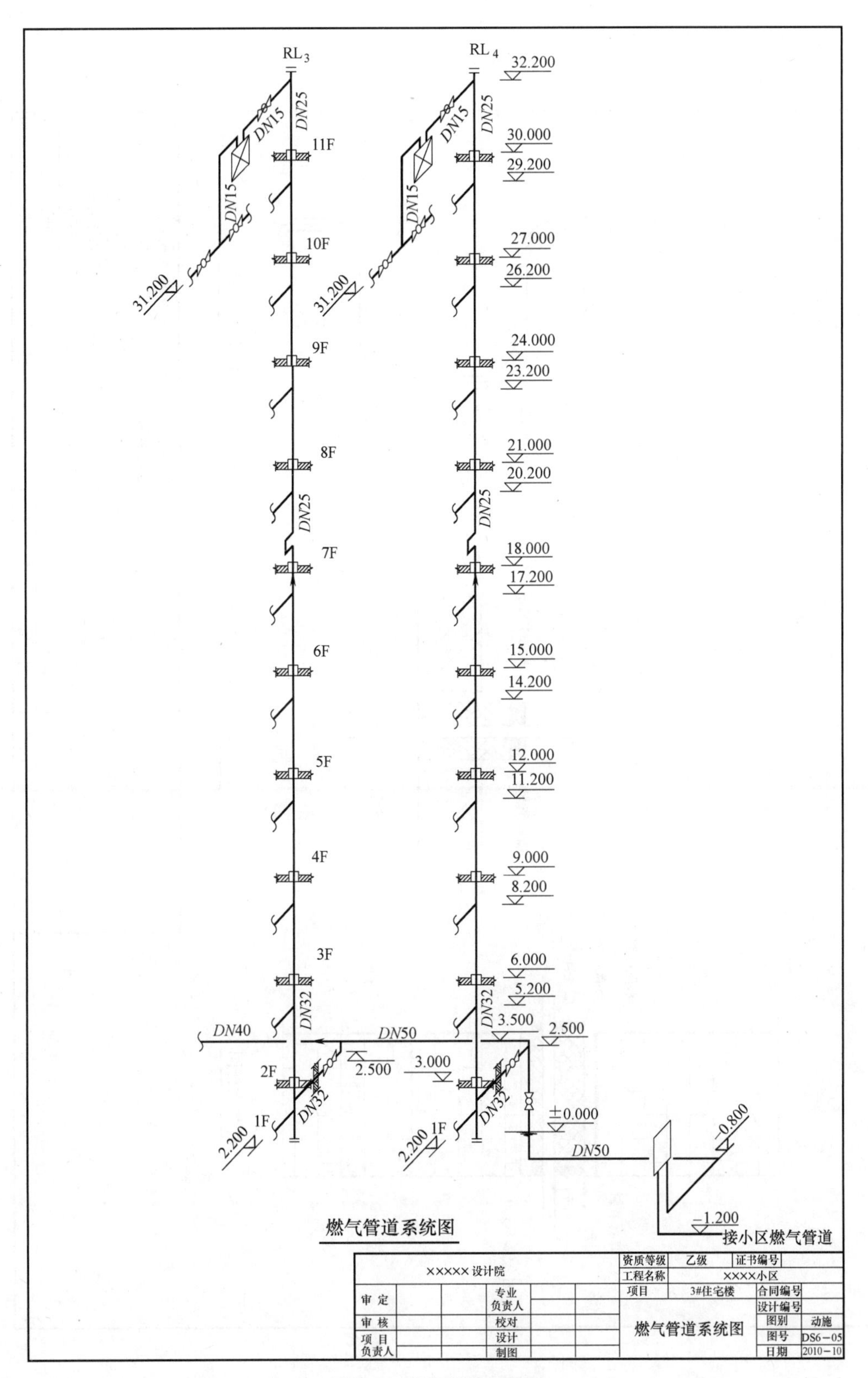

RL3
RL4
DN25
DN15
DN32
DN40
DN50
11F
10F
9F
8F
7F
6F
5F
4F
3F
2F
1F
32.200
31.200
30.000
29.200
27.000
26.200
24.000
23.200
21.000
20.200
18.000
17.200
15.000
14.200
12.000
11.200
9.000
8.200
6.000
5.200
3.500
3.000
2.500
2.200
±0.000
-0.800
-1.200
接小区燃气管道
燃气管道系统图
×××××设计院
资质等级
乙级
证书编号
工程名称
××××小区
项目
3#住宅楼
合同编号
设计编号
审定
专业负责人
审核
校对
项目负责人
设计
制图
燃气管道系统图
图别
动施
图号
DS6-05
日期
2010-10

图6-7 燃气管道系统图

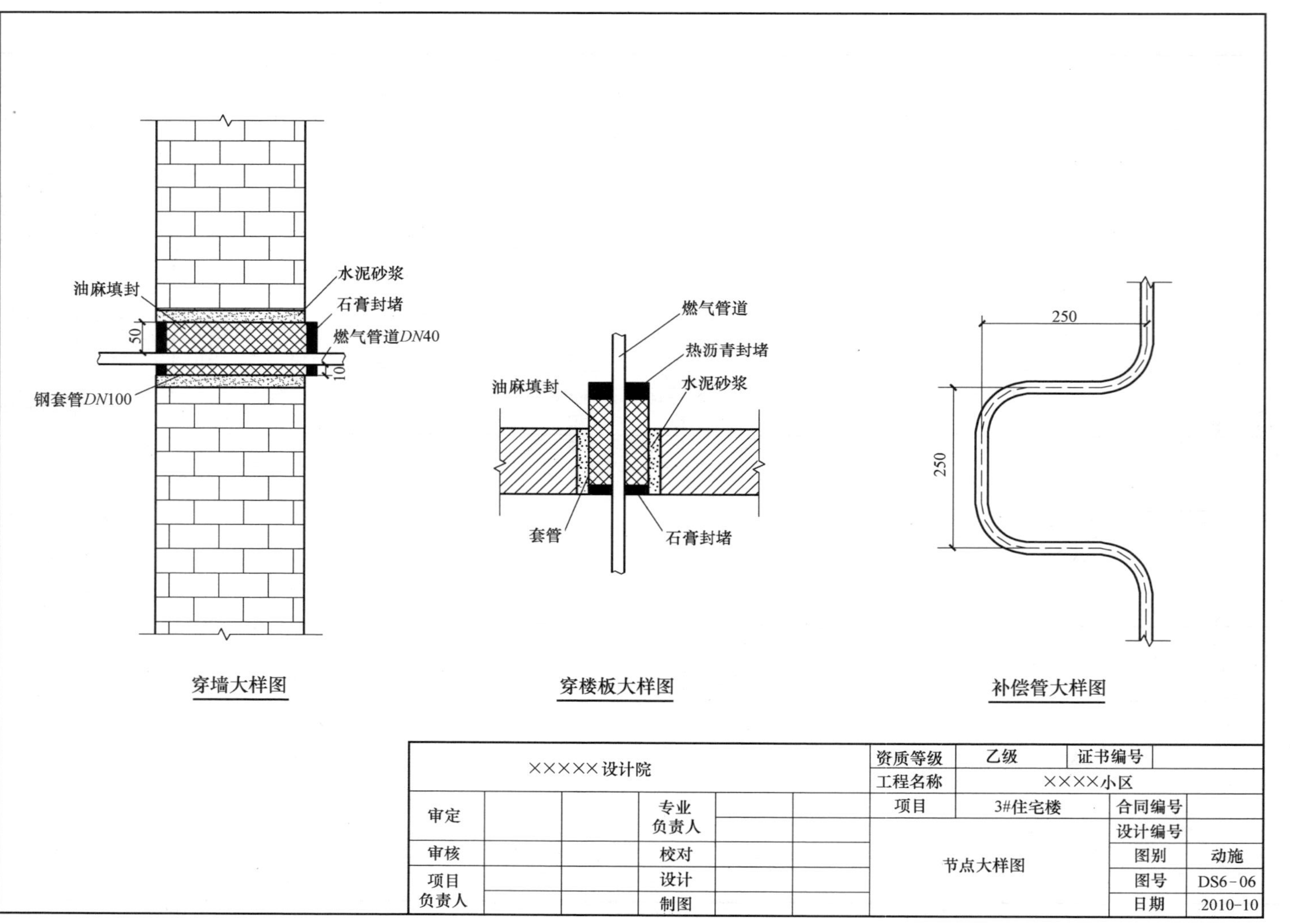
油麻填封
水泥砂浆
石膏封堵
50
燃气管道DN40
10
钢套管DN100
穿墙大样图
燃气管道
热沥青封堵
油麻填封
水泥砂浆
套管
石膏封堵
穿楼板大样图
250
250
补偿管大样图
×××××设计院
资质等级
乙级
证书编号
工程名称
××××小区
审定
专业负责人
项目
3#住宅楼
合同编号
设计编号
审核
校对
节点大样图
图别
动施
项目负责人
设计
图号
DS6-06
制图
日期
2010-10

图 6-8　节点大样图

7）其他。住宅楼每户厨房内安装燃气泄漏报警器，燃气热水器必须选用强排式或强制平衡式，排气管接至室外。

单元小结

本单元介绍了燃气的种类、燃气供应方式，介绍了室内燃气管道的组成、管道的布置与敷设要求、管道安装知识，介绍了燃气用具及燃气使用的安全常识等，介绍了建筑燃气施工图的组成及识读燃气施工图的方法。

燃气按来源的不同，可分为天然气、人工煤气、液化石油气和沼气。城市燃气管道按压力大小的不同，可分为低压管网、中压管网、次高压管网、高压管网和超高压管网。燃气供应有管道输送和瓶装供应两种方式。

室内燃气管道系统由用户引入管、干管、立管、用户支管、燃气计量表、用具连接管和燃气用具组成。室内燃气管道应直接由室外引入室内并以较短的距离引向室内燃气用具，室内管道尽量不穿越主要房间（如卧室、客厅等），穿越建筑物基础、穿墙、穿楼板应设置套管加以保护。

室内燃气系统安装的工艺流程为：安装准备→预制加工→支架安装→管道安装→燃气计量表安装→管道吹扫→管道试压（强度试验、严密性试验）→管道防腐、涂装→燃气用具安装。室内燃气管道的安装的顺序是：引入管→水平干管→立管→用户支管→下垂管→用具连接管。

燃气燃烧后所排出的废气成分中含有浓度不同的一氧化碳，空气中的一氧化碳容积浓度超过0.16%时，人若在其中呼吸20min，就会在2h内死亡，因此设有燃气用具的房间都应有良好的通风设施并且注意安全常识。

室内燃气施工图由设计施工说明、图例、主要设备材料表、平面图、系统图和详图等组成。识读时应认真阅读施工图的设计施工说明，通过文字说明了解燃气工程的总体概况，了解图纸中用图形无法表达的设计意图和施工要求。然后以系统为单位，可按燃气的流向识读，即按用户引入管→水平干管→立管→用户支管→下垂管→燃气用具等顺序识读。再将平面图与系统图对照识读，以便于相互补充和说明，以全面、完整地理解设计意图。最后仔细阅读安装详图。

复习思考题

1. 燃气按来源不同可分为哪几类？
2. 燃气管道按压力大小如何分类？
3. 燃气供应方式有几种？
4. 室内燃气系统由哪几部分组成？
5. 燃气管道穿基础、穿墙、穿楼板为什么要设套管？如何处理？
6. 室内燃气系统安装的工艺流程是什么？
7. 室内燃气管道安装的顺序是什么？
8. 简述燃气使用的安全常识。
9. 燃气施工图由哪些部分组成？
10. 燃气施工图常用图例有哪些？

参考文献

[1] 王东萍. 建筑设备安装［M］. 北京：机械工业出版社，2012.
[2] 李炎峰，胡世阳. 建筑设备［M］. 武汉：武汉大学出版社，2015.
[3] 李祥平，闫增峰，吴小虎. 建筑设备［M］. 2版. 北京：中国建筑工业出版社，2013.
[4] 蒋英. 建筑设备［M］. 北京：北京理工大学出版社，2011.
[5] 孙景芝. 电气消防技术［M］. 3版. 北京：中国建筑工业出版社，2015.
[6] 白莉. 建筑给水排水工程［M］. 北京：化学工业出版社，2010.
[7] 靳慧征，李斌. 建筑设备基础知识与识图［M］. 北京：北京大学出版社，2010.
[8] 谢社初，周友初. 建筑电气施工技术［M］. 2版. 武汉：武汉理工大学出版社，2015.
[9] 陈松柏，褚晓锐. 建筑电气［M］. 北京：中国水利水电出版社，2017.
[10] 王志. 工业通风与除尘［M］. 北京：中国质检出版社，2015.
[11] 徐志胜，姜学鹏. 防排烟工程［M］. 北京：机械工业出版社，2011.
[12] 殷浩. 空气调节技术［M］. 北京：机械工业出版社，2016.
[13] 陈思荣. 建筑设备安装工艺与识图［M］. 2版. 北京：机械工业出版社，2015.
[14] 陈宏振，汤延庆. 供热工程［M］. 武汉：武汉理工大学出版社，2008.